崇礼·冬奥气象风云录

CHONGLI DONG'AO QIXIANG FENGYUN LU

主编：张晶

内容简介

本书全面记录了北京2022冬奥会申办、筹办、举办阶段张家口赛区气象服务工作历程，系统回顾了冬奥气象服务工作的点点滴滴，深入总结了冬奥气象服务取得的成果经验，充分展现了气象工作者的本色风采。本书既与广大气象工作者分享张家口赛区冬奥气象服务的成果，又将鼓舞河北气象工作者发扬冬奥精神，持续做到监测精密、预报精准、服务精细，全方位保障生命安全、生产发展、生活富裕、生态良好，更好满足人民日益增长的美好生活需要，为加快建设经济强省、美丽河北提供有力保障。

图书在版编目（CIP）数据

崇礼·冬奥气象风云录 / 张晶主编. -- 北京 : 气象出版社，2023.10

ISBN 978-7-5029-8063-4

Ⅰ. ①崇… Ⅱ. ①张… Ⅲ. ①冬季奥运会－气象服务－概况－崇礼县－2022 Ⅳ. ①P451

中国国家版本馆CIP数据核字(2023)第191084号

崇礼·冬奥气象风云录

Chongli Dong'ao Qixiang Fengyun Lu

出版发行：气象出版社

地　　址：北京市海淀区中关村南大街46号　　邮政编码：100081

电　　话：010-68407112（总编室）　010-68408042（发行部）

网　　址：http://www.qxcbs.com　　E-mail：qxcbs@cma.gov.cn

责任编辑：颜娇珑　　终　　审：张　斌

责任校对：张硕杰　　责任技编：赵相宁

设　　计：北京追韵文化发展有限公司

印　　刷：北京地大彩印有限公司

开　　本：787 mm × 1092 mm 1/16　　印　　张：20

字　　数：380千字

版　　次：2023年10月第1版　　印　　次：2023年10月第1次印刷

定　　价：188.00元

《崇礼·冬奥气象风云录》编委会

序言

2022年，“精彩、非凡、卓越”的北京冬奥会、冬残奥会胜利举办，举国关注，举世瞩目。在这场竞赛中，河北省气象局以“零失误”的“比任何一届冬奥会都好”的“一流气象服务保障”，确保了全部赛事顺利举行，切实践行了习近平总书记提出的“简约、安全、精彩”办赛要求和对气象工作提出的“监测精密、预报精准、服务精细”重要指示精神，交出了令党和人民满意的答卷，用实际行动为国家发展强大做出了新的贡献。此次服务保障工作得到了国际奥委会、北京冬奥组委、国际单项体育联合会中外专家以及各级党委、政府有关领导的高度认可和称赞。

从2014年3月14日我国正式向国际奥委会提交申请文件和保证书，到2022年3月13日北京2022年冬残奥会胜利闭幕，冬奥气象服务保障共历经整整8个年头、2921个日夜，跨越申办、筹办、举办3个阶段。

8年来，我们举全部门之力，以实干笃定前行，实现了圆满收官。我们以一流的技术支撑助力冬奥成功申办。组织专班制作提供了张家口地区气候特征、崇礼气候特征及滑雪场适宜性分析、冬奥会期间高影响天气事件风险分析等技术报告，用精确的数据、科学的结论，为世界上第一次在大陆性季风气候带举办冬奥会提供了技术支撑。我们以一流的工作标准护航冬奥筹办保驾。制作的冬奥会场地气象条件年度分析报告等服务材料，为冬奥组委与国际雪联专家调整赛区场馆布局规划提供了科学依据；开展的赛区站点天气预报，为各级领导督导调研、外国专家现场踏勘等提供专项气象保障；提供的场馆核心建设区防汛气象服务，有力保障了赛区场馆建设科学安全抢抓工期。我们以一流的服务水平保障赛事顺利举行。精准的天气预报为竞赛指挥决策提供了强大支撑，测试赛和正赛期间精确有序地做出29次调整，确保所有赛事顺利完赛；精细的气象服务有力保障了开闭幕式、火炬传递等冬奥专题活动，并为交通、安保、医疗、环境等城市赛会运行领域提供了强力支持；依靠“科技冬奥”攻关成果与上级业务单位的强力支持，通过不懈努力，最终交出了冬奥气象服务保障“零失误”的优异答卷。

8年来，我们集气象行业之智，用汗水浇灌收获，结成了累累硕果。我们创下了3个历届冬奥之最。赛区气象监测系统涵盖44套赛道气象站和多种气象雷达，为历届完备度最高；气象预报系统提供“百米级、分钟级”气象预报，为历届标准最高；气象服务系统首次实现气象数据全数字化、自动化生成传输，为历届信息化水平最高。我们收获了3项冬奥科技成果。以三维超声风和激光测风雷达数据应用为先导的分钟级超临近风预报技术，提供“适宜窗口期占比”专项预报产品；以赛区小气候变化特征为基础的系列山地精细化数值预报产品，高质量响应“百米级、分钟级”精细化预报需求；以雪特性变化研究为核心的赛道雪质分层观测和预报技术，为山地运行团队与运动员提供准确及时的赛道雪质状态与变化情况。我们打造了一支技术专家团队。经过5年的不断磨砺，一支由80后、90后为主体的冬奥气象服务团队，通过刻苦的学习、不懈的钻研，掌握了冬季山地气象预报核心技术，成为复杂山地条件下气象预报的专家、冬季雪上项目气象保障的行家。

冬奥气象服务保障工作的成功，得益于坚强有力的组织领导。中国气象局党组和各级党委、政府高度关注张家口赛区气象服务保障工作，多次亲赴张家口赛区一线指导检查；河北省气象局党组锚定“提供世界最高水平气象服务，确保赛事保障零失误”的工作目标，组织召开58次党组会和领导小组会议，组织500余名职工参与其中，以“开局就是决战、起步就是冲刺”的战斗姿态，扛鼎担责、迎难而上。得益于担当作为的实践淬炼。冬奥申办以来，河北省气象局克服时间紧、任务重、经验少等重重困难，通过组建领导小组、筹划规划项目、台账式推动重点任务、建立优化运行方案等方式，以“打一仗、进一步”的工作作风，基本建成“党组抓总、部门主建、专班主战”“分管副职下沉一线指挥调度”的重大活动气象服务保障机制体系，一步一个脚印推动各项工作稳步前行。得益于强劲有力的支撑保障。将冬奥气象服务任务纳入河北气象事业发展“十三五”规划和省部合作重点项目，投资1.74亿元，实施了“冬奥会与冰雪经济气象保障工程”和“冬奥雪务气象保障系统”等重点项目，建成了以44套赛事核心区气象观测站和多类型气象雷达为核心的“三维、秒级、多要素”冬奥气象综合探测系统和8个预报、服务、信息、人工影响天气（以下简称“人影”）业务系统，为冬奥气象服务保障工作的开展打下了坚实基础。得益于气象工作者的团结协作。赛区预报服务团队坚持训战结合，利用5个雪季开展专项培训，为赛时服务做好充足的技术储备；张家口赛区冬奥气象服务保障前方工作组，利用2年时间打磨优化业务流程和协同机制，形成坚实的工作合力；在冬奥保障一线，120余名党员、4个临时党支部构筑了坚强的战斗堡垒，践行了服务国家、服务冬奥、服务大局的誓言。

成就源于奋斗，胜利来之不易。回顾8年来不平凡的气象服务保障历程，我们不仅收获了成功的喜悦，收获了丰厚的精神财富，还收获了弥足珍贵的经验，这些都将作为宝贵的精神遗产传承下去。

本书全面记录了冬奥会申办、筹办、举办阶段气象服务工作历程，系统回顾了冬奥气象服务工作的点点滴滴，深入总结了冬奥气象服务取得的成果经验，充分展现了气象工作者的本色风采。本书既与广大气象工作者分享张家口赛区冬奥气象服务的成果，又将鼓舞河北气象工作者发扬冬奥精神，持续做到监测精密、预报精准、服务精细，全方位保障生命安全、生产发展、生活富裕、生态良好，更好满足人民日益增长的美好生活需要，为加快建设经济强省、美丽河北提供有力保障。

编者
2022年10月

目录

0 序章　全景回望

——领略张家口赛区气象工作全貌

0.1 图说冬奥

0.1.1 领导关怀

2021年3月31日，中国气象局党组书记、局长庄国泰（中）一行赴河北省调研冬奥会张家口赛区气象服务工作，慰问张家口赛区气象服务团队，要求河北气象部门聚焦冬奥会赛事需求，为举办一届“精彩、非凡、卓越”的北京冬奥会贡献气象力量

2021年12月31日，在北京2022年冬奥会和冬残奥会誓师动员大会召开之际，中国气象局副局长矫梅燕（前排右二）到冬奥会张家口赛区调研考察张家口颁奖广场、国家跳台滑雪中心，了解冬奥会气象保障情况，看望慰问一线职工

2022年1月11日，中国气象局副局长宇如聪（左二）到河北省张家口市崇礼区气象局调研指导冬奥气象筹备工作，并看望慰问气象干部职工，强调要提高政治站位，充分认识做好北京冬奥会气象保障工作的重大意义和深远影响

2019年1月24—25日，中国气象局副局长于新文（前排右二）冒着严寒到河北省张家口市调研指导冬奥会气象服务保障工作, 并慰问基层干部职工

2022年2月10—11日，中国气象局党组成员、副局长余勇（右三）到河北省调研指导冬奥气象服务工作，希望同志们再接再厉，以出色优质的气象服务为北京冬奥会圆满精彩顺利举办做出贡献

2021年2月16日，河北省省长王正谱（前排右一）在张家口赛区检查赛事气象保障工作，与云顶场馆群、国家跳台滑雪中心气象保障团队视频连线，会商最新天气预报信息

2021年12月31日，在冬奥会张家口赛区气象中心，中华全国总工会党组书记、副主席陈刚（前排右一）与北京延庆赛区气象中心视频连线，认真听取冬奥会气象保障情况汇报，慰问一线气象服务保障人员并送上慰问金100万元

2022年2月11日，河北省副省长、省运行保障指挥部执行副总指挥严鹏程（前排右二）到张家口赛区气象中心调研指导冬奥会气象服务工作，并与到崇礼调研的中国气象局党组成员、副局长余勇就进一步做好冬奥气象保障工作进行交流座谈

2021年11月3日，河北省副省长时清霜（前排左二）在省气象局，通过视频督导调度冬奥张家口赛区气象服务保障工作，要求全力抓好冬奥会筹办气象领域重点工作任务落地落实，认真查漏补缺，发现问题立即整改落实，确保不出纰漏

2020年11月19日，河北省科学技术厅党组书记、厅长马宇骏（前排左一）到省人工影响天气中心调研冬奥科技项目进展

2021年10月2日，河北省科学技术厅党组书记、厅长龙奋杰（右二）赴张家口赛区冬奥气象中心调研省科技冬奥专项项目进展情况

2019 年 2 月，张家口赛区预报服务团队 3 个临时党支部成立；

2019 年 9 月，张家口赛区气象工程全部完工；

2019 年 12 月，张家口赛区气象服务保障运行方案印发。

2021 年 2 月，张家口赛区国内测试赛气象保障工作圆满完成；

2021 年 9 月，河北省冬奥工作组转建为各领域分指挥部，全面进入赛事运行阶段；

2021 年 10 月 10 日，张家口赛区现场气象服务团队进驻崇礼一线；

2021 年 10 月至 12 月，张家口赛区国际测试赛气象保障工作圆满完成。

2019

2022

2021

2020

2018

2018 年 1 月，2022 年冬奥会气象观测系统专项计划编制完成；

2018 年 5 月，COMET（业务气象、教育和培训合作计划）培训在美顺利开展；

2018 年 9 月，中国气象局正式印发冬奥现场气象服务团队组建方案，张家口赛区冬奥现场气象服务团队全体队员确定；

2018 年 12 月，冬奥雪务气象保障系统项目获批，“科技冬奥”重点专项“冬奥会气象条件预测保障关键技术”启动。

2020 年 5 月，冬奥雪务气象保障系统完成全部建设内容；

2020 年 9 月，河北省冬奥专项工作组组建，河北省气象局为竞赛服务组副组长单位；

2020 年 10 月，张家口赛区冬奥气象服务全流程业务路线图编制完成，前方工作组组建。

2022 年 1 月 22 日，前方工作组全部进驻崇礼一线；

2022 年 1 月 30 日至 3 月 13 日，张家口赛区气象保障工作圆满完成；

2022 年 4 月 2 日，张家口赛区气象保障团队最后一批人员撤离。

0.1.3 剪影

2014年10月，冬奥会申办期间，张家口市气象局在崇礼太舞雪场建设观测站

2014年11月，张家口市气象局建设云顶雪场山顶站

2017年，建站过程中人力运输设备到云顶6号站

2017年10月，张家口市气象局安装云顶雪场2号站

2017年10月，张家口市气象局勘察观测站站址

2017年10月，赛事核心区气象站建设过程中卸设备

2017年11月，崇礼区建观测站过程中用骡子驮设备上山

2018年10月，ATV全地形车运送设备和人员

2018年10月，工作人员安装云顶障碍追逐赛道气象站

2019年6月，工作人员迁建云顶2号气象站

2019年11月，在冬奥会筹办阶段，气象工作人员为开展科技冬奥观测试验建气象观测站

2019年以来，河北省气候中心连续在云顶滑雪场开展雪季雪特性观测试验，确定影响雪质的敏感气象要素

2020年1月，冬奥气象预报团队在崇礼太子城进行系留气艇观测试验

2020年11月，气象预报团队运用无人机进行夜间观测

2021年1月，雪如意气温低于-20 ℃，预报团队安装气象观测站

2021年2月，测试活动期间巡检维护云顶3号站

2021年2月，测试赛期间古杨树装备保障组维护冬两4号站

2021年2月，测试活动期间气象工作者每天14时到越野赛场以及跳台赛场测量雪面温度

2021年2月，测试活动期间跳台和越野现场预报员在国家跳台滑雪中心参加北欧两项领队会，预报员做英文天气简报

2021年2月，测试活动期间张家口赛区云顶场馆的气象保障组抢挖13号观测站，保障观测数据正常传输，服务不中断

2021年2月，测试活动期间每天09时越野现场预报员在打蜡房填写实况气象信息

2021年10月，装备保障人员维护雪如意跳台的气象观测站

2021年11月，张家口赛区气象预报团队开展雪花观测试验

2021年11月21日，预报员段宇辉清理跳台观测设备上的积雪

2021年12月16日，气象装备保障团队维护越野2号站观测设备

2021年12月21日，气象装备保障团队维护云顶1号站观测设备

2021年10月27日，张家口赛区气象预报服务团队开展“精心备战、务求完胜”的主题党日活动，迎接北京冬奥会开幕倒计时100天

2021年11月21日，受寒潮影响，北京冬奥会张家口赛区出现降雪天气。张家口赛区气象装备保障团队冒着风雪对位于国家跳台滑雪中心“雪如意”的自动气象站进行维护，以确保设备稳定运行

2021年11月，根据赛事需求，张家口赛区气象人员密切监测天气，抓住一切有利时机开展人工增雪作业

2022年1月5日，张家口赛区气象中心召开冬奥动员誓师大会

2022年1月20日夜，前方工作组搬运防疫物资

2022年1月25日，预报和装备保障团队共同维护设备

2022年3月14日，前方工作组合影

2022年2月4日，北京冬奥会开幕式当晚，前方工作组会议

2022年2月16日，天气会商

2022年3月14日，冬奥会张家口赛区气象服务保障总结大会

0.2 数说冬奥

0.2.1 高度重视

上级领导关注
10人

北京2022年冬奥会和冬残奥会委员会，中国气象局，河北省委、省政府以及张家口市委、市政府，崇礼区委区政府等各级领导关心支持北京2022年冬奥会和冬残奥会张家口赛区气象保障服务工作。时任中国气象局局长庄国泰以及刘雅鸣、宇如聪、矫梅燕、于新文、余勇等中国气象局领导多次亲赴一线指导检查，为冬奥气象服务把脉定向、指路领航；河北省王东峰书记、王正谱省长、严鹏程副省长等省领导多次指挥调度气象保障工作，对冬奥气象保障工作明确任务、强化支持。中华全国总工会党组书记、副主席陈刚代表全国总工会到冬奥会张家口赛区开展送温暖工作。2021年3月31日，中国气象局党组书记、局长庄国泰一行赴河北调研北京冬奥会张家口赛区气象服务工作，慰问冬奥气象团队，强调要聚焦复杂地形精细化预报、赛事气象服务、核心区综合探测等关键问题，着力补短板、强弱项，不断深挖需求，从组织领导、科技能力、运行机制、团队培养、后勤保障等方面强化冬奥会气象服务保障工作；同时要统筹兼顾谋划长远，既要做好赛事气象服务，也要统筹冰雪产业长远发展气象保障。

省局党组重视
58次

从2014年3月14日，以正式向国际奥委会提交申请文件和保证书为冬奥起点，到2022年3月13日，北京2022年冬残奥会胜利闭幕，气象服务保障共历经整整8个年头、2921个日日夜夜，横跨申办、筹办、举办3个阶段。河北省气象局党组始终坚持“提供世界最高水平气象服务，确保赛事保障零失误”的目标，稳步推动各项工作的开展。期间，河北省气象局经历两届领导班子，张晶、郭树军、王欣璞、张洪涛，以及先后离开河北赴外地工作的宋善允、彭军、赵黎明、王世恩等8位同志，坚持党建引领，强化顶层设计，狠抓工作落实，组织召开58次党组会议、冬奥会气象服务工作领导小组会议以及张家口赛区冬奥气象服务保障前方工作组会议，研究部署、统筹推进张家口赛区冬奥气象保障服务工作。

0.2.2 历届之最

历届完备度最高的赛场观测系统
281套

为掌握张家口赛区天气气候背景，精准做好预报服务，河北省气象局在云顶、古杨树场馆群及周边区域建成了历届完备度最高的赛场观测系统，其中包括康保S波段双偏振雷达、X波段全固态双偏振天气雷达、2部激光测风雷达、44套核心赛道观测站，70套手持移动观测设备、GNSS/MET站、微波辐射计、云雷达、风廓线雷达、赛区周边70套自动观测站、35套交通气象观测站、4套航空气象站，各类设备共计231台套。同时依托国家科技冬奥项目，部署科研用观测设备50套，其中包括28套地面试验站、5套微波辐射计、13套激光测风雷达、4套三维超声风观测设备。

历届标准最高的赛事预报
50m

依托于国家重点研发计划项目“科技冬奥”专项“冬奥会气象条件预报保障关键技术”第一课题“冬奥赛场精细化三维气象特征观测和分析技术研究”，河北省气象局基于张家口赛区加密观测资料、中尺度数值模式预报资料、超高分辨率地形资料，研发了基于降尺度技术的多种分析和预报产品，集成于崇礼精细化气象要素实时分析系统等多个冬奥预报平台，对产品实时运行状态进行监控、对预报产品进行多种方式的展示，供一线预报员使用，大部分产品分辨率达到50 m。

历届数字化水平最高的气象服务
160万亿次/s

为支撑冬奥数值预报，河北省气象局建设了峰值运算速率达到160万亿次/s、可用存储容量达到746 TB的高性能计算集群。建设了省级气象数据环境，提供14大类气象观测资料、产品和社会行业数据的共享服务，特别是对冬奥核心区地面观测站、风廓线雷达、激光雷达等设备的重点服务保障，实时数据访问实现了毫秒级访问。冬奥期间，提供了670万次数据接口、60 TB的数据访问量。与北京市气象局建立了200 M的冬奥专线，与国省通信系统的520 M互为备份，同时与崇礼区气象局、冬奥赛场前方气象服务工作组也建立了专线通信，使用5G通信作为地面宽带线路的备份。

历届首次以人工影响天气技术助力赛区景观降雪

7590万t

受全球气候变暖影响，2022年北京冬奥会也可能面临加拿大温哥华冬奥会曾经的缺雪困境。根据赛事要求，赛道造雪、保雪等届时将通过大量人工造雪来满足。但赛道周边自然景观需要通过人工增雪等进行补充完善。河北省各级气象部门组织开展了历届首次以人工影响天气技术助力冬奥会赛区景观降雪服务工作，在河北省张家口市崇礼区冬奥会和冬残奥会赛场周边区域，根据天气和云系条件，择机开展了人工增雪试验和服务保障，提升冬奥赛道周边自然景观雪域覆盖。

河北省共投入3架人影作业飞机、23套火箭作业系统和27部地基碘化银发生器等作业装备，其中B3765飞机驻扎在张家口市宁远机场，为赛区提供常态化人工增雪服务；B3523飞机驻扎在石家庄市正定国际机场，遇有适合作业的天气条件，由正定国际机场起飞，赴张家口地区开展人工增雪作业；B3766飞机驻扎在唐山市三女河机场，作为赛区服务保障的机动力量。23套火箭作业系统布设在张家口市各县区，根据指挥部协调，统一机动调度并开展作业。27部地基碘化银发生器主要布设在崇礼赛场周边的山区，根据指挥部指令开展作业。同时，联合北京市2架人影作业飞机、山西省2架人影作业飞机以及驻守在张家口宁远机场的4架运七型作业飞机共同实施冬奥会服务保障任务。2021年10月1日—2022年3月14日，全省各级气象部门抓住17次有利天气过程，累积组织开展飞机作业37架次，飞行121 h 4 min，组织地面作业214点次，发射火箭弹577枚，燃烧碘化银烟条1088根，估算增加降水量7590万t，有效增加了景观降雪。

0.2.3　服务有力

赛会、赛事服务全面及时

21种

面向赛事和赛事各领域、各单位差异化服务需求，研发包括场馆站点预报（中英文）、场馆通报（中英文）、现场服务专报、人工造雪气象条件预报、雪质风险服务专报、冬奥会和冬残奥会张家口赛区气象服务专报、冬奥会和冬残奥会张家口赛区火炬传递专项服务、冬奥会和冬残奥会张家口赛区灾害性天气提示信息、冬奥会和冬残奥会张家口赛区交通气象服务专报、冬奥会和冬残奥会张家口赛区直升机救援服务专报、北京冬奥会和冬残奥会张家口赛区天气气候预测服务专报、颁奖广场实况分析、实况与预报信息等21种预报服务材料，全力保障赛事和赛会高效运行。

精准预报服务赛事调整
29次

预报团队精准科学研判不利天气造成的影响，为测试赛16次赛事与官方训练调整（包括9项赛事调整、2项训练调整、5项训练取消）以及北京2022年冬奥会和冬残奥会13次调整（9项赛事调整、2项训练调整、2项训练取消）提供科学精准的决策支撑。

0.2.4 保障有力

技术攻关
25项

河北省气象局面对山地气象预报这一国内空白领域，坚持科技自立自强，申请并获批科研项目25项，其中国家科技冬奥专项2项、省科技冬奥专项4项、中国气象局创新发展专项1项、自立课题及其他科研项目18项。

保障人员
164人

河北省气象局举全省之力、借气象部门体制优势，选派河北省各级气象部门干部职工145人，以及中国气象局相关直属单位和黑龙江、内蒙古、吉林等省（自治区）气象部门干部职工13人，航天新气象科技有限公司等设备厂家技术人员6人，组建了164人的张家口赛区气象服务保障前方工作组，负责指挥调度张家口赛区一线气象服务保障工作，协调各单位、各岗位以及相关工作人员做好各项服务保障工作。

保障物资
22种

为克服新冠肺炎疫情对冬奥气象保障服务造成的不利影响，河北省气象局通过自行采购、申请调拨等方式，配备无感测温设施2套、医用口罩（48 180个）、N95口罩（8940个）、防护眼镜（745副）等各类防疫物资22种（94 170个），确保了各项防疫措施落实到位。

16辆

为确保冬奥气象保障服务工作顺利展开，同时落实驻地到崇礼区气象局“点对点”出行的疫情防控措施，河北省气象局安排应急保障车、通勤车、设备保障等车辆共计16辆，专门用于冬奥气象保障任务。其中注册3辆设备保障车辆进入闭环内，为核心区观测设备巡检维护提供交通保障；安排省局购置的国内领先的应急保障车辆进驻张家口，在火炬传递、开闭幕式庆祝活动期间开展实地观测。

0.2.5 宣传有力

431人次

伴随冬奥申办、筹办、举办3个阶段的不断深入，河北省气象部门在中央媒体上的刊稿数量超越历史。在《人民日报》、新华网、央视网、中新网、世界气象组织官网等高影响力媒体刊登稿件37篇次，在《河北日报》、河北省电视台、长城新媒体等地方主流媒体刊登稿件109篇次，在《中国气象报》、中国气象局网站等行业内媒体刊登稿件285篇次；冬奥会和冬残奥会筹备及比赛期间，面向非注册媒体召开新闻发布会2次，接受主流媒体采访431人次。

0.3 评说冬奥

0.3.1 表彰大会对气象工作的评价

2022年4月8日，在北京冬奥会和冬残奥会总结表彰大会上，中共中央总书记、国家主席、中央军委主席习近平在大会上表示：“广大文艺工作者、科技工作者、设计工作者、新闻工作者、外事工作者、气象工作者以及其他各条战线上的全体工作人员团结一心、通力合作，坚守各自岗位，默默奉献付出，出色完成了各项任务。”

2022年4月19日，北京冬奥会和冬残奥会河北省·北京冬奥组委总结表彰大会在河北省石家庄市隆重召开。会上，中共河北省委、省政府和北京冬奥组委联合对在北京冬奥会、冬残奥会筹办和竞赛中做出突出贡献的集体和个人进行了表彰。河北省气象部门有3个先进集体和13个先进个人榜上有名。

张家口赛区气象团队获国、省两级表彰集体与人员名单（含冬奥气象中心）。

荣获“北京冬奥会和冬残奥会河北省先进集体”称号的集体名单:

河北省气象局应急与减灾处

河北省人工影响天气中心

张家口市气象局

荣获“北京冬奥会和冬残奥会河北省先进个人”称号名单:

段宇辉　河北省气象台海洋预报科科长

孔凡超　河北省气象台决策服务科副科长

杨宜昌　河北省气候中心气候评价科科员

董保华　河北省气象信息中心数据研发科科长

金　龙　河北省气象技术装备中心气象探测技术科副科长

李宗涛　河北省气象服务中心副主任

王凤杰　河北省气象行政技术服务中心高级工程师

樊　武　张家口市气象局四级调研员、办公室主任

赵海江　张家口市气象服务中心副主任

黄山江　张家口市气象台高级工程师

黄　岳　张家口市气象探测中心科员

白连忠　张家口市气象局业务科技科副科长

李景宇　张家口市气象探测中心主任

0.3.2　各级领导对气象工作的评价

（1）2022年4月24日，庄国泰局长在《河北省气象局关于2022年冬奥会、冬残奥会河北省先进集体和先进个人受表彰情况的报告》上批示：“祝贺！乘胜前进，全力做好今年的各项气象保障服务。”于新文副局长批示：“热烈祝贺，成绩来之不易。”余勇副局长批示：“感谢河北省气象干部职工的贡献，向受表彰的先进集体和先进个人表示祝贺和敬意！请河北省局认真总结北京冬奥会、冬残奥会气象保障服务成果和经验，接续高质量做好今年汛期气象服务等各项工作。”

（2）在北京冬残奥会即将开幕之际，2022年3月2日，河北省委书记、省人大常委会主任王东峰在张家口市崇礼区调研检查。他强调，要始终强化城市运行保障，加强水电气路讯等各类设施设备巡查巡护，科学做好气象监测预警，统筹抓好安全生产、森林草原防火、信访维稳等工作，为赛事创造和谐稳定环境。

（3）2022年2月10日晚，河北省召开冬奥会服务保障工作视频调度会议。省委书记、省人大常委会主任王东峰在会议上强调，要深入学习贯彻习近平总书记重要指示精神和党中央决策部署，抓住关键、盯紧细节、防范风险，全力举办一届简约、安全、精彩的奥运盛会。会议强调，要超前部署、精心组织，有力有效防范极端天气。据气象部门预报，近日，河北省部分地区将迎来大风降温和强降雪天气，张家口赛区要紧急动员，聚焦极端天气可能对运动员转场、道路交通、竞赛环境、大气质量带来的影响，制定工作方案和应急预案，全力做好铲冰除雪、赛道塑形、防灾减灾等准备工作，科学应对，迅速处置，最大限度降低极端天气对赛事的影响。

（4）2022年2月16日晚，河北省委书记、省人大常委会主任王东峰主持召开冬奥工作视频调度会议。他强调，要深入学习贯彻习近平总书记重要指示精神和党中央决策部署，慎终如始持续用力做好北京冬奥会赛事运行和服务保障，超前周密细致推进北京冬残奥会各项准备工作，确保冬奥会圆满收官、冬残奥会顺利举办。会议指出，要积极应对极端天气，确保赛事运行不受影响。严密防范大风、降温、降雪等极端天气，完善方案预案，加强应急演练，做好人员和机械设备力量准备，及时做好铲冰除雪、赛场清扫等工作，全力保障冬奥会、冬残奥会顺利进行。

（5）2022年2月10日上午，河北省委常委、张家口市市长武卫东主持召开冬奥专题调度会议，针对近期可能出现的降雪天气，进一步研究部署铲冰除雪工作，确保冬奥赛事安全顺利举办。武卫东指出，根据气象预报，近期张家口市将出现降雪天气，特别是冬奥核心区，可能出现大雪甚至暴雪天气，这是冬奥会开幕以来，张家口赛区在保障赛事方面面临的最大挑战。各场馆各部门要切实提高思想认识，引起高度重视，把有效应对此次降雪天气作为展示张家口赛区赛事运行保障能力的现实检验，做好全过程、全流程、最高等级的应对准备工作，确保做到万无一失。要在原有工作方案的基础上，进一步深化细化实化具体实施方案，上足车辆、设备、人员，运用专兼结合的形式，既要充分发挥专业清雪公司的作用，又要加大场馆内外各类人员组织动员力度，切实加强应急力量储备，努力做到以雪为令、边下边清、雪停路净。要强化组织体系建设，落实落细网格责任，划分责任区、明确责任人、排出人员时间表，提前做好工具分配和堆雪点、积雪清除流线设置，确保铲冰除雪工作有力有序有效推进。要坚持以机械化除雪为主，备足各类除雪设备和物资，加强全天候值班值守，制定详细的铲冰除雪运行路线，做到24小时不间断除雪，确保彻底清除到位。要坚决守住底线，针对各场馆和核心区容易因积雪影响交通的关键点位，进一步精细化制定除雪方案，切实做到严防死守，全力保障赛事顺利进行。要做好铲冰除雪人员应急救援、防寒保暖、餐饮等方面服务保障，合理安排工作时间，科学调配人员力量，确保打赢这场铲冰除雪的人民战争。

（6）2022年2月25日，河北省省长王正谱在《河北省气象局关于北京2022年冬奥会张家口赛区气象服务保障工作情况的报告》上的批示：省气象局担当作为、精准服务，为冬奥会成功举办做出了重要贡献，向大家表示感谢，望再接再厉，为冬残奥会顺利举办继续提供坚实保障。

（7）2021年2月23日，河北省副省长时清霜在河北省气象局关于冬奥测试赛气象服务工作情况报告上的批示：省气象局服务工作科学有序。要继续聚焦赛事提供高效精细气象服务，保障测试赛顺利完成。

0.3.3 国内外组织对气象工作的评价

杨树安，北京冬奥组委副主席：2月13日北京冬奥组委副主席杨树安表示，气象专家为赛事提供了精准天气预报。今天降雪在4号已得到气象部门预测信息，两天前确定了每个场馆降雪时段和量级，提前发出了天气预警。此外，各赛区医疗救治团队紧密协作，为运动员顺利参赛提供保障。

吉特·麦克康奈尔，国际奥委会体育部部长：2月17日竞赛日程变更委员会召开日例会上，国际奥委会体育部部长吉特·麦克康奈尔表示，2月16日高山滑雪官方训练、自由式滑雪坡面障碍技巧、越野滑雪团体短距离日程调整非常成功，当天转播效果很好，国际奥林匹克公司给予了高度评价，认为气象预报可靠。同时，国际雪联、国际冬季两项联盟以及相关场馆团队也认为风和温度的预报很准确。

许猛，冬运中心科技工作部副部长：在2月20日微信工作群留言："谢谢气象预报团队的老师们，北京冬奥豪取9金，完美收官，有您一份的功劳，感谢感谢！"

0.3.4 冬奥参与者对气象工作的评价

Joe，国际雪联自由式滑雪前主管：2月17日反馈云顶场馆群气象服务："very helpful，precise.（非常有帮助，精准。）"

马轩，云顶场馆群秘书长：2月18日对气象工作给予了充分肯定，并说气象团队是云顶场馆的福将。

李莉，云顶场馆群执行主任：2月18日在天气高影响提示第四期对冬奥气象服务进行了整体总结评价："云顶气象团队专业水准高，预报业务精，工作作风硬，为赛事举办提供了非常有价值的气象信息。特别是为场馆铲冰除雪早谋早动早应对争取了有效的时间，有力保障了场馆赛事运行，望再接再厉，再创辉煌！"

马轩，云顶场馆群秘书长：在提交《云顶场馆群指挥室气象服务方案》之后给予的批示：气象团队积极作为值得肯定。

刘艳欣，云顶场馆群副秘书长：表示没有经历过这么准确的天气预报。

Roby，自由式滑雪竞赛主任：2月19日留言："No matter what the weather was, you and your colleagues where the best thing about the forecast. Thank you so much for helping us all. Great job!!!（无论天气如何，你和你的同事都做了最好的预报。感谢你们对我们的帮助，干得好！）"

Josh，自由式滑雪技术代表：2月19日留言："To Dora, Yue: You are the best! The weather service was amazing. Thanks for the best Olympics ever!（Dora, Yue: 你是最棒的! 天气服务令人惊讶。感谢有史以来最好的奥运会!）"

Uwe，单板滑雪竞赛主任：2月18日留言："Thank you! Amazing to work with you!（感谢你！与你一起工作我很惊奇！）"

Joe，前冬奥会竞赛主任、北京冬奥会顾问："云顶的气象服务团队非常棒，这是之前冬奥会所没有经历过的，一是预报精准，为竞赛开展以及日程变更提供了坚实的支撑；二是团队非常敬业，信息沟通顺畅，无论任何时候需要天气预报信息都会得到，而在平昌冬奥会预报员很少跟竞赛主任或者技术代表进行沟通。"

高淼，云顶场馆群竞赛副主任、体育经理："气象团队的同志们非常的不容易，这么长时间好几年给我们这种持续的支持，在防风、在我们所有的竞赛日程安排、在应急的情况处置上，真是给了我们莫大的支持。国际雪联屡次提到，我们的气象服务工作做得非常好，做得比韩国平昌好，做得比任何一届冬奥会都好，这个是和大家的工作大家的努力分不开的。非常感谢！冬奥的成功云顶的成功离不开你们这个团队所有的人！"

河北省公安厅高速交警总队张家口支队：发函对河北省气象服务中心在冬奥会期间及前期提供的交通气象服务表示感谢。

河北高速公路集团有限公司张承张家口分公司和河北省高速公路延崇管理中心：分别发函致谢，针对2月12日至13日降雪过程，向其提供的交通气象服务专报对天气变化预判准确度高，信息详细，更新时间快，为科学部署、高质量打赢除雪保畅任务打下坚实基础、发挥了重要作用，表示诚挚感谢。

Borut，冬季两项竞赛主任：在2月14日天气会商时高度评价气象预报："The forecast temperature is −17 ℃, and I see the temperature of venue is −17 ℃（15时）.Your forecast is extremely perfect.（预报的温度为−17 ℃，我看到场馆的温度真的是−17 ℃。你们的预报真的太完美了。）"气象预报得到外方专家的肯定与信任。

佟立新，北京冬奥组委体育部部长：在气象会商上表示："气象团队提供了精准的预报，为竞赛组织提供了非常好的支持，感谢你们。"

戎均文，国家冬季两项中心场馆主任：在13日强降雪过程中表示："你们气象预报得很准，水平很高，能够摸清老天爷的脾气，我们就需要你们这样准确的服务。"

李冰，国家冬季两项中心常务副主任：多次表示"你们的天气预报非常重要，不仅仅是比赛，场馆运行也和你们的工作关系很大；在佟部长到冬季两项场馆视察期间表示：郭宏、晓明他们做的预报很准，Borut非常信任他们，每天都和他们会商天气形势"。

王文谦，国家冬季两项中心竞赛主任：多次对预报提出表扬："你们的预报相当准确，每次预报我都会转给老外，老外非常重视咱们的预报"。

Borut Nunar，国际冬季两项联盟官员、北京冬奥会冬季两项竞赛主任：多次表示"Your forecast is extremely perfect.It's very reliable.It's very important for us.If we haven't correct forecast,we will have big trouble. Thank you very much for your hard work.You give me confidence.（你们的预报非常完美，非常可靠，对我们非常重要。如果没有准确的预报我们将会有大麻烦。感谢你们的努力工作，你们给了我信心。）"

Max Saenger，国际冬季两项联盟官员、北京冬奥会冬季两项聘用外籍专家：多次表示"Your forecast is very helpful for us.We have very reliable forecast.Your forecast is very correct.（你们的预报对我们非常有帮助，我们获得了很可靠的预报。你们的预报非常准确。）"

史明，冬季两项竞赛长：多次在NTO团队表示"我们要全力配合气象工作，气象是咱们能不能办赛的重要条件，感谢气象的工作，你们提供了非常好的预报"。

魏庆华，古杨树场馆群山地运行总经理、中雪众源董事长：在评价13日降雪时说："气象预报非常准确，对降雪量级和时段的预报都很完美，给了山地运行团队充分的准备时间，山地运行团队对气象团队的工作表示感谢。"此外他在2月20日为现场预报员郭宏和付晓明留言："风云际会、了如指掌、气象万千、精准预报、服务冬奥、与有荣焉！”

穆勇，跳台场馆常务副主任：“我们与国家跳台滑雪中心气象团队并肩作战，完成了冬奥会跳台滑雪与北欧两项项目，齐翔老师们对待工作热情、认真、严谨，深深地影响和激励着我们所有人，很高兴与你们同行一程。”

贾京，跳台滑雪和北欧两项竞赛主任：“Good job!Excellent and professional attitude!（干得好！优秀且专业的态度！）”

郭昊冉，北京2022年冬奥跳台滑雪竞赛长：“今天是2月17日，北京2022年冬奥会跳台场馆的最后一个比赛日，你们依然精准地预测到了今天的降雪，为比赛顺利、安全举办提供了有力的保障。整个冬奥会期间，共计70多场赛事，近百场的训练，气象团队每场赛前都做到“秒级”“米级”的响应和预报，使我们能够有效地预防各种因气象而影响赛事的情况出现，保证赛事准时开始，运动员平稳落地。虽然现在的科技还无法改变气象条件，但有了你们精准的预报，让我们心更加有底，对你们这几年的辛勤付出表示衷心的谢意。成功不必在我，成功必定有我！致敬！”

北欧两项的技术代表：在领队会上对气象网站上显示的实况和预报表示了赞同，建议各国领队使用。

山地运行团队的John Aalberg:对跳台提供的几次完美的降雪预报表示感谢。“Perfect!You have been very good to us!（完美！这对我们来说非常棒！）”

Reed，跳台滑雪技术代表：对跳台着陆坡新增的风旗工作，表示感谢。

申全民，国家越野滑雪中心场馆主任：13日强降雪过程中，场馆早例会期间申主席强调，要以雪为令，及时掌握气象信息，做好铲冰除雪人员、车辆、物资准备。

Michael，国际雪联官员：“你们的预报非常准确，我从没见过这么准确的预报。你们的预报对我们来说非常重要。”

左伟，竞赛长助理：气象团队很给力、敬业，语言也好，专业。

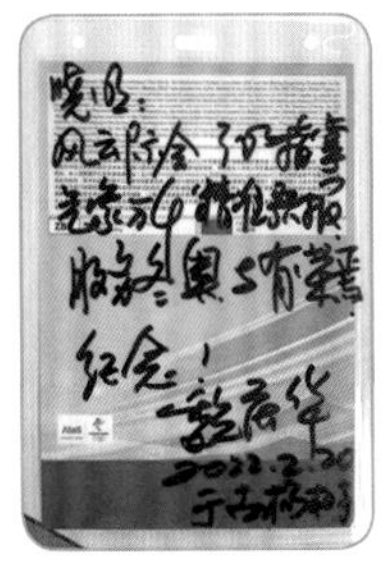

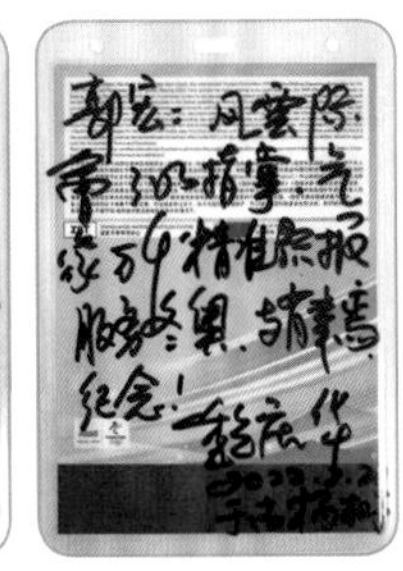

北京2022年冬奥会和冬残奥会组织委员会
Beijing Organising Committee for the 2022 Olympic and Paralympic Winter Games

证书
CERTIFICATION

张家口市气象局：

积极参与北京2022年冬奥会和冬残奥会张家口颁奖广场的筹办工作，为张家口颁奖广场的建设和运行工作做出了贡献。

特颁此证。

This certificate is awarded in recognition of your participation and contribution to the Zhangjiakou Medals Plaza of Beijing 2022 Olympic and Paralympic Winter Games.

北京2022年冬奥会和冬残奥会组织委员会
张家口颁奖广场运行团队

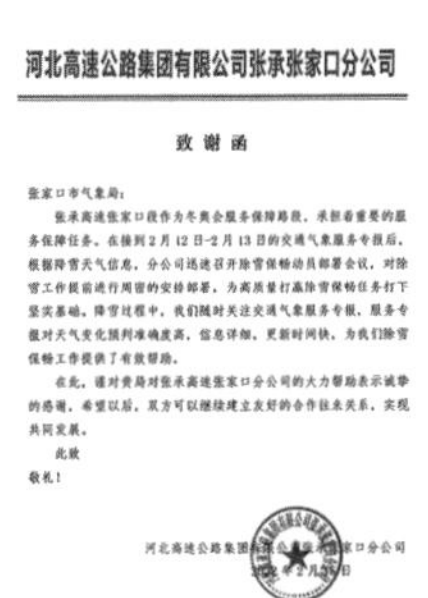

河北高速公路集团有限公司张承张家口分公司

致谢函

张家口市气象局：

张承高速张家口段作为冬奥会服务保障路段，承担着重要的服务保障任务。在接到2月12日-2月13日的交通气象服务专报后，根据降雪天气信息，分公司迅速召开除雪保畅动员部署会议，对除雪工作提前进行周密的安排部署，为高质量打赢除雪保畅任务打下坚实基础。降雪过程中，我们随时关注交通气象服务专报，服务专报对天气变化预判准确度高，信息详细，更新时间快，为我们除雪保畅工作提供了有效帮助。

在此，谨对贵局对张承高速张家口分公司的大力帮助表示诚挚的感谢，希望以后，双方可以继续建立友好的合作往来关系，实现共同发展。

此致

敬礼！

河北高速公路集团有限公司张承张家口分公司

[illegible]年2月[illegible]日

IBU INTERNATIONAL BIATHLON UNION

Salzburg, 28 February 2022

To:

Guo Hong

Fu Xiaoming

EVALUATION OF WEATHER FORECAST SERVICES FOR OWG BEIJING 2022

One of the most important services for major outdoor sport events is reliable weather forecast service. Since we know that National Biathlon Centre in Zhangjiakou/Chongli, serving for biathlon events for Beijing 2022 OWG, is a cold and windy place, weather services were even more important.

On-venue weather services, in particular Guo Hong and Fu Xiaoming, did an outstanding job for biathlon sport. We got very accurate weather forecasts and precise explanation of situation on top. We can confirm that their weather predictions were way above 90% accurate.

Based on accurate weather forecasting and excellent cooperation with on-venue weather services team, we were able to adjust our event schedule to find best possible conditions for our athletes. Both re-scheduling were justified and correct; keeping original schedule would put our events in great danger, since based on IBU Event & Competition Rules, we would not be able to conduct events as planned.

With this letter, I would like to express my personal and IBU appreciation for the work of on-venue weather services. Weather service team perform their job with great knowledge, experience and commitment. Communication and cooperation with them was on highest level and easy – they cooperate the same way with BOCOG Biathlon Sport Management and International Biathlon Union.

Based on all of above, IBU and I would always recommend this kind of services to any partners, companies or organizations.

Thank you very much for your expertise, commitment and friendship.

IBU Race Director World Cup and OWG

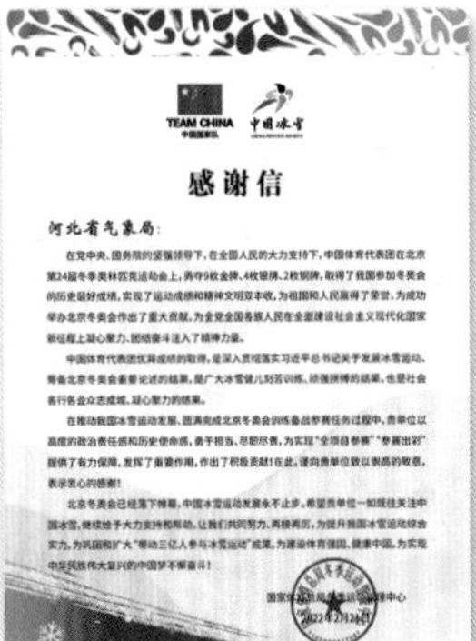

TEAM CHINA 中国国家队　中国冰雪

感谢信

河北省气象局：

在党中央、国务院的坚强领导下，在全国人民的大力支持下，中国体育代表团在北京第24届冬季奥林匹克运动会上，勇夺9枚金牌、4枚银牌、2枚铜牌，取得了我国参加冬奥会的历史最好成绩，实现了运动成绩和精神文明双丰收，为祖国和人民赢得了荣誉，为成功举办北京冬奥会作出了重大贡献，为全党全国各族人民在全面建设社会主义现代化国家新征程上凝心聚力、团结奋斗注入了精神力量。

中国体育代表团优异成绩的取得，是深入贯彻落实习近平总书记关于发展冰雪运动、筹备北京冬奥会重要论述的结果，是广大冰雪健儿刻苦训练、顽强拼搏的结果，也是社会各行各业众志成城、凝心聚力的结果。

在推动我国冰雪运动发展、圆满完成北京冬奥会训练备战参赛任务过程中，贵单位以高度的政治责任感和历史使命感，勇于担当、尽职尽责，为实现"全项目参赛""参赛出彩"提供了有力保障，发挥了重要作用，作出了积极贡献！在此，谨向贵单位致以崇高的敬意，表示衷心的感谢！

北京冬奥会已经落下帷幕，中国冰雪运动发展永不止步，希望贵单位一如既往关注中国冰雪，继续给予大力支持和帮助，让我们共同努力、再接再厉，为提升我国冰雪运动综合实力，为巩固和扩大"带动三亿人参与冰雪运动"成果，为建设体育强国、健康中国，为实现中华民族伟大复兴的中国梦不懈奋斗！

国家体育总局冬季运动管理中心

2022年2月24日

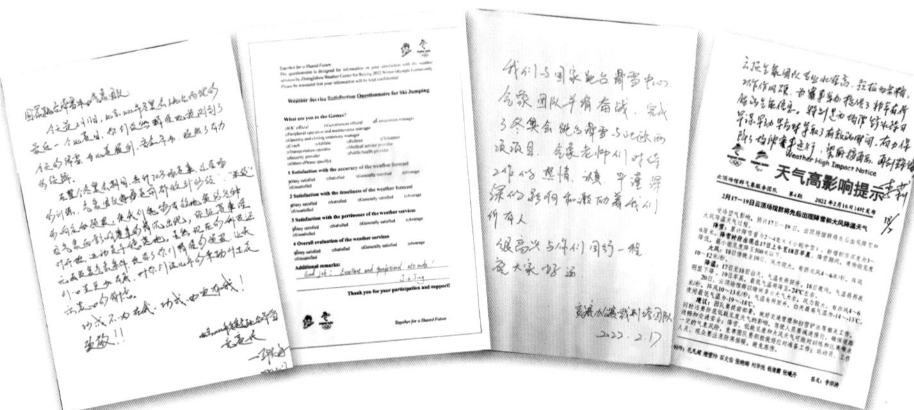

Weather Service Satisfaction Questionnaire for Ski Jumping

Thank you for your participation and support!

Together for a Shared Future

Weather High Impact Notice

天气高影响提示

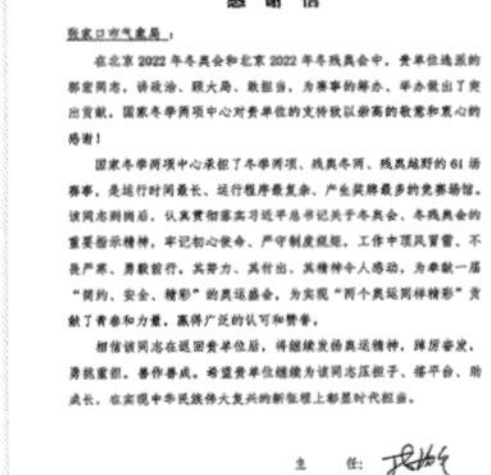

国家冬季两项中心运行团队

感谢信

张家口市气象局：

在北京2022年冬奥会和北京2022年冬残奥会中，贵单位选派的郭宏同志，讲政治、顾大局、敢担当，为赛事的筹办、举办做出了突出贡献。国家冬季两项中心对贵单位的支持致以崇高的敬意和衷心的感谢！

国家冬季两项中心承担了冬季两项、残奥冬两、残奥越野的61场赛事，是运行时间最长、运行程序最复杂、产生奖牌最多的竞赛场馆。该同志到岗后，认真贯彻落实习近平总书记关于冬奥会、冬残奥会的重要指示精神，牢记初心使命，严守制度规矩，工作中顶风冒雪、不畏严寒、勇毅前行，其努力、其付出、其精神令人感动，为奉献一届"简约、安全、精彩"的奥运盛会，为实现"两个奥运同样精彩"贡献了青春和力量，赢得广泛的认可和赞誉。

相信该同志在返回贵单位后，将继续发扬奥运精神，踔厉奋发，勇毅前行，善作善成。希望贵单位继续为该同志压担子、搭平台、助成长，在实现中华民族伟大复兴的新征程上彰显时代担当。

主　　任：

分管副主任：

秘 书 长：

2022年3月13日

北京2022年冬奥会和冬残奥会组织委员会

感谢信

冬奥河北气象中心：

北京2022年冬奥会和冬残奥会已圆满结束，张家口颁奖广场所有颁奖任务顺利完成。期间，贵中心为我们提供了要素全面、时间分辨率高、结论精准的天气预报服务，为我场馆举行颁奖仪式提供了专业的气象支撑和科学研判，为冬奥盛会的圆满成功做出了突出贡献。

在此，特对贵中心致以衷心的感谢和崇高的敬意！感谢贵中心全体工作人员对张家口颁奖广场的建设和运行工作的不懈努力和辛苦付出！向其家属致以崇高的敬意和亲切的慰问。

特此。

张家口颁奖广场运行团队

2022年3月14日

张家口市冬奥会城市运行和环境建设管理指挥部宣传媒体及文化组

感谢信

张家口市气象局：

按照市冬奥运行指挥部和北京冬奥组委的工作部署，市文化活动组圆满完成了冬奥会和冬残奥会期间城市文化活动的各项工作任务。特此感谢张家口市气象台和气象服务中心在我组举办的系列文化活动期间，多次及时准确地为我们提供专业气象服务。贵局提供的专业气象服务对天气变化预判准确度较高，信息详细，为我们科学部署、高质量完成各项冬奥文化活动任务打下坚实基础，在我组举办的各类文化活动中发挥了重要作用。

在此深表感谢。

市冬奥会城市运行和环境建设管理指挥部

宣传媒体及文化组

2022年3月[illegible]日

肯定评价及感谢信件（部分）

第1章　赛区风云

——张家口赛区天气气候条件与赛时天气

1.1 崇礼气候特征

1.1.1 冬奥赛事举办气象条件基本要求

冬奥会不同于夏奥会，由于70%的项目是雪上项目，因此冬奥会对于举办城市的气象条件有非常严格的要求，从过往23届冬奥会举办城市看，历届冬奥会举办地均集中在北半球中高纬度带。另外国际奥委会在主办城市的选择上也有严苛的要求。其中核心气象指标有两条，一是2月份平均气温是否低于0 ℃，二是2月份降雪量是否大于30 cm。举办城市需满足其中任何一项指标不低于规定标准的75%，否则将丧失冬奥会举办权利。

张家口赛区在北京冬奥会期间共承担了自由式滑雪、单板滑雪、跳台滑雪、越野滑雪、北欧两项和冬季两项共计6个大项51个小项的比赛。这些雪上项目集合了空中动作、高速滑行、长距离越野，因此对于降雪、气温、降水、风力、能见度等都有着明确的气象风险阈值指标（表1.1），当气象指标达到对应比赛阈值限定条件时，就会对该项比赛产生影响，比赛需要根据气象条件进行调整，从而确保运动员在比赛过程中的安全。

表1.1　张家口赛区赛事气象风险阈值指标

项目	天气影响程度	降雪	风	能见度	降水	气温
自由式（单板）	关键影响决策点	每小时超过2 cm （比赛期间） 或6 h降雪>10 cm	平均风速＞5 m/s	U型槽裁判视程＜200 m 单板追逐、自由式追逐及单板平行大回转的视程 ＜200 m 自由式雪上技巧裁判视程 ＜300 m		气温＜－25 ℃
	考虑因素	自由式滑雪＞0 cm	平均风速3～5 m/s		有无降水	气温＞5 ℃
跳台	关键影响决策点	赛前或赛时每小时新增积雪≥3 cm	风速＞4 m/s，风向变化＞90° 或上下坡风速差≥4 m/s	＜500 m		气温＜－20 ℃
	考虑因素		风速3～4 m/s，风向变化45°～90°		有无降水	气温＞0 ℃
冬季两项	关键影响决策点					气温<－20 ℃
	考虑因素		平均风速>5 m/s	＜100 m		气温<－15 ℃，再考虑体感温度
越野滑雪	关键影响决策点					气温＜－20 ℃
	考虑因素			＜100 m（残奥会）		气温＞5 ℃

1.1.2 气候特征综述[①]

崇礼属东亚大陆性季风气候中温带亚干旱区。由于所处地理位置和地形的影响，冬季冷空气活动频繁，春季气温回升快，但波动较大，雨量偏少，大风日数较多。夏季凉爽而短促，气温比较稳定，昼夜温差较大，雨量集中，由于山区的地形影响，时有冰雹、暴雨灾害；秋季气温下降迅速。年内，7月气温最高，月平均最高气温为26.2 ℃；1月气温全年最低，月平均最低气温为−20.7 ℃。7月是全年降水最多的月份（平均降水量107.6 mm），1月为全年降水最少的月份（平均降水量4.4 mm）。2月和3月平均气温分别为−10.0 ℃和−2.4 ℃；月平均降水量分别为5.7 mm和12.1 mm，平均降水日数分别为6.3 d和7.0 d（图1.1）。

低温：崇礼历史上2月份极端最低气温−32.4 ℃（1978年2月15日），最低气温低于−15 ℃日数最多达27 d（1964年、1968年、1972年）。3月份极端最低气温−27.7 ℃（2007年3月6日），最低气温低于−15 ℃的日数最多达19 d（1970年3月）。

融雪：崇礼历史上2月份极端最高气温达15.3 ℃（1992年2月28日），日最高气温高于5 ℃的日数最多为14 d（2007年、2021年）。3月份崇礼高温风险明显增大，极端最高气温为21.5 ℃（1969年3月26日），日最高气温高于5 ℃日数最多为28 d（1997年）。

大风：崇礼2月份大风日数最多达12 d（出现在1966年），日极大风速为18.3 m/s（2018年2月10日），大风风险较大。3月份大风日数最多达12 d（1966年），极大风速达21.2 m/s（2020年3月18日）。

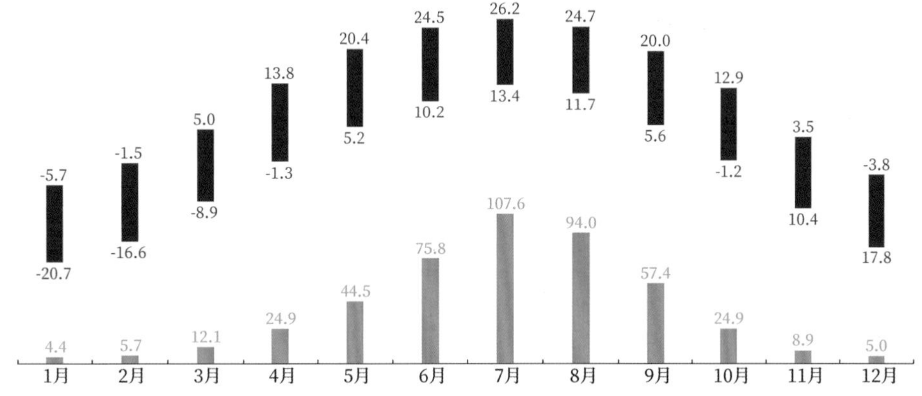

图1.1　崇礼逐月平均气温变化范围（单位：℃，红色柱状图）及降水量（单位：mm，绿色柱状图）

① 数据分析时段：极大风速2005—2021年；其余要素1960—2021年。气候数据资料来自于崇礼气象观测站。

降水：崇礼2月份基本上以降雪为主，日最大降雪量为19.9 mm（1979年2月22日），最多降雪日数为17 d（1968年、1981年和1998年），降雪的偏多将给赛场的运行维护（以下简称“运维”）、交通带来压力。3月份崇礼地区降雨的风险略微加大，但仍然以降雪为主，日最大降雪量为17.4 mm（2010年3月14日），最多降雪日数为17 d（1980年）。

沙尘和沙尘暴：崇礼沙尘天气2月份较少，3月份较多。2月，扬沙天气最多出现2 d（1987年和2009年），沙尘暴仅出现过1 d（1960年2月24日）；3月，扬沙最多为7 d（2002年），沙尘暴历史累计出现8 d。

1.1.3 影响崇礼地区的主要天气系统类型

根据多年气象资料的统计分析，在冬奥会和冬残奥会期间，对赛事造成影响的天气类型主要有以下5种：

类型I——西北路径冷空气

该类型为冬奥会和冬残奥会期间常见的天气。当强盛的西西伯利亚冷空气南侵时，往往带来西北大风和降温天气（图1.2）。受赛场地形及海拔高度影响，此类型下云顶场馆群及古杨树场馆群的国家冬季两项中心大风最为明显。如果前期气温偏高且无明显降水，西北大风还会给赛区带来沙尘天气。

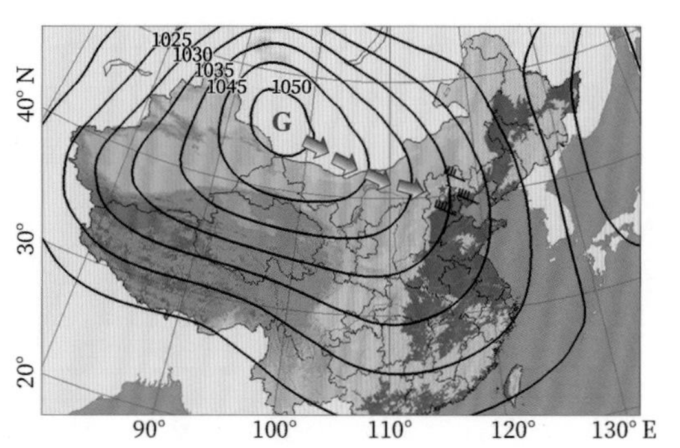

图1.2　西北路径冷空气

类型II——偏北路径冷空气

该类型将对赛事产生较大影响，但出现频次较少。来自极地的冷空气沿着偏北路径快速南下，会使赛区温度骤降，出现偏北大风，山区降雪的概率较大（图1.3）。

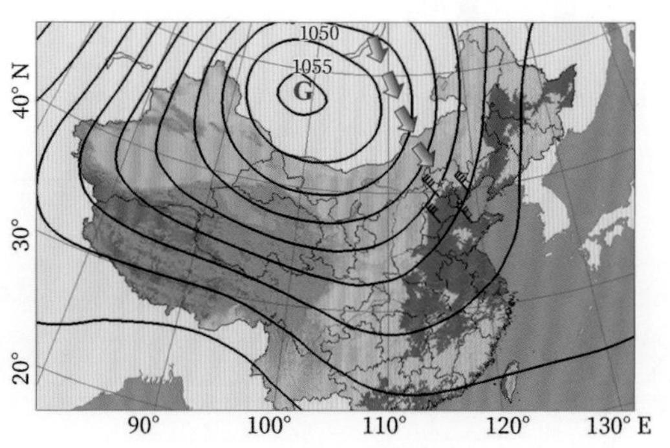

图1.3　偏北路径冷空气

类型Ⅲ——偏南暖湿气流结合冷空气

该类型易导致降水天气发生。主要表现为华北地区的暖湿气流不断增强，地面有低压发展，同时配合冷空气影响，赛区易出现大雪甚至暴雪的天气（图1.4）。当暖湿空气与西北或偏北路径冷空气汇合时，云顶场馆群降水要明显强于古杨树场馆群；当暖湿空气与偏东路径冷空气结合时，古杨树场馆群降水一般强于云顶场馆群。降雪还会带来低能见度事件，降雪量越大，出现低能见度的概率越高。

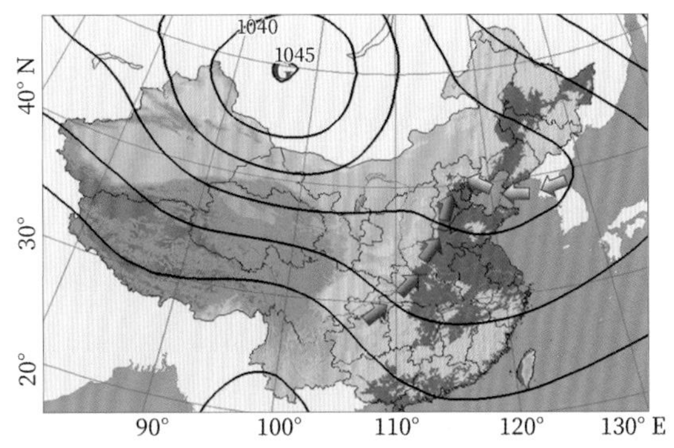

图1.4 偏南暖湿气流结合冷空气

类型Ⅳ——偏西路径弱冷空气

该类型表现为来自偏西方向的弱冷空气，与地面弱辐合系统相配合，可形成弱降水天气（图1.5）。云顶场馆群降雪要强于古杨树场馆群，并有可能伴随低能见度出现。

此外，该类型天空晴朗少云，地面风速较小，古杨树场馆群往往出现“冷池效应”，傍晚或夜间气温快速下降，有出现低温的可能性。

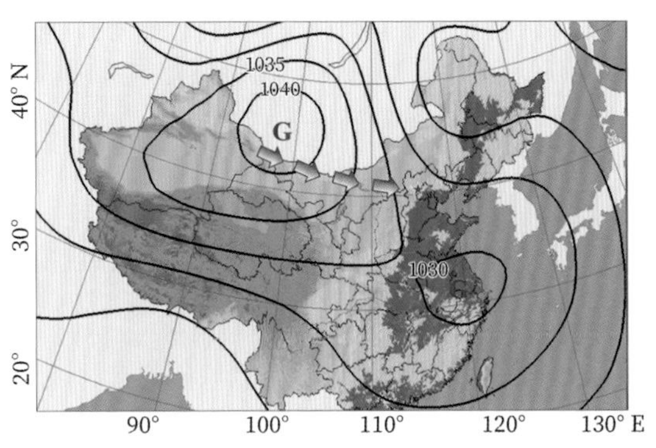

图1.5 偏西路径弱冷空气

类型Ⅴ——偏南干暖空气

该类型受来自南方的暖气团影响，偏南气流强劲且偏干，配合太阳辐射，导致赛区白天气温快速升高，伴有融雪风险发生（图1.6）。该类型古杨树场馆群也会出现“冷池效应”。

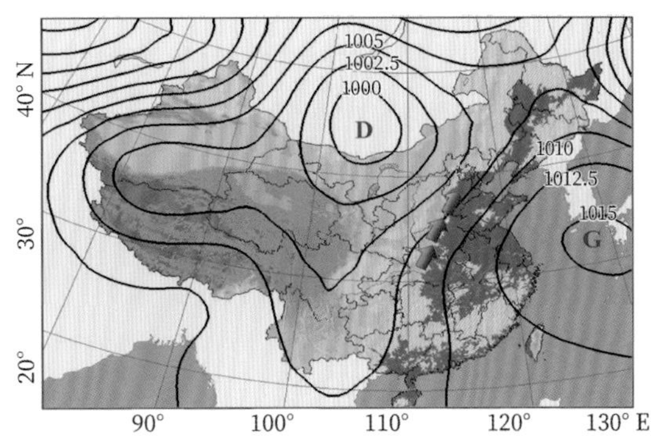

图1.6 偏南干暖空气

1.2 场馆气象条件

1.2.1 云顶场馆群

云顶场馆群的海拔高度为1800～2100 m，受冬季风影响，气温低、降水少、大风多，湿度小，低能见度日数少。受地形抬升影响，降水量级和降水次数高于古杨树场馆群。冬季平均降水量为0.5～1.2 mm，降水量极值为34.5 mm，出现在2021年11月6—7日。平均温度为–11～–9.2 ℃，最高气温极值为16.6 ℃，最低气温极值为–39.7 ℃。平均风速为1.6～7.8 m/s，平均风速的极大值为15 m/s，阵风风速极值为28.7 m/s；平均相对湿度为52%～58%，最大值为99%，最小值为6%。平均能见度为6～10 km，在降雪过程中，通常会出现低能见度现象。与往届冬奥会相比，低温、降雪、大风、低能见度等高影响天气为预报难点。

1.2.2 古杨树场馆群

古杨树场馆群的海拔高度为1622～1724 m，场馆处于东西向山谷中。受冬季风影响，气温低、降水少、大风多，湿度小，低能见度日数少。冬季平均降水量为0.3～1.0 mm，降水量极值为31 mm，出现在2021年11月6—7日。平均温度为–9.4～–8.2 ℃，最高气温极值为17.6 ℃，最低气温极值为–35.8 ℃。在晴朗、微风的夜里会出现冷池现象，在该情况下，古杨树场馆群的温度明显低于云顶场馆群。平均风速在1.7～3.2 m/s，平均风速的极大值为12m/s，阵风风速极值为29.2 m/s。平均相对湿度为50%～54%，最大值为99%，最小值为4%。平均能见度为5.7～13.7 km，在降雪过程中，通常会出现低能见度现象，夜间最低气温低于云顶场馆群。与往届冬奥会相比，冷池、降雪、大风、低能见度等天气过程预报难度较大。

1.3 2021年测试赛期间天气概述及主要影响天气

1.3.1 天气综述

测试赛期间（2021年2月14—26日），天气演变可分为3个阶段：前期（14—17日），大风降温并伴随两次弱降雪过程；中期（18—22日），天气回暖，气温明显回升，伴随一次弱沙尘天气过程；后期（23—26日），晴朗小风，气温平稳，有一次弱降雪过程，古杨树场馆群出现冷池现象。

1.3.2 主要天气过程与天气系统

降雪：受高空槽影响，2月14日上午赛区出现小到中雪，云顶赛区最大降水量为3.3 mm，古杨树赛区最大为0.7 mm。受补充南下的冷空气影响，15日下午到16日上午，出现了第二次降雪过程，降雪持续15 h，云顶赛区最大降水量为3.1 mm，古杨树赛区最大为2.1 mm。2月23日受弱冷空影响，出现了一次弱降雪过程，云顶赛区最大降水量为3.1 mm，两赛区最大降雪量分别为1 mm和1.3 mm。

大风沙尘：受东北冷涡后部强冷空气影响，2月15—17日，赛区出现了大风天气，两赛区的平均风速为4～10 m/s，15日下午最大，阵风风速极值云顶赛区达到24.8 m/s，古杨树赛区的跳台场馆达到26.6 m/s（图1.7）。19—20日，在天气回暖的背景下，高空西北偏西风增大，海平面气压场表现为西高东低（图1.8），在山地地形、动力、热力共同作用下，19日下午风力再次加大，平均风速达到4～9 m/s，阵风最大风速为19～22 m/s，19—20日伴随轻度浮尘天气，20日夜间PM_{10}浓度达到300μg/m^3。

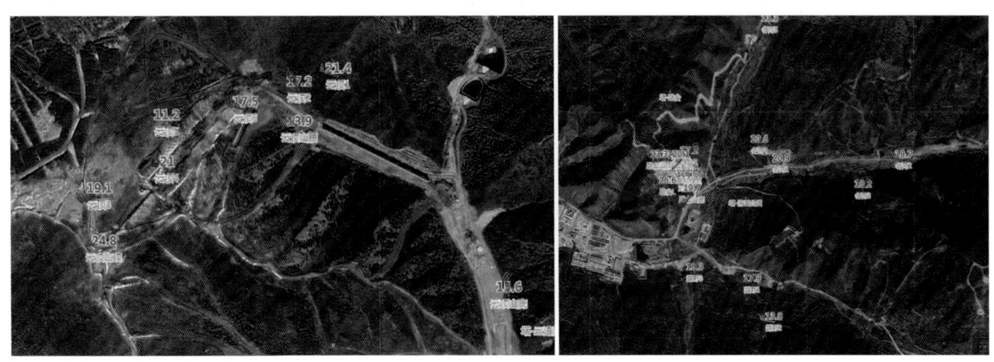

图1.7 2月15—16日云顶赛区和古杨树赛区极大风（单位：m/s）

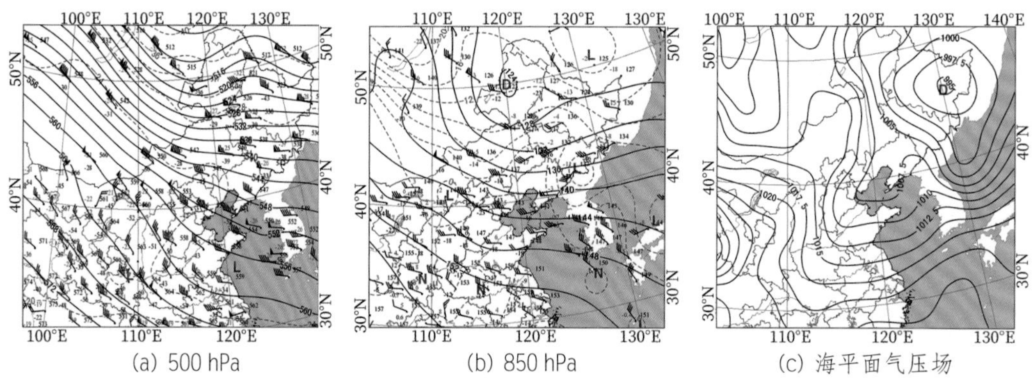

图1.8　2021年2月19日08时天气形势图

降温：受贝加尔湖南下的强冷空气影响，15—17日，气温持续下降，17日早晨，云顶赛区气温降至-28～-26 ℃，古杨树赛区降至-24～-22.4 ℃。

回暖升温：17日以后，冷空气活动势力减弱，受高压脊和暖气团控制，气温持续回升，有两个温度较高时段：19—21日，云顶赛区和古杨树赛区的最高温度分别达到了4.8～7.6 ℃和7.7～9.8 ℃，两赛区都出现了融雪风险；24—26日，700 hPa以下高空风转小，两赛区白天最高温度都在3～5 ℃。

冷池事件：2月24—26日，华北地区受高压脊控制，天气以晴为主，700 hPa以下的高空风速较小（图1.9），处于山谷的古杨树赛区出现了冷池现象，夜间气温明显低于云顶赛区，如24日、26日古杨树赛区最低温度达-15 ℃，而云顶赛区为-8 ℃。

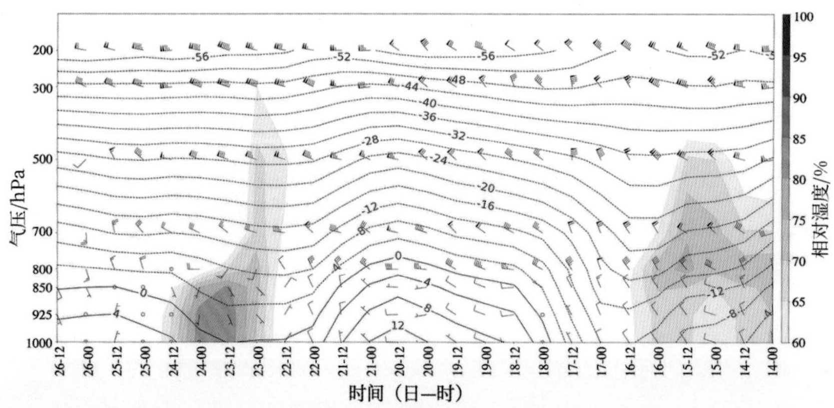

图1.9　2021年2月14—26日华北地区高空风场、温度场、湿度场高度-时间剖面图

1.3.3　高影响天气事件

1.3.3.1　大风与沙尘

2021年2月15—16日，赛区出现大风天气，两赛区的平均风速在白天的大部分时段达到5～10 m/s，阵风风速最大值云顶赛区达到24.8 m/s，古杨树赛区的跳台

场馆达到26.6 m/s。受大风影响， 15日自由式滑雪雪上技巧和空中技巧官方训练取消；原定16日10:00举行的雪上技巧男子和女子决赛，以及19:00举行的空中技巧混合团体决赛均延期举行。对于这两天的大风天气，预报团队做出了比较准确的预报。19—20日，在天气回暖的背景下，平均风速达到4～9 m/s，阵风风速最大为19～22 m/s，并伴随轻度浮尘天气，受其影响，单板滑雪U型场地预决赛、自由式滑雪空中技巧预赛、自由式滑雪空中技巧预赛暂停或推迟。对于19—20 日的暖气团控制下的大风预报，预报量级偏小。

1.3.3.2 高温融雪

2021年2月17日以后，暖气团控制，气温持续回升， 19—21日，云顶赛区和古杨树赛区的最高温度分别达到了4.8～7.6 ℃和7.7～9.8 ℃，两赛区都出现了融雪风险；24—26日，两赛区白天最高温度都在3～5 ℃。雪质变差，给比赛造成一定的影响。对于高温融雪，预报团队提前4～5 d做出了准确的预报。受高温融雪影响，冬季两项20日、21日训练比赛分别推迟1.5 h和2.5 h。

1.4 2022年冬奥会期间天气概述及主要影响天气

1.4.1 天气综述

2022年冬奥会期间（1月30日—2月20日，下同），天气主要特点为：

（1）降雪日数多，降雪量明显偏多。降雪成为云顶赛区最主要影响天气，降雪日数有13 d，累积降雪量为20.9～24.7 mm，为2018年建站以来最多的一年。主要降雪过程共有3次，其中1月30—31日累计降水量为6.3～7.8 mm，2月12—13日累计降水量为6.7～8.3 mm，2月17—19日累计降水量为4.9～6.0 mm。

（2）气温偏低，低温持续时间长。2022年冬奥会期间，云顶滑雪公园（以云顶4号站为代表站）平均气温−17.5℃，日平均气温有10 d低于−20 ℃，日最低气温有15 d低于−20 ℃。崇礼观测站较常年（−10.4 ℃）偏低4.1 ℃，为 2009年以来同期气温最低的一年，持续的低温天气为场馆运行赛事举办带来考验。其中14日凌晨，赛场气温达到冬奥会期间的最低值，最低气温在−27.3～−25.8 ℃。

（3）出现阶段性大风及低能见度天气。冬奥会期间，云顶滑雪公园受海拔和地势影响，2月18—20日连续3 d出现极大风速≥17 m/s 的大风天气，极大风速为

18.3 m/s，18日09时出现在云顶12号站。受降雪及低云影响，1月30—31日，2月12—13日、17—19日均出现了能见度小于1 km的低能见度天气，其中13日能见度最差，赛场最低能见度不足100 m。

1.4.2 主要天气过程与天气系统

1.4.2.1 冬奥会（2022年2月4—20日）

从赛区上空2月4—20日风场、温度场和湿度场的高度-时间剖面图可以看出（图1.10），4—5日，受高空槽后冷空气影响，赛区出现大风、降温天气。6—10日，受高压脊和暖气团控制，赛区以晴为主，风和日丽，气温回升，古杨树赛区出现了连续5 d的冷池现象，夜间最低气温在−23～−20 ℃，明显低于云顶赛区。12—13日，受高空槽和低涡影响，赛区出现了较强的降雪天气，两赛区的降雪量分别为9.0～14.8 mm和8.0～10.2 mm。带来降雪的高空槽过后，14—15日，气温下降。15日夜间，低层湿度增加，在地形抬升作用下，赛区出现0.1～0.5 mm的弱降雪过程。15—16日白天气温回升，高空风场较弱，古杨树赛区冷池现象显著，夜间最低气温达−27 ℃。17日白天到夜间，再次受高空槽影响，赛区出现了一次小到中雪过程，云顶赛区降雪量为3.3～5.0 mm，古杨树赛区降雪量为1.7～2.9 mm。18—20日，受槽后冷空气影响，气温下降，风力增大，连续3 d出现了阵风≥17 m/s 的大风天气，极大风速为18.3 m/s。3次降雪过程都伴随低能见度出现，其中13日能见度最差，赛场最低能见度不足100 m。

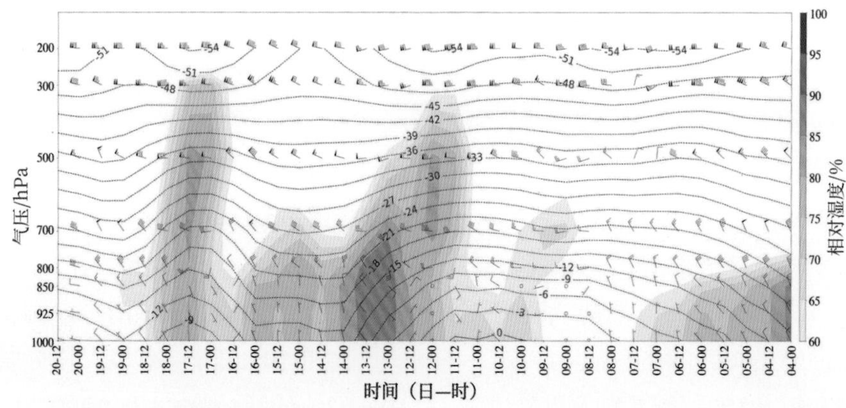

图1.10 2022年2月4—20日赛区高空风场、温度场、湿度场高度-时间剖面图

1.4.2.2 冬残奥会（2022年3月4—14日）

图1.11给出了赛区上空3月4—13日风场、温度场和湿度场的高度-时间剖面图，可以看出：4—5日，受冷空气影响，赛区出现大风沙尘天气，赛区有4级左右

偏北风，阵风6～7级；3日夜间至4日上午，受沙尘天气影响，张家口城区PM_{10}浓度为500～600μg/m^3，最低能见度为6 km，崇礼PM_{10}浓度为667μg/m^3，云顶赛区最低能见度为4～5 km。7—10日，受高压脊影响，赛区出现明显升温过程，平均气温累计升温幅度达10 ℃以上，10日达到最高值，张家口赛区最高温度达9～15 ℃，气温显著高于常年同期。受持续静稳天气影响，赛区相对湿度和$PM_{2.5}$浓度逐渐升高，能见度下降，张家口赛区最低能见度约10 km。受高空槽和切变线等系统影响，11日夜间至12日早上，赛区先后出现明显雨雪天气，降水相态复杂，高海拔山区为雪，低海拔山区为雨夹雪或雨，平原地区为雨，张家口赛区累计降水量6～8 mm，积雪深度5～8 cm；雨雪期间，能见度明显下降，张家口云顶场馆群最低能见度不足50 m。

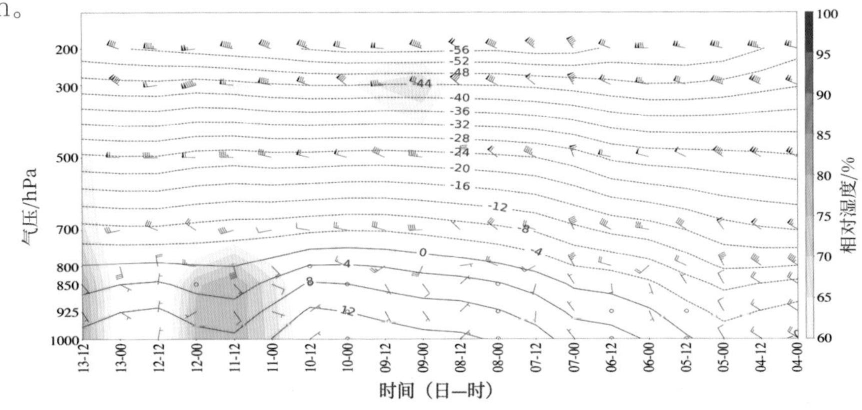

图1.11　2022年3月4—13日赛区高空风场、温度场、湿度场高度-时间剖面图

1.4.3　高影响天气事件

1.4.3.1　冬奥会期间

1.4.3.1.1　降雪和低能见度

2月12—13日，受高空槽和低涡影响，赛区出现了暴雪天气，两赛区的降雪量分别为9.0～14.8 mm和8.0～10.2 mm，降雪期间，伴随长时间的低能见度，最低能见度在100 m以下。受降雪和低能见度影响，原定2月13日10:00自由式滑雪女子坡面障碍技巧预赛延期，竞赛日程变更委员会会议决定2月13—15日（3 d）的比赛活动顺延至14—16日举行，2月13日原计划19:00—20:15举行的自由式滑雪女子空中技巧资格赛，推迟至2月14日15:00—16:30举行。2月14日原计划09:30—12:30举行的自由式滑雪U型场地技巧官方训练推迟至11:00—14:00。对于这次强降雪过程，预报团队提前1周就做出预报，提前3 d对降雪的量级、发生时段、小时降雪强度等预报都很精准。

1.4.3.1.2 大风

4—5日，受高空槽后冷空气影响，赛区出现大风、降温天气。18—20日，受槽后冷空气影响，气温下降，风力增大，连续3 d出现了阵风≥17 m/s 的大风天气，极大风速为18.3 m/s。预报团队对这两次大风过程都做出了精准的预报。受大风影响，2月20日越野滑雪女子30 km集体出发比赛提前3 h 30 min举行，在11:00开赛；原计划2月4日12:10举行的跳台滑雪女子标准台第2次官方训练第3轮训练临时决定取消，2月19日原计划14:00—16:55举行的越野滑雪男子50 km集体出发比赛推迟1 h，在15:00—16:55举行。

1.4.3.1.3 低温和冷池

15日下午至16日，高空风场较弱，天空晴朗，古杨树赛区冷池现象显著，在傍晚日落后，温度快速下降，17:00—20:00，3 h气温降幅达9 ℃，从17:00的−16 ℃降至20:00的−25 ℃，到夜间最低气温达−27 ℃。受低温影响，2月15日原计划17：00—18：30举行的冬季两项男子4×7.5 km接力比赛提前2 h 30 min举行，提前至14:30—16:00；2月15日原计划19:00—19:50举行的北欧两项越野滑雪男子个人10 km比赛提前半小时举行，提前至18:30—19:20；北欧两项越野滑雪官方训练提前半小时，调整为17:15—18:15；2月19日17:00—17:55举行的冬季两项女子12.5 km集体出发比赛提前1 d，在2月18日15:00—15:45举行。预报团队对这次冷池过程提前5 d做出预报，提前3 d都做出精准预报。

1.4.3.2 冬残奥会期间

1.4.3.2.1 大风沙尘

3月4—5日，受冷空气影响，赛区出现大风沙尘天气，赛区有4级左右偏北风，阵风6～7级。由于预报精准，原计划3月4日残奥冬季两项女子官方训练提前1 d；单板滑雪障碍追逐官方训练取消；3月5日残奥单板滑雪障碍追逐官方训练调整。

1.4.3.2.2 降雪

受高空槽和切变线等系统影响，11日夜间至12日早上，赛区先后出现明显雨雪天气，降水相态复杂，高海拔山区为雪，低海拔山区为雨夹雪或雨，累计降雪量张家口赛区6～8 mm，积雪深度5～8 cm。受3月12日降雨预报影响，原计划3月12日残奥单板滑雪坡面回转比赛提前1 d，调整至3月11日进行。对于这次降水过程，预报团队提前3 d对降雪的量级、发生时段、降水相态、小时降水强度等做出了精准预报。

第2章　冬奥使命

——张家口赛区气象预报服务需求与挑战

2008年，我国成功举办了北京夏季奥运会，恢弘的开闭幕式、良好的赛事组织以及优异的竞赛成绩向全世界展示了中国作为崛起中的大国的全新风貌。夏奥会成功举办5年后的2013年，习近平总书记亲自谋划、推动，北京、河北两地具体落实，北京携手张家口申办2022年冬季奥运会的大幕正式开启。

天气因素作为体育运动项目，特别是户外项目的重要影响因素，是奥运会申办、筹办、举办中无法忽视的条件。2008年，河北省气象部门全程参与了奥运圣火传递、开闭幕式以及足球项目秦皇岛赛区各项赛事的服务保障工作，取得了圆满成功。北京冬奥会气象保障工作，河北省气象部门仍将面临内容类似，但难度剧增的工作任务。张家口赛区作为北京冬奥会主要雪上项目承办赛区，承担了冬奥会全部雪上项目数的近70%、冬残奥会全部雪上项目数超过60%的赛事，比赛项目均为户外举行，而雪上项目受天气条件影响显著，变数最大，张家口赛区是冬奥会和冬残奥会赛事总体举办成功与否的关键，可以说“成败在雪，重点在冀”。在此背景下，所面临的无论是服务需求还是技术挑战都是前所未有的。

2.1 广泛的保障需求

从整个冬奥会申办、筹办、举办全环节来看，与夏奥会相比，冬奥会对气象服务保障的需求更广泛、更精细、更严格。由于我国是首次举办冬奥会，从申办、筹办伊始，缺乏冬季赛事办赛经验，特别是天气条件对张家口赛区承办的大量雪上项目赛事运行的影响认识的深度和精度不足，气象部门通过与赛事、赛会运行部门的不断磨合，各领域的保障需求也经历了由粗到细、由宏观到具体、由模糊到清晰的过程。整个气象保障需求的探索，也是气象工作者与其他领域冬奥工作者共同成长、成熟的宝贵经历。

2.1.1 申办阶段的气象保障需求

冬季奥运会较之夏季奥运会，赛事举办对气象要素要求更加具体，对举办地冬季气温、降雪、风等均有严格要求，历届冬奥会举办地如韩国平昌、俄罗斯索契、加拿大温哥华、意大利都灵等城市大多位于海洋性气候区，冬季降雪较多、气温适宜、风速较小。而张家口赛区地处大陆性季风气候区，冬季气候干冷、多风、少雪，气候条件不但与历届举办地相比劣势明显，即使与申办竞争对手哈萨克斯坦阿拉木图相比也存在一定差距。申办阶段，国际奥委会、国际雪联有关专家的重要关注点就是张家口赛区气候条件能否达到冬奥会赛事举办标准。为此，申办阶段气象保障的主要需求，重点聚焦在张家口赛区气候特征的分析，提供赛区的历史气象资料以佐证赛区符合申办条件，同时需要回答历次国际奥委会组织的专项专家答询，协助北京奥申委准备备答材料。期间，国际奥委会、国际雪联、北京奥申委有关专家赴张家口赛区现场踏勘调研，也对专项气象服务保障提出了需求。

2.1.2 筹办阶段的气象保障需求

冬奥会进入筹办期，张家口赛区各领域工作相继启动，气象保障需求较申办期进一步拓展、细化、明确，主要体现在以下几个方面：

一是场馆及附属设施规划建设需求。张家口赛区竞赛场馆采用了改建与新建两种模式，其中云顶场馆群在原有云顶滑雪公园比赛设施的基础上针对赛事需求进行赛道改造，并根据风力情况决定是否建设挡风设施以及具体建设位置与建设方案；古杨树场馆群均为新建，根据气象条件，对赛道的建设位置与设计进行科学规划，特别是国家跳台滑雪中心“雪如意”在规划设计阶段，重点要考虑场馆风向风速条件，选取合适的位置，减小风的不利影响，并根据风力情况决定是否建设挡风设施以及具体建设位置与建设方案。为此，国际雪联专家根据场馆设计与赛事需要，提出场馆赛道气象站建设需求，同时国际奥委会要求每年雪季结束后，依托场馆赛道气象站数据，编制提交一份涵盖各场馆的场地气象报告，并提供各站点气象数据集，北京冬奥组委则针对场馆规划建设地域可能出现的气象风险提出专题技术报告编报要求。场馆建设施工过程中，针对汛期场馆安全和施工安全提出汛期气象保障需求。

二是冬奥会、冬残奥会赛程设置需求。由于张家口赛区全部赛事均在户外举行，因此各项赛程设置与比赛期间天气条件高度相关，为此，北京冬奥组委专门提出赛事期间高影响气象要素风险评估需求，根据气温、风等高影响要素气候特征设置、调整各项赛程。

三是中外专家与领导赛区活动保障需求。冬奥会筹办期间，国际奥委会、国际雪联、国际冬季两项联合会、北京冬奥组委有关专家以及各级党政领导赴张家口赛区开展调研、踏勘、检查、评估、认证等公务活动，对气象保障提出了专项需求。

四是测试赛保障需求。为充分演练磨合赛事运行各领域相关工作，张家口赛区于2021年2月、11月、12月先后举办了“相约北京”系列体育测试赛，期间测试赛组委会对赛事运行、赛会运行等均提出了具体的气象保障需求。

五是国家队训练保障需求。根据北京冬奥会、冬残奥会各运动项目备战安排，崇礼长城岭滑雪场、围场御道口国家雪上项目训练基地、涞源国家跳台滑雪训练科研基地作为各支雪上项目国家队训练场馆，对国家队训练提出了气象保障需求。

六是赛时气象保障前期准备的需求。根据《北京2022冬奥会和冬残奥会组织委员会与中国气象局冬奥气象服务协议》，北京冬奥组委要求建设场馆周边区域气象探测系统，开发气象预报服务系统，组建张家口赛区气象服务保障团队，并开展相关技能培训，开展预报核心技术攻关，开展人工增雪作业，培训气象志愿者，确保各项准备工作充分、到位。

2.1.3 举办阶段的气象保障需求

冬奥会进入举办阶段，张家口赛区各项气象保障需求全部聚焦赛事、赛会运行具体领域，主要体现在以下几个方面：

一是赛事运行气象保障需求。冬奥会、冬残奥会举办期间，张家口赛区各项赛事均对气象条件高度敏感，赛事能否按计划如期举办，关键看气象条件，因此赛事运行团队对精细化气象保障提出需求，其中：

2021年11月—12月为赛前第一服务期，主要为赛区室外场馆/赛道运维提供气象服务；

2022年1月1—26日为赛前第二服务期，主要提供场馆实时天气咨询服务；

2022年1月27日—3月13日为赛时服务期，全面提供赛时场馆天气服务，为竞赛指挥中心工作时段提供天气咨询；

2022年3 月14—18日为赛后服务期，主要提供场馆实时天气咨询服务。

服务内容包括：

（1）气候预测服务。提供3个赛区2021年11月—2022年3月气候预测信息，自2021年10月起，逐月更新。

（2）气象实况服务。提供竞赛场馆和7个非竞赛场馆的实时监测气象信息；实时提供，分钟更新。

（3）气象预报服务。提供竞赛场馆和7个非竞赛场馆的0～24 h逐小时、24～72 h逐3 h、4～10 d逐 12 h天气预报产品。其中，赛前第一服务期，每天2次为室外竞赛场馆提供天气预报产品；赛前第二服务期，每天4次为所有场馆提供预报产品；赛时服务期，为所有场馆全天24 h逐小时更新提供预报产品；赛后服务期，每天2次为所有场馆提供预报产品。

（4）天气简报服务。提供室外项目竞赛场馆所在地的天气简报；2022年1月1

日—3月13日期间每天提供2次。

（5）天气预警服务。提供对赛事运行可能产生不利影响的天气预警；2022年1月1日—3月18日期间根据天气情况不定时提供。

（6）场馆雪务服务。为各场馆山地运行团队提供造雪适宜性天气预报服务，以及铲冰除雪专项气象服务，同时为参赛运动员、教练员、官员提供赛道雪质监测与预报服务。

（7）赛程变更服务。为各项目体育运行团队提供赛程延期、推迟、提前等调整所需气象专项答询服务。

二是赛会与城市运行气象保障需求。北京冬奥会和冬残奥会举办期间，张家口赛区承办、举办多项专题活动，同时赛会与城市运行各领域工作均对气象保障提出需求，其中：

（1）火炬传递服务。张家口赛区火炬传递路线与点位的设计需提前考虑各地天气气候条件，同时北京冬奥会和冬残奥会火炬传递期间需要提供线路与传递点位的相关气象保障。

（2）开闭幕式与系列文化活动服务。北京冬奥会和冬残奥会开闭幕式举办期间，张家口赛区同步举办相关点火等仪式，赛时张家口赛区举办多场文化活动，均对气象保障提出需求。同时，开闭幕式期间，张家口赛区分别组织有关人员赴国家体育场“鸟巢”现场参加仪式，人员集结、转运、观看等环节均需提供气象保障。

（3）赛区供电保障服务。北京冬奥会和冬残奥会举办期间，冀北电力公司承担电力保障任务，对电力调度、线路巡检等提出气象保障需求。

（4）赛区交通保障服务。北京冬奥会和冬残奥会举办期间，张家口赛区及周边高速公路、国省干线、火车站、机场等承担各领域奥运参与者的交通通行保障任务，张家口市交通局、省高速交警总队、高速公路管理部门等均对道路通行、铲冰除雪提出气象保障需求，同时赛区组织参赛运动员、官员接送以及赛区间通行对气象保障提出需求。

（5）赛区安保保障服务。北京冬奥会和冬残奥会举办期间，涉及赛事安保的有关部门对气象保障提出需求。

（6）赛区环境保障服务。北京冬奥会和冬残奥会举办期间，张家口市生态环境局对联合开展空气质量预报与形势研判提出了气象会商保障需求。

（7）赛区公众气象服务。北京冬奥会和冬残奥会举办期间，广大公众观赛、了解学习冬奥知识均对气象服务提出了需求，同时张家口赛区组织观众到场观赛也对观众观赛气象服务提出了需求。

（8）媒体气象服务。北京冬奥会和冬残奥会举办期间，针对国内外媒体记者有关采访活动安排，张家口市提出了非注册媒体气象服务需求，同时承担气象领域新闻发布任务。

（9）直升机救援气象服务。北京冬奥会和冬残奥会举办期间，“999”救援中心承担赛区内外意外受伤参赛人员的直升机救援及转运任务，对直升机起降提出了气象保障需求。

三是国家参赛保障。北京冬奥会和冬残奥会举办期间，中国体育代表团参加张家口赛区的全部项目比赛，为充分发挥东道主优势，争取优异成绩，中国体育代表团及各有关项目团队对运动员参赛提出气象保障需求。

2.2 面临的诸多挑战

从申办阶段开始，面对范围广、要求高的各类气象保障需求，气象部门无论是在人员储备、技术储备、资料储备、经验储备等方面都存在着明显短板。驻足回望，2015年北京携手张家口刚刚获得2022年冬奥会主办权之时，张家口赛区的气象基础设施条件较为薄弱，同时严重缺乏山地条件下的精细化天气预报技术储备，面临诸多问题，形势十分严峻，可以说一切“从零开始”。

2.2.1 来自基础支撑的挑战

张家口赛区位于张家口市崇礼区境内冀西北山地，属大马山群山支系和燕山余脉交接地带，山势陡峻，山峰海拔多在1500～2000 m，其地貌特征是“山连山，连绵不断，沟套沟，难以计数”，具有显著山地小气候特征。在张家口地区大陆性季风气候的背景下，区域内冬季冷空气活动频繁，春季气温回升快，但波动较大，大风日数较多。冬奥会申办伊始，张家口赛区面临的最大问题就是缺少气象观测数据积累，场馆区域范围内。没有气象站，初期气象条件分析只能依靠崇礼国家气象观测站数据，难以体现赛区实际气象特征。赛区范围内预报技术的改进与经验的积累因缺乏基础气象数据支持，直接面临无法分析气象条件、无法改进预报模式、无法积累预报经验的难题。同时，在崇礼地区天气系统西北上游区域的张北雷达是2000年初建立的C波段雷达，技术与设备相对老旧，而在东北上游区域甚至还存在雷达盲区，同时对竞赛项目高度敏感的近地面层风的观测能力也严重不足，缺少风廓线雷达、微波辐射计、激光测风雷达等新型观测设备及数据的支持。

2.2.2 来自保障技术的挑战

张家口赛区气象保障技术的挑战主要来自“一硬一软”两个方面。在“硬”技术方面，赛区由于冬季多大风、严寒，且新建气象站全部位于赛道附近，极易受到赛道降雪和人工造雪的影响。在筹办初期，第一批赛道气象站建成投入使用后，很快就遇到了几个问题：一是严寒环境下的设备运行问题，主要体现在电池性能下降严重，导致观测设备经常出现运行不稳定的问题，影响数据的采集；二是因降雪与低温共同导致的机械风传感器冻结的问题，严重影响风要素数据的准确采集；三是因人工造雪与自然降雪共同作用导致的气象站被掩埋问题，直接导致部分传感器被埋入雪面以下，直接影响气象数据的可靠性。另外，跳台滑雪对于跳台风要素的三位秒级分辨率需求，也对传统机械式风传感器提出了挑战。

在“软”技术方面，张家口赛区的山区特征对复杂地形条件下的山地气象预报技术提出了极高的要求，但由于长期以来河北乃至国内气象部门更多关注台风、强降雨等大、中尺度灾害性天气过程，而对小气候特征明显的山地小尺度天气系统则缺少深入的研究，没有适应山地特点的可靠数值预报模式支持，缺乏有效的预报能力，国内也鲜能找到山地气象学领域的专家与机构。面对冬奥会提出的“百米级、分钟级”的历届最高预报标准，气象部门在预报技术方面面临严峻的挑战。

2.2.3 来自人员队伍的挑战

冬奥会是全球最高水平的冬季奥林匹克体育运动大会，参赛国家多、竞赛水平高、观赛人群广，可以说是全球瞩目，全国关注。赛事、赛会保障标准高、要求严，办好冬奥会既是广大人民群众喜闻乐见的好事，又是政治攸关的大事，对参加气象保障的人员提出了极高的要求。河北由于长期缺少国际级重大活动的举办经验，特别是国际级综合体育赛事的举办经验，相应的重大活动气象服务保障经验也严重匮乏，仅有1名同志参加过2008年北京夏季奥运会的现场保障工作，同时还严重缺乏国际赛事所需的具有良好英语交流能力的高技术专业人才。同时，在组织策划方面，由于整体缺少高等级重大活动的保障经验，在如何规划软硬件建设、如何安排不同阶段气象服务内容、如何组织开展关键技术的科研攻关、如何组织培训预报服务保障队伍、如何统筹协调推进整体筹办工作等方面与先进省、市和地区相比都存在明显的差距，长期处于“边学习、边工作，边建设、边调整，边攻关、边应用，边开发、边优化，边总结、边完善”的工作状态，压力与挑战很大。

2.2.4 来自组织经验的挑战

本次北京冬奥会和冬残奥会是河北省气象部门首次承担世界级重大活动气象服务保障任务。面对这一世界盛会的服务需求，既是新课题，更是新难题，在初期组织中，各个方面几乎都是从零起步。同时，气象服务保障运行体系复杂，本届冬奥会设有北京、张家口、延庆3个赛区，涉及北京市、河北省两个省级行政区，张家口市、崇礼区、延庆区3个市、县行政区，气象服务保障工作涉及国、省、市、县四级协调，同时还需要与北京市做好联动对接。

第3章　运筹帷幄

—— 张家口赛区气象筹办工作谋划与布局

北京携手张家口举办2022年冬奥会、冬残奥会是“十三五”期间河北省的大事，也是近年来河北承办的最高级别的国际级重大活动，全省上下重视、人民群众期盼，张家口赛区气象保障工作也就此成为“十三五”期间河北省气象部门的头等大事。筹办伊始，赛区气象工作面临着“一穷二白”的困境，如何利用5年的时间，通过基础设施建设、系统平台开发、核心技术攻关、保障队伍组训使张家口赛区气象保障能力达到世界先进水平，充分满足“精彩、非凡、卓越”的办赛要求，是气象部门“十三五”期间承担的重要使命。

为此，河北省气象局党组第一时间启动气象领域筹办工作，通过组织实地调研韩国平昌、俄罗斯索契冬奥会赛事运行保障流程，参加国内外专家交流，深入分析研判冬奥气象服务保障工作面临的困难和挑战，结合2008年办奥经验，明确了“聚焦冬奥赛事保障，着眼冰雪经济需求”的工作思路，确定了“提供世界最高水平气象服务，确保赛事保障零失误”的目标，提出了“气象工程早开工”“核心技术早攻关”“服务团队早组训”“保障工作早开展”等具体工作要求，边谋划、边建设，边推进、边改善，先后通过中央、地方两级投资的业务建设项目和“科技冬奥”科研攻关项目实现张家口赛区气象保障设施硬件与技术软件的能力飞跃，同时构建了符合河北省与张家口市地方特点的冬奥气象保障组织架构，为后续工作打下了坚实的基础。

3.1 前期综合调研

“它山之石，可以攻玉”“知己知彼，百战百胜”。站在张家口赛区气象保障工作的起点，面临的最大问题就是严重缺乏相关领域工作经验。为此，河北省气象部门下定决心，利用2016年到2019年4年时间，走出省界，走出国门，从全国冬运会到冬奥会的筹办、举办，全方位调研了解气象保障领域各类需求、经验，为张家口赛区气象领域筹办工作打下了坚实基础。

3.1.1 新疆第十三届全国冬运会实地调研

第十三届全国冬季运动会（以下简称“十三冬”）于2016年1月20—30日在新疆维吾尔自治区举行。为实地了解十三冬气象保障服务筹备与开展情况，1月18—22日，河北省气象局副局长彭军同志、河北省气象局应急与减灾处副处长李崴同志、张家口市气象局副局长徐平同志随调研组赴新疆维吾尔自治区气象局及十三冬各赛区比赛现场开展调研。调研的主要目的是通过了解十三冬气象保障服务各方需求、资金投入、组织运行、系统建设、装备保障、技术支撑等方面的具体做法和经验，为下阶段冬奥会筹备组织工作有的放矢、有序推进积累宝贵经验。

本次调研是北京携手张家口获得2022年冬奥会主办权后组织开展的第一次针对性调研，主要收获是进一步感受到气象筹办工作中与赛事组委会密切协同的重要性，同时也发现了冬季体育赛事保障过程中各类气象基础设施初步面临的问题，首次提出了“走出去”的调研必要性，首次关注并提出了雪面温度特种气象要素的观测预报方向。

3.1.1.1 十三冬气象保障的几点启示

一是气象服务保障需求获取渠道不顺畅。初步掌握冬季运动基本气象条件要求，但尚不满足冬奥会精细化服务需求。由于国内赛事气象服务需求较为粗略，对于冬奥会更为精细、更为具体的气象服务需求还缺乏了解。冬季运动各项目专项需求缺乏了解渠道，气象服务的针对性和有效性受到影响。

二是气象服务筹备期工作难度大。由于办赛经验不足，新疆维吾尔自治区气象局虽然与组委会多次进行沟通，但仍无法获得准确的赛事运行保障需求，对气象保障服务的筹备工作影响很大，气象服务难以做到有的放矢。组委会在筹备期设备采购、经费安排及赛事现场运行中心气象服务布局等方面考虑不够，给气象部门赛场自动气象站布点建设及赛事现场服务增加了难度。

三是现场气象设施的稳定性和维护的便利性应予以充分考虑。从赛事参与者的不同需求出发布设现场气象服务设施。赛场各类气象信息发布终端的布设应整体考虑运动员、官员、观众等赛场不同角色、不同位置、不同行动习惯和不同关注点，选取适当的位置和方式进行信息呈现。现场气象台应充分考虑其距离赛场最近且直接面向运动员、组委会、观众的特点，明确其现场应急、设备仪器紧急维护、现场回复解答问询等职责，并组建人数和职位搭配合理的驻场服务团队。

在设备采购和站点布局中应充分考虑各类观测设备运行的稳定性和维护的便利性。

3.1.1.2 冬奥会后期筹备工作方向

一是加强与冬奥会组委会的沟通力度，通过必要的游说使其充分认识冬奥会气象保障服务工作的重要性和必要性，以便在专项资金分配、专项科研立项及赛事运行中心相关设施安排等方面给予必要的支持。

二是进一步加强需求调研，一方面加强对俄罗斯、加拿大等近年举办过冬奥会及奥地利、瑞典等冬季运动实力较强的国家开展冬季运动气象保障服务经验的调研；另一方面通过多种渠道与国际雪联各单项委员会、国家体育总局冬季运动管理中心就比赛项目对气象条件及气象服务的精细化需求开展沟通调研。

三是针对冬奥会赛事现场气象保障服务所需的各类探测仪器制定精细化、专项化功能需求书，使其探测精确度、运行稳定性达到冬季运动赛事保障要求，尽早完成张家口赛区综合气象观测网的建设，实现资料的业务化传输，为赛场预报服务积累必要的观测数据和预报经验。

四是加强针对雪面温度等特种气象要素预报技术的研究，同时加强与体育科研部门的合作，开展气象条件对冬季运动影响的研究。

3.1.2 俄罗斯索契冬奥会现场调研

为开展2014年俄罗斯索契冬奥会天气预报预警的业务技术方法及平台经验交流，2017年10月2日至7日，河北省气象台连志鸾同志随中国气象局调研组赴俄罗斯水文气象中心访问，并进行专家交流。主要内容聚焦在观测系统、数值模式、FROST-2014项目（Forecast and Research in the Olympic Sochi Testbed-2014）、数据处理、预报服务经验及2022年北京冬奥会预报需求等方面。此次调研了2014年索契冬奥会观测系统建设情况，FROST-2014索契冬奥会开展预报和研究实验示范项目开展情况，俄罗斯COSMO中尺度模式在索契冬奥运会期间的应用等情况，同时了解了索契冬奥会气象预报服务组织结构、冬奥气象预报团队组建情况以及气象服务产品和发布方式。

3.1.2.1 索契冬奥会气象保障的几点启示

一是索契与北京两届冬奥会在冬奥观测系统布局建设方面各有优劣。张家口赛区的优势是建设起步早，与索契提前4年补充建设观测系统相比，张家口赛区提前8年即2014年开始启动核心区观测系统建设，取得了一定的数据积累。劣势是张家口赛区气象条件更为恶劣，跳台滑雪赛道建在风口附近，风力和侧风都较大，对赛事影响很大。

二是数据格式不一致问题影响较大。索契冬奥会气象服务过程中，不同服务需求所需的数据格式不一致问题，对气象服务的实施产生了很大的困扰，尤其明显地表现在气象观测系统的建设过程中，不同厂商、不同类型的观测设备提供了格式不同的观测产品。

三是能见度和云高的观测很重要。从索契冬奥会的情况看，目前能见度和云底高度仍是不能准确预报的。为了预报这些要素，除了使用天气分析的方法之外，还需要了解当地在不同天气过程中气象要素的局地特征，因此对能见度、云高等要素的观测是迫切的。在索契冬奥会赛事运行期间，安装在自动站和赛事场地的网络摄像头起到了很大的帮助作用——能够比较直观地反映能见度和天气情况。

四是高分辨率数值模式产品是预报保障的重要技术保障。俄罗斯借助冬奥会开展FROST-2014项目，在此项目中有多个国家、多种模式参加。俄罗斯数值预报团队着力发展COSMO系列模式，并在冬奥赛场精细化预报服务中起到关键技术支撑作用，为冬奥会的顺利举办提供了有力的技术支持。俄方气象专家非常重视数值模式的使用检验工作，开展了大量关于温度、降水、风、能见度等气象要素检验方法的研究，并将所有数据进行归档整理，实时在网站上显示。

五是打造一直技能素质过硬的气象预报服务团队。奥组委（OCOG）2009年与俄罗斯气象部门签订了气象预报服务协议，并任命了首席预报服务官。之后，成立了预报服务团队，开展了系列课程的培训，并进行了3年冬季天气的测试，对冬季赛场的天气气候特征积累了经验。索契冬奥会预报服务团提前9个月赴温哥华冬奥会开展气象预报服务的学习观摩，在实战中积累了丰富的预报服务经验。

3.1.2.2 冬奥会后期筹备工作方向

一是要加快进行冬奥观测系统的布局和建设。在开展气象观测系统建设时，也面临和索契类似的问题，为此，要加强与国家气象信息中心、中国气象局大气探测中心等上级业务单位的沟通，及时得到指导，确保观测系统建设与未来预报服务需求协调。同时参考索契经验，建议在自动站和附近建设的其他基础设施上（如通信塔、电力塔等）安装网络摄像头，以提供视频信息并充分利用。地面气象观测规范的标准化与冬奥会的需求相比还有比较明显的差距，需要加强相关的工作。

二是要大力研发我国高分辨率数值模式产品。2022年北京冬奥会已纳入到WMO（世界气象组织）的RDP研究计划中，多项科学实验已开展。鉴于索契冬奥会中数值模式的使用经验，建议积极开展多种模式的预报科学实验，着重开展RMAPS系统数值模式冬季天气的科学实验。对模式冬季气象要素预报表现进行检验评估，开展多种模式融合技术的研究。在冬奥会气象预报模式的检验评估方面，建议借鉴俄方的检验评估方法，开展多模式的实时检验评估，并实时在网站上显示更新。

三是进一步加强北京冬奥气象预报团队人才队伍的建设，打造专业技术过硬、英语技能过硬、心理素质过硬的冬奥气象预报服务团队。北京冬奥会预报服务核心团队已经组建完成，也已完成团队建设规划和培训计划，目前正在按计划进行相应培训 。建议团队应加快开展相应驻场天气科学研究工作，积极申报相关科研项目，参加2018年平昌冬奥会的预报服务实战观摩，邀请索契冬奥服务团队及平昌冬奥服务团队相关专家赴中国开展技术培训。

3.1.3 韩国平昌冬奥会现场调研

韩国平昌是北京冬奥会前一届2018年冬奥会主办城市。平昌2018年冬奥会是北京2022年冬奥会的重要参考和对照对象，其“100%准确的气象预报服务”评价更是极大提升了北京冬奥会气象服务保障的成功标准。作为对标对象，平昌冬奥会气象服务保障工作的各个领域和细节，均是我国气象部门需要深入了解学习的关键问题。为此，2017年、2018年，北京、河北两地气象部门联合组织3个访问团，分别于赛前、赛中、赛后3个时间节点赴韩国平昌对气象领域各项筹办与举办工作进行调研学习。

3.1.3.1 一访平昌——2017年5月

为进一步了解韩国2018年平昌冬奥会气象保障筹备情况，学习借鉴韩国气象部门相关经验，2018年5月23—25日，张家口市气象局局长王建平同志和河北省气象局应急与减灾处副处长李崴同志随调研组赴韩对韩国气象厅、首都圈气象厅和平昌冬奥会气象服务组进行了为期3 d的访问，就冬奥气象服务保障准备工作进行了调研。

本次调研是第一次对平昌冬奥会筹办工作的综合调研，对韩国气象厅在平昌冬奥会筹办中从筹办组织、观测系统建设、预报服务技术攻关、预报服务团队组建以及气象服务方式和产品等方面进行了全方位的调研了解，主要收获是在十三冬和索契冬奥会调研的基础上，从全领域进一步了解冬奥会筹办的相关组织、布局与经验做法，特别是了解平昌冬奥会气象预报服务团队的组建与岗位布局、平昌冬奥会气象服务官网的页面布局与服务策略以及气象团队与组委会如何沟通等重要信息，为后期张家口赛区的筹办工作提供了重要借鉴，首次提出了北京冬奥会气象预报服务团队的组建与岗位设置雏形。通过本次调研，还获取了平昌冬奥会气象服务产品样例、体育气象阈值、场馆气象报告样例，为后期张家口赛区相关工作提供了很有价值的参考。

3.1.3.1.1 一访平昌的几点启示

一是平昌冬奥会气象服务筹备早，人员到位及时，与奥组委的沟通顺畅高效，保障了预报服务工作计划的顺利实施，其高效沟通模式值得借鉴。韩国气象厅在冬奥申办成功之后，很快形成了气象服务方案，对预报服务团队的组建、观测设备的布设、气象服务技术的研发、气象服务系统及网站的建设等做出了详细规划。派驻在奥组委的预报技术服务官对各赛事气象服务需求、各场馆建设进展、各项目运行情况等都非常了解，对韩国气象厅各项工作进展也都成竹在胸。过去的几年中，主要由这2位派驻在奥组委的人员负责气象部门与奥组委的对接和具体工作协调，对奥运气象服务工作的顺利组织实施起到了关键的作用。

二是平昌冬奥会观测系统的建设基本是根据赛事服务需求补充建设的，在认识局地天气气候特征和赛事服务中发挥了关键作用。平昌冬奥会赛场共建设了29部自动气象站、5部X波段雷达（由ICE-POP2018项目临时提供）和部分赛区道路沿线自动站，配合韩国气象厅原有综合观测系统，基本形成了赛区雷达全覆盖、赛场关键地点自动监测全覆盖、赛事关键气象要素全覆盖。自2015年起，各赛场陆续开展实况观测，持续积累数据，并由服务团队分析得到各赛场局地气象要素变化规律，为赛事预报服务提供了强有利的数据支撑。

平昌冬奥会雪上项目基本集中在一个地区，而张家口赛区赛场则分布在云顶和古杨树两个区域。平昌冬奥会跳台滑雪赛道建在山坳处，相比而言，局地风力较小，并配合建有风网防止大风和侧风影响；张家口赛区跳台滑雪赛道建在风口附近，风力和侧风都较大，未来对赛事影响很大。与平昌冬奥会相比，张家口赛区冬奥会举办场地相对分散，且气象条件更为恶劣。

三是冬奥气象服务团队的组建、培训及经验积累的效果将直接影响冬奥气象保障的整体工作成效，韩国气象厅预报服务团队组建经验值得借鉴学习。韩国气象厅冬奥会气象服务团队组建得早，人员来自全国各级预报中心，并都通过了专门的考核测试。32人的现场预报服务团队，分组对接了7个赛事项目。通过近3年冬奥赛期现场预报和测试赛服务的锻炼，预报员更加熟悉比赛项目、积累了关键气象要素预报、赛事风险预警服务经验，有了“底气”。同时，通过测试赛服务不断与赛场运行团队磨合，也为掌握服务策略，提高服务效果打下了良好基础。此外，所招募的志愿者也参与了赛期和测试赛服务，与预报服务人员配合，共同积累了工作经验。

3.1.3.1.2 冬奥会后期筹备工作方向

一是鉴于北京冬奥会由北京、张家口两地分别承办的特殊情况，张家口市气象局明确1名同志派驻张家口冬奥办运行中心和张家口市冬奥办，强化河北省气象部门与冬奥组委相关部门的沟通协调。

二是加快冬奥观测系统的布局规划和建设，加强与北京市气象局和奥组委赛场建设团队的沟通，结合赛场建设进程，谨慎分析赛事关键气象因素，及时增补建设观测站；加强赛场观测数据的收集、整理和质量控制，分析局地气象要素变化特征，积累预报经验。

三是参照韩国冬奥气象服务团队的组建经验，制定河北省团队组建方案，并由团队人员固定对接重点项目，加快组织团队进行冬奥赛事气象服务需求、冬季天气预报技术、语言能力等方面的培训。自2017年冬季赛期开始，结合赛场及相关观测系统建设建站，派预报服务团队进驻现场开展实时天气分析和预报，积累经验，分析预报难点，有针对性地开展相关科技研发工作。加强与中国气象局的协调沟通，选派团队骨干参加中国气象局组织访问团，于2018年平昌冬奥会期间赴平昌现场参与冬奥赛事服务。

3.1.3.2　二访平昌——2018年1月、2月

为落实《中国气象局与韩国气象厅气象合作联合工作组第十四次会议会谈纪要》，进一步调研了解2018平昌冬奥会气象预报服务技术等，2018年1月15—19日，河北省气象台预报员（冬奥气象预报服务团队成员）李宗涛同志随团赴韩国气象厅访问，并实地调研了平昌冬奥场馆观测、预报及科技有关工作，重点针对平昌冬奥会观测系统布局、预报服务流程及科技攻关进展等进行了交流。

本次调研，正值平昌冬奥会进入赛时运行保障阶段，参访人员有幸与韩国同事们一道见证了赛前最后准备阶段和赛时运行服务阶段的具体工作流程和人员、岗位安排。期间，恰逢开幕式前后的冷空气低温与大风天气，也对韩国气象保障团队在遇到高影响天气过程时的应对和与竞赛团队的沟通进行了全面了解，这是张家口赛区气象服务团队参访队员首次身临其境感受冬奥会现场气象服务保障，在获取宝贵一手经验的同时，在某种程度上让张家口赛区气象团队心里有了底。

3.1.3.2.1　二访平昌的几点启示

一是从平昌冬奥气象筹备的组织管理经验来看，在平昌冬奥组委的气象官员或首席专家协调了冬奥组委及国际奥委会等气象相关工作，确定了气象预报服务的基本原则，并负责了气象团队的管理、志愿者招募及培训等工作，同时还承担了冬奥组委内部气象的科普及解读工作。韩国气象厅同步组建了各支持部门，明确具体负责人，直接协调解决平昌冬奥组委气象专家遇见的有关问题。

二是从调研沟通情况看，场馆预报预警中，冬奥气象服务团队的现场局地天气预报模型的建立、实战经验积累以及语言沟通能力更为重要。韩国气象厅以气象中心为主并从地方气象局选拔补充人员组建了由45名人员组成的预报团队，超过赛事服务时的人力31人。

三是从平昌调研来看，在ICE-POP2018项目中加强对区域模式在山地地形下预报性能的改进和提高，同时，场馆气象预报团队基于统计等方法，基于实战经验积累，加强了对模式的解释应用能力。

3.1.3.2.2 冬奥会后期筹备工作方向

一是进一步加强与北京冬奥组委的对接和融入。要做好北京冬奥会的筹备工作，必须发挥派驻在冬奥组委的气象人员的联系协调作用，把气象充分融入到北京冬奥组委的各方面工作有利推进。随着筹备进程的加快，也可参照平昌模式，根据情况适当增加在北京冬奥组委体育部的气象人员。

二是完善冬奥赛区气象观测布局。北京市气象局、河北省气象局已根据国际奥委会专家及北京冬奥组委要求，在赛区建设了赛道及周边气象站。此次的赛道气象站建站规模应该说相当或超过了韩国平昌冬奥会场馆气象站规模。但赛道气象站设备集成度相对要低，由于赛道规划及建设等情况，赛道气象站也面临迁建、升级等。后期需要与冬奥组委、业主等继续加强沟通，及时调整、升级或增补赛道气象站。针对北京冬奥气象筹备，河北省气象局、北京市气象局不断完善冬奥会气象观测系统计划，并统筹考虑赛区科学试验观测有关工作，切实针对预报要求完善垂直探测。

三是完善冬奥气象服务团队并持续加强培训。针对北京冬奥会气象服务，已初步从北京市气象局、河北省气象局、国家气象中心选拔人员组建了冬奥气象预报服务团队，针对每条赛道选拔了赛道预报员18人，但团队的人员数量及质量离赛事预报服务要求差距很大。希望中国气象局加强支持，从重点区域或国家级业务中心选拔补充冬奥气象服务团队，加强对培训工作的支持等；同时北京市气象局、河北省气象局逐步根据冬奥会赛时运行架构合理优化冬奥气象服务团队。

四是加强复杂地形下冬季精细预报技术研发。根据实地勘察，北京延庆、河北张家口赛区的风、气温等要素比平昌的气候背景要更差些，如风更大、气温更低等。面对的服务需求、预报难度更高，因此必须要加强对冬季复杂地形下精细预报技术的研发攻关，加强团队的实战模拟，从科研、实践上提高预报能力。

五是为了做好2019年冬季冬奥会测试赛的服务。北京市气象局、河北省气象局加强与冬奥组委沟通，尽快确定场馆预报原则、INFO等系统传输需求，完善冬奥气象服务团队需求及制定冬奥气象预报服务流程，及早启动冬奥气象预报服务系统建设，切实做好冬奥气象各项筹备工作。

3.1.3.3 三访平昌——2019年6月

为了解韩国2018年平昌冬奥会气象保障筹备情况，学习借鉴韩国气象部门相关经验，2019年6月10—14日，张家口市气象局局长卢建立同志随调研组赴韩国对韩国气象厅、首都圈气象厅和平昌冬季奥运会气象服务组进行了为期3 d的访问，就平昌冬奥气象服务保障筹备和运行体系组织结构、预报服务团队组织运行、气象志愿者队伍、气象服务与赛事安排、冬奥气象服务经费保障等方面进行了交流调研。

本次调研是平昌冬奥会结束一年后再次对其气象服务保障工作各领域的一次全面交流学习。韩国气象部门已对平昌冬奥会气象服务保障工作进行了更为系统、全面的梳理总结，并编辑了《2018平昌“气象奥运”现场记录——2018年平昌冬奥会及冬残奥会气象保障白皮书》，对气象保障工作进行了全景回顾。与前两次到访相比，此次调研更为准确地收集了平昌冬奥会气象工作的经验，特别是经过了冬奥会实战检验的组织方式、人员队伍、服务产品等，为张家口赛区气象保障工作全面进入测试就绪阶段提供了很重要的参考。

3.1.3.3.1 三访平昌的几点启示

气象综合观测设备建设能力快速提升、高性能计算机给高分辨率数值模式快速更新循环提供强大保障、气象服务政府决策机制通畅、重大活动服务参与度高、人员综合素质提升、参与国际气象活动的能力提升等，这些进步使得我们更加自信坚持推动现代化建设。但同时也发现，我们在国际体育赛事气象保障经验、高水平模式自主创新、因地制宜创新思路精准分类突出特点开展科普、营造职责边界清楚、任务合理分工的安心踏实做事氛围等方面的能力急需加强，韩方的一些做法给了我们启示和借鉴。

一是冬奥会气象服务的组织形式没有固定模式，平昌与温哥华、索契的都不同，各地的组织方式符合本地特点最好。

二是冬奥气象保障有两个关键，即早期采集赛场气象观测资料和提早培养冬奥气象预报人员等，尽早积累赛场预报经验。

三是要建立高素质预报团队，WIC（天气信息中心）需要较好英语表达能力和临时应变能力的预报员，WFC（天气预报中心）需要经验更丰富、预报水平更高的预报员，MOC（冬奥组委主运行中心）需要综合应变协调能力更强的预报员。

四是紧张的赛事安排和繁重的服务任务，使得服务团队中大部分人员都是坚持连续超过30 d无休的超负荷运行状态，必要的人员冗余是必需的。

五是开闭幕式服务非常重要，要充分认识WFC和MOC的重要性，气象服务除了赛事直接服务，外国的观赛人员服务、开闭幕式服务、城市安全及交通是非常重要而且占用人力资源的工作，需要投入足够人员。

六是气象志愿者在平昌冬奥会气象服务中发挥了重要作用，提前组织志愿者的招募，结合志愿者工作的职责，强化培训，特别是对现场观测设备的使用、观测信息的传递等。

七是平昌冬奥会因天气原因取消和改期举行的赛事不少，建议提早做出“赛事调整工作方案”，明确工作流程和分工职责，可以从测试赛期间开始磨合演练、总结不足优化改进，为正式赛事调整做好充分准备。

3.1.3.3.2　冬奥会后期筹备工作方向

一是北京冬奥会需要结合自身特点找到最优、最合适的组织方式，同时依据河北省和张家口市的地方实际，张家口赛区气象服务保障工作需要明确从需求出发、从实际出发，摸索构建符合地方特色的组织方式。

二是加强与冬奥组委的沟通，加快赛区气象站点布局建设，利用好现有赛区气象数据，在预报团队冬季驻训中重点做好数据分析和应用。

三是在预报服务团队培训过程中，针对赛事实际需求，加强英语等专项技能培训，利用赛区各类赛事，积累赛场预报经验，通过不断磨合，将岗位需求差异与个人特长差异相匹配，提早明确人员决定。

四是加强与冬奥组委和举办城市冬奥办等部门的沟通，争取安排气象部门专人进入管理机构开展工作。

五是提前做好开闭幕式外国人员与异地人员交通通勤气象保障服务的相关准备。

六是加强与冬奥组委的联系对接，提前组织志愿者的招募，并开展专业技能培训。

七是与赛区体育团队加强对接，联合研究编制“赛事调整工作方案”，并于测试赛进行模拟改进。

3.1.4　韩国平昌冬奥会总结会与专家座谈

随着平昌2018年冬奥会和冬残奥会的相继闭幕，奥运进入北京时间，包括气象领域在内的各项筹办工作进入新阶段。为总结平昌冬奥会的有关工作经验，特别是赛事运行相关的重要经验，国际奥委会、北京冬奥组委、中国气象局先后通过多种方式组织召开总结讨论会议，并邀请国际奥委会气象专家、温哥华冬奥会首席气象官克里斯・多伊尔先生专程赴冬奥气象中心座谈交流气象保障工作经验。平昌冬奥会结束后的系列总结会十分重要，通过参会，从冬奥赛事运行的各个维度上，对气象条件与赛事、赛会运行的关系和影响有了更为直观及深刻的认识。

3.1.4.1　平昌冬奥会和冬残奥会实战培训“气象”主题大讨论

2018年5月8日，河北省气象部门负责张家口赛区气象服务保障工作的有关领导和工作人员参加了冬奥组委体育部召开的平昌冬奥会实战培训系列主题大讨论。会议围绕极端天气对冰上项目、雪上项目的影响，大风、大雪，以及赛事服务的影响及建议等进行了广泛的交流讨论。会议认为，气象是冬奥会赛事运行保障的“指挥棒”。从平昌的经验来看，大风、低温、高温、降雪等都将对赛事运行和各项保障工作产生巨大影响。会议提出，2022年北京冬奥会是在与以往历届冬奥会完全不同气候条件下举办的一届冬奥会，要高度重视气象因素可能对冬奥会举办产生的影响，在气象保障队伍建设、气象保障能力提升、气象风险防范等方面进行深入的研究，为冬奥会成功举办提供最好气象服务保障。

3.1.4.2　平昌冬奥会和冬残奥会实战培训成果总结汇报会

2018年5月22日，河北省气象部门负责张家口赛区气象服务保障工作的有关领导和工作人员参加了北京冬奥组委召开的平昌冬奥会和冬残奥会实战培训成果总结汇报会议。会议要求把平昌实习转化为北京实战，提出了“一刻也不能停、一步也不能错、一天也误不起”的工作要求。会议听取了北京冬奥组委关于平昌冬奥会和冬残奥会实战培训及大讨论活动汇报，观看了《透过平昌看北京》视频短片，北京冬奥组委实习人员和观察员汇报了实战培训成果。

3.1.4.3　国际奥委会气象研讨会

2018年6月28—29日，河北省气象部门负责张家口赛区气象服务保障工作的有关领导和工作人员参加了由北京冬奥组委体育部召开的国际奥委会气象研讨会，会议邀请国际气象专家克里斯·多伊尔讲解冬奥会气象保障有关事项。会上分享了冬奥会气象管理与规划、冬奥会气象训练与研究、SNOW-V10研究计划等内容。随着冬奥会各项筹备工作的展开，会议提出，各部门对气象在冬奥会中的重要性认识得越来越深刻，要求将冬奥气象预报服务工作作为重中之重抓紧抓好，全面加强冬奥核心团队队员培训，特别是核心团队要和竞赛团队紧紧绑在一起。

3.1.4.4　冬奥会气象保障专题座谈会

2018年6月30日，河北省气象部门负责张家口赛区气象服务保障工作的有关领导和工作人员参加了由冬奥气象中心召开的冬奥会气象保障专题座谈会，会议邀请国际奥委会气象专家克里斯·多伊尔分享和交流了冬奥会气象预报服务经验，参会人员围绕观测、预报、科研和团队培训等方面与专家展开深入研讨，进一步加深对冬奥气象服务的了解，为做好冬奥气象预报服务筹备工作打下了基础。

3.2 重大规划与工程项目

2015年8月，河北省气象局在北京携手张家口获得2022年冬奥会举办权的第一时间就启动了张家口赛区气象领域筹办工作，通过深入分析研判冬奥气象服务保障工作面临的困难和挑战，明确了“聚焦冬奥赛事保障，着眼冰雪经济需求”的总思路。2015年下半年，正是全面谋划“十三五”气象发展规划与重点工程项目的关键时间点，河北省气象局、张家口市气象局均将冬奥会筹办与“十三五”时期气象事业发展重点任务和重点工程谋划紧密结合，在省发改委、省冬奥办、张家口市、崇礼区的有力支持下，在中国气象局减灾司、观测司、预报司、计财司的指导帮助下，依托前期调研交流成果，针对冬奥气象服务保障与河北省冰雪经济发展需求，充分利用中央与地方财政两个投资渠道，谋划了“冬奥会与冰雪经济气象保障工程”，并将其作为重点任务写入2015年《中国气象局 河北省人民政府共同推进河北气象现代化建设联席会议纪要》，项目建设内容先后纳入2016年印发的《河北省气象事业发展“十三五”规划》《2022年冬奥会张家口赛区水电气信及其他配套基础设施建设规划》，涵盖观测、预报、服务以及人影能力4个重点领域，《张家口市承办2022年冬奥会气象服务保障规划》也纳入张家口市冬奥会筹备“1+1+X”规划体系，相关配套项目建设也全部落实。冬奥气象工程作为全省冬奥工程最早开工项目之一，于2016年启动，2019年10月全部建设完成。在实施“冬奥会与冰雪经济气象保障工程”的基础上，为了有效补充前期规划建设中发现的短板，及时满足冬奥会筹办提出的新需求，2018年，河北省气象局作为牵头单位，联合北京市气象局、国家气象中心、中国气象局公共气象服务中心，申报中国气象局“冬奥雪务气象保障系统”项目并获批准，该项目于2019年启动并完成建设。

业务建设项目如火如荼推进，科技部、河北省“科技冬奥”科研攻关项目也在2019年先后启动，针对冬奥会气象保障面临的核心技术难点，河北省气象局与北京市气象局、国家气象中心等国家级业务单位联合申报获批“冬奥会气象条件预测保障关键技术”项目，成为科技部第一批获批的“科技冬奥”项目。河北省气象局牵头负责“冬奥赛场精细化三维气象特征观测和分析技术研究”专题；作为补充，申报获批河北省“科技冬奥”项目“冬奥会崇礼赛区赛事专项气象预报关键技术”专题研究。赛事用雪气象保障专题攻关，通过省创新能力提升计划项目落实“冬奥赛区雪道表层冻融过程研究”项目，并与中国科学院西北生态环境资源研究院、北京师范大学、哈尔滨体育学院、中国气象科学研究院以及密苑云顶公司等联合申报获批科技部2020年“科技冬奥”“赛事用雪保障关键技术研究与应用示范”项目，并参与“冬奥雪场赛道雪质的判定、监测和预报技术”专题攻关。

通过重大气象基础设施业务建设项目和重大气象科学技术科研攻关项目的成功推进，在软、硬两个方面为张家口赛区气象保障工作提供了必要的支撑，无论是建成使用的张家口赛区气象综合观测系统、预报服务系统，人影保障系统，还是开发应用的山地高寒条件下的精细化预报技术与精密观测技术，都是张家口赛区气象服务保障取得圆满成功的必备条件，在筹办期、举办期都发挥了极为关键的作用。

3.2.1 重大规划

针对张家口赛区气象保障综合能力提升的重大规划主要包括不同阶段的4项，编制印发时间为2015—2016年，构成了省、市以及部门、地方的综合立体规划体系，是冬奥气象工程的重要立项依据。建设项目谋划过程中，河北省气象局与北京市气象局于2016年5月在北京召开了北京赛区、延庆赛区、张家口赛区气象服务保障工程项目建设讨论对接会，按照“三个赛区，一个标准”的原则，确定冬奥会气象预报系统、气象服务系统由北京市气象局牵头开发，交通（路面、航空）气象服务系统由河北省气象局牵头依托“京津冀交通一体化项目”进行开发。

3.2.1.1 中国气象局和河北省人民政府共同推进河北气象现代化建设联席会议纪要

中国气象局、河北省人民政府2015年11月2日在北京召开共同推进河北气象现代化建设合作联席会议，会议议定加快出台河北气象事业发展“十三五”规划，共同实施“十三五”气象重点工程。“冬奥会与冰雪经济气象保障工程”作为重点工程之一，双方约定“围绕2022冬奥会与冰雪经济产业发展，建立满足冬奥会赛事气象服务和冰雪产业需求的综合立体监测系统及智能化气象预报和服务保障系统。中国气象局负责雷达站网和精细化预报预警系统建设。河北省政府负责地面观测系统和雷达站网配套基础设施、冬奥会与冰雪经济产业气象服务系统和人工增雪能力建设。”

3.2.1.2 河北气象事业发展“十三五”规划

2016年2月26日，河北省人民政府办公厅正式印发《河北气象事业发展“十三五”规划》。《河北气象事业发展“十三五”规划》将“冬奥会与冰雪经济气象保障工程”列为7个重点工程之一，明确“针对2022年冬奥会筹备和冰雪经济对气象的需求，新建康保SA双偏振雷达，在崇礼赛区、冰雪产业重点区域新建多要素自动气象站，建设移动气象应急观测系统，加密冬奥会赛事高速公路沿线交通气象观测站，完善冬奥会与冰雪经济气象综合观测网；建设冬奥会驻场气象台，建立赛事保障信息网络支撑系统和冰雪经济综合服务系统；增加火箭人工增雪（雨）装

备和地面碘化银发生器，建设冀西北飞机增雪（雨）基地,完善冬奥会人工影响天气系统”建设内容，并初步确定投资额度。

3.2.1.3 2022年冬奥会张家口赛区水电气信及其他配套设施建设规划

2016年10月27日，省冬奥领导小组正式印发《2022年冬奥会张家口赛区水电气信及其他配套设施建设规划》，气象工程作为10项主要工程之一纳入规划。根据张家口赛区天气气候特点，对照气象保障需求，《2022年冬奥会张家口赛区水电气信及其他配套设施建设规划》对赛区气象保障能力现状与问题进行了分析，确定实施气象综合观测系统、精细化预报预测系统、气象服务系统和人工影响天气能力建设4个工程项目，初步确定了具体建设内容，明确了投资估算，并就4个工程项目具体建设内容的投资与实施任务分工进行了安排，各项建设任务须于2019年全部完成。《2022年冬奥会张家口赛区水电气信及其他配套设施建设规划》确定的气象工程建设具体内容，即为省发改委、省冬奥办开展联合台账式管理考核的冬奥工程建设内容。

3.2.1.4 张家口市承办2022年冬奥会气象服务保障规划

2017年12月19日，张家口市政府正式印发实施《张家口市承办2022年冬奥会气象服务保障规划》。《张家口市承办2022年冬奥会气象服务保障规划》简要说明了冬奥会气象服务保障面临的形势和任务，分析了需求、现状与存在的问题，明确了瞄准国际先进水平，在张家口赛区加密建成完善的赛区综合气象观测网，实现多种气象要素的自动化、立体化、高精度、高时空分辨率的实时监测、气象监测数据实时发布；建设以精细化、格点化气象预报预警技术为基础的冬奥会气象专项保障服务平台，实现气象服务产品的人性化、多渠道、智能化分发共享；建成科学高效的冬奥会赛区人工增雪作业保障系统，实现一流的冬奥会气象服务技术保障体系等主要目标任务，与省级规划和工程项目相呼应，谋划了5个重点项目工程：张家口赛区综合气象观测网建设工程、冬奥会精细化气象预报预警工程、冬奥会智慧气象服务系统工程、冬奥会人工影响天气工程、国际交流合作与技术引进工程，同时明确了项目投资，细化制定了张家口赛区综合气象观测网建设工程布局示意图、张家口赛区综合气象观测网建设工程结构示意图、冬奥会精细化气象预报预警工程布局示意图、冬奥会智慧气象服务系统工程结构示意图、冬奥会人工影响天气工程布局示意图共5张重要项目实施图纸。《张家口市承办2022年冬奥会气象服务保障规划》及其工程设计与省级规划、工程是一脉相承的，是落实张家口市级工程项目投资和具体建设内容与任务分工的重要依据。

3.2.2 建设项目

张家口赛区冬奥气象保障能力提升依托的建设项目以“冬奥会和冰雪经济气象保障工程”项目暨张家口赛区气象工程为主体，“冬奥雪务气象保障系统”项目为补充，实现赛区各类气象探测、预报、服务、人影基础设施建设、设备装备布设、系统平台开发等基础能力提升。

3.2.2.1 冬奥会和冰雪经济气象保障工程

本工程主要完成以下4项建设任务。

3.2.2.1.1 气象综合观测系统建设

1.雷达探测系统建设

建设康保S波段双偏振雷达1套。雷达站建在康保县土城子镇东井子村，占地面积6626 m^2，建筑面积1797.32 m^2，2019年完成基础设施建设和雷达吊装，2021年实现业务化运行。

建设围场X波段多普勒雷达1套。雷达站建在围场满族蒙古族自治县御道口牧场管理区管委会跑马场北侧，占地面积33 012.32 m^2，建筑面积773 m^2。2021年11月完成设备安装调试，进入业务试运行阶段。

建设崇礼X波段双偏振天气雷达。雷达采用车载方式，使用全固态X波段双偏振多普勒天气雷达，2018年完成雷达采购与车载改造，具备使用条件。

2.崇礼大气垂直探测能力建设

建设风廓线雷达1套。设备建设地点为崇礼区气象局观测场，使用YKD2型L波段低对流层风廓线雷达，2019年9月完成建设安装，投入使用。

建设微波辐射计1套。设备建设地点为崇礼区气象局观测场，使用北京爱尔达电子设备有限公司YKW2型地基微波辐射计，2018年完成安装，投入使用。

建设全球导航卫星系统遥感水汽探测（GNSS/MET）站1套。设备建设地点为崇礼区气象局观测场，使用天宝NET R9型设备，2018年8月完成建设安装，投入使用。

建设云雷达2套。1套设备建设地点为崇礼区气象局观测场，使用YLU5型全固态Ka波段毫米波测云仪；1套设备建设地点为冀西北人工影响天气基地，使用YLU1型全固态Ka波段毫米波测云仪，全部设备均于2018年完成建设安装，投入使用。

建设激光测风雷达1套。设备建设地点为崇礼区气象局观测场，使用WindPrint V2000型激光测风雷达，2019年8月完成建设安装，投入使用。

3.赛场自动气象站建设

根据实际需求以及国际雪联要求，在张家口赛区场馆和赛道核心区实际共建设各类气象站44套。主要使用DZZ4型自动气象站、DZZ6型自动气象站、DZB2型便携式自动气象站、DZB4型便携式自动气象站等型号设备，建设周期从2014年到2021年底。

4.赛区及周边县区自动气象站升级

升级7要素区域自动气象站70套。在张家口市范围内，根据赛区预报服务需求，选取70个区域气象站进行了设备升级，设备均为DZZ5型自动气象站，观测要素为气温、气压、湿度、风向（机械）、风速（机械）、降水（称重）、积雪深度（电阻式）7个要素。

5.移动气象应急监测系统建设

建设气象装备应急保障系统1套、气象应急监测预警移动指挥系统1套和DZB4型便携式自动气象站16套。

6.交通气象监测系统建设

2018年建设10套交通气象站，设备为CAMA–JT公路交通气象观测站，包括气温、湿度、风向（机械）、风速（机械）、降水、路面温度、路基温度（−10 cm）、路面状况、能见度/天气现象9个观测要素。2019年建设35套交通气象站，设备为CAMS620型公路交通气象观测站，包括气温、湿度、气压、风向、风速等要素。

2019年建设航空气象观测站4套，设备为DZZ6型自动气象站，包括气温、湿度、风向（超声）、风速（超声）、气压、能见度、降水现象、紫外辐射、总辐射、反射辐射、大气长波辐射、地面长波辐射、净全辐射13个观测要素。

3.2.2.1.2 精细化预报预测系统建设

建设冬奥会气候风险评估和预测系统，由北京市气象局和河北省气象局共同开发，分别针对各自赛区需求进行功能设计。实现了延伸期（11～30 d）逐日气温、降水要素格点预报产品显示生成，以及月尺度客观化格点、站点要素产品生成，并自动化生成报文。

建设冬奥会多维度精细化预报业务系统，由北京市气象局牵头开发，河北省气象局参与系统功能设计，建成集实况监测和预报产品立体显示、精细化专项气象要素预报快速制作功能于一体的网络化、智能化、可视化综合业务平台。

3.2.2.1.3 气象服务系统建设

建设冬奥会智慧服务系统。由北京市气象局牵头，河北省气象局参与功能设计开发完成冬奥现场气象服务系统，对“冬奥气象大数据实时分析系统、冬奥赛场气象警报系统、冬季运动专项气象信息服务系统、雪场运维气象信息服务系统”4个子系统进行了功能整合。

建设冬奥会驻场气象台，根据赛时各场馆气象保障需求，分别为场馆预报员常规工作采购配备了台式计算机、笔记本电脑、彩色打印机、“小鱼易连”视频终端以及相关网络通信与办公设备，办公场所与办公家具由场馆提供。

建设赛事保障信息网络支撑系统。对省、市、县现有气象信息网络的改造建设，实现了市、县气象局间网络通信达到主干千兆、桌面千兆的三层结构局域网系统，消除网络核心设备的单点故障隐患，提高局域网系统的可靠性和安全性，实现北京—石家庄—张家口—崇礼—赛区场馆的多点同步视频会商。

建设交通气象服务保障系统，包括陆面交通气象服务保障系统和航空气象服务保障系统。其中，陆面交通气象服务保障系统重点针对张家口赛区及周边的道路交通安全出行生成专项的交通气象服务产品，提高冬奥期间交通出行的气象服务保障能力。冬奥航空气象服务保障系统为航空救援提供气象服务。

3.2.2.1.4 人工影响天气能力建设

新建火箭人工增雪装备20套、地面碘化银发生器20部，提升张家口赛区地面人工增雪作业能力。

建设冀西北人影基地。建成空地联合作业指挥调度中心，独立运行1架安装云降水粒子探测系统、综合气象要素探测系统、空地实时通信系统的运-12人影作业飞机，提升张家口赛区飞机人工增雪作业能力。

3.2.2.2 冬奥雪务气象保障系统小型基建项目

冬奥雪务气象保障系统总体由5个部分、6个系统构成。其中，赛道雪质气象监测系统作为冬奥专项气象数据采集系统的组成部分，为雪务气象服务保障提供专项监测数据。冬奥气象服务全流程监控及数据显示发布系统是北京市气象局冬奥会气象服务保障核心数据环境，与河北省冬奥气象服务保障核心数据环境实现互备功能，为包括雪务气象服务在内的全部冬奥会气象服务提供数据支撑，并对接冬奥组委专项信息系统。雪务专项气象预报预测系统与雪务专项气象风险评估系统是核心业务系统，使用由冬奥会气象服务保障核心数据环境提供的相关数据加工制作预报、评估产品，并向冬奥组委提供。冬奥会气象公众服务系统通过网站专门渠道分别向公众提供包括雪务气象服务产品在内的冬奥会各类气象服务产品。降雪云系实时监测及人影三维决策指挥系统使用由冬奥会气象服务保障核心数据环境提供的相关数据与产品，为冬奥会赛区及周边区域跨区域人工增雪作业决策指挥提供支撑。

3.2.2.2.1 赛道雪质气象监测系统

主要完成雪面温度、雪深、多层雪温、雪质、雪特性等相关便携式仪器的定制和采购，分别部署在北京、张家口赛区赛道区域，由赛事志愿者根据奥组委要求位置进行观测数据。定制和采购一批冬奥雪务多要素气象站，建设在赛区及周边，定点观测。新增一批赛道测风站和9要素自动气象站。

3.2.2.2.2 雪务专项气象预报预测系统

雪务专项气象预报预测系统分为6个子系统，分别为赛道雪面气象要素短期预报子系统、赛事用雪及雨雪相态预报子系统、赛事用雪异常天气预报子系统、赛道短期灾害性天气预报子系统、赛事用雪风险天气预报子系统、造雪适宜性气象条件预测子系统。通过本系统的建设，基于现行预报预测业务流程制作发布“全覆盖、无缝隙”的预报预测以及风险评估产品，满足冬奥会雪务工作对气象的需求。

3.2.2.2.3 雪务专项气象风险评估系统

雪务专项气象风险评估系统分为3个模块建设，基础数据来源于赛道雪质气象监测系统和赛区现有的气象观测站观测资料，通过构建积雪雪质特性变化的临界指标和融雪灾害风险等级的评估指标，开展对赛道、赛事影响的气候风险和雪质等级及融雪风险评估。结合0～30 d精细化降尺度的气象条件预报预测结果进行造雪适宜性气象条件的日、月、季评估和赛事气象条件风险等级及升温天气过程可能对雪道或储存雪发生融雪风险进行评估，通过该系统能够生成针对冬奥不同赛事的雪质风险评估产品，为冬奥提供赛事雪质气象风险程度的实时服务。

3.2.2.2.4 冬奥气象服务全流程监控及数据显示发布系统

包括用户安全管理与认证服务、冬奥气象服务产品分析显示、冬奥气象服务产品存储与发布和冬奥气象保障服务全流程监控与展示4个子系统的建设任务。冬奥气象保障服务全流程监控及数据显示发布系统针对冬奥气象信息服务的各个环节等进行全流程端到端的监控与展示，其监控范围包括为冬奥气象服务提供支撑的各种IT系统、探测系统、服务系统等。系统的主要功能包括监视点的数据收集、数据清洗、数据存储管理、数据实时分析及数据的综合展现等内容。

3.2.2.2.5　冬奥气象公众服务系统

中国天气网冬奥公众气象服务网站建设依托中国天气网体系建设，并扩充冬奥公众气象服务专享保障资源。网站分为3个部分：即冬奥公众气象服务网站、网站冬奥气象数据管理系统、网站冬奥气象融媒体产品管理系统。冬奥公众气象服务网站将搭建电脑版和手机版，支持中、英双语服务，包括了冬奥会三大赛区比赛场馆气象服务、公众气象服务及科普、新闻等冬奥延伸服务。

网站冬奥气象融媒体产品管理系统用于采、编、发冬奥会气象服务融媒体产品及服务信息，系统同步支撑对视频业务的直播和点播。该管理系统将形成冬奥遗产，通过平台技术实现服务的模块化功能，能够服务国内大型体育赛事活动。

3.2.2.2.6　降雪云系实时监测及人影三维决策指挥系统

降雪云系实时监测及人影三维决策指挥系统基于海量多源数据集成管理处理分析技术、遥感监测技术、三维GIS平台技术、大数据空间仿真模拟渲染技术及移动互联网技术，构建包括数据采集处理、雪情监测、作业三维决策指挥、飞机探测数据处理分析以及作业移动监控指挥App等。统筹考虑跨区域联合增雪作业的需求，建立统一的人影指挥平台，实现各省之间的数据传输和指令下达。

3.2.3　科研项目

张家口赛区气象保障能力提升依托的科研项目主要以科技部“科技冬奥”和河北省“科技冬奥”专项为主，以省科技厅、省气象局、张家口市其他科研项目为补充，重点解决张家口赛区气象观测与预报领域的核心技术问题。

3.2.3.1　国家“科技冬奥”专项

河北省气象部门承担和参与国家“科技冬奥”专项具体包括“冬奥会气象条件预测保障关键技术”第1课题和第4课题以及“赛事用雪保障关键技术研究与应用示范”第1课题和第2课题共2个项目4个课题的研究。

3.2.3.1.1　冬奥会气象条件预测保障关键技术

本项目于2018年下达，牵头承担单位为中国气象局北京城市气象研究所，河北省气象台承担项目第1课题的研究，合作单位包括：中国气象局北京城市气象研究所、中国气象局气象探测中心、国家卫星气象中心、河北省气象技术装备中心、河北省气象信息中心和北京市气象探测中心；参与项目第4课题的研究，承担单位为北京市气象台。

课题1　冬奥赛场精细化三维气象特征观测和分析技术研究

（1）观测试验设计与实施。根据冬奥赛场及周边地形特征、局地天气和主要影响天气系统，划分核心区、中尺度天气系统影响区和大尺度天气系统影响区域，依据不同区域特点设计科学合理的综合立体观测布局；选择合适时间、观测设备，实施综合立体加密气象观测试验（IOP）；针对卫星遥感产品的局地验证需求，布设相关的温度、雪深等的观测仪器和设备，进行相关产品的质量检验和验证。

（2）基于多源卫星数据的关键下垫面和大气特征观测。基于多空间尺度、多时间尺度新一代极轨气象卫星、静止气象卫星和高分卫星遥感数据，开发奥运赛场及其周围区域关键下垫面参数与大气参数的反演与融合技术，实现对陆表温度、积雪盖度、积雪深度、云等的亚小时级近实时观测。

（3）冬奥赛场观测运行监控平台设计与开发。实现冬奥观测设备运行状态数据的接入，结合维护维修信息、告警信息、参数检查、站点信息等进行实时监视和综合研判，实现冬奥观测设备实时运行状态监视。

（4）观测数据质量控制技术研发。研发观测设备快速计量检定标校技术；研发多普勒天气雷达、风廓线雷达、微波辐射仪、自动气象站等多种观测数据质量控制和质量互控技术。

（5）观测数据传输处理系统研发。研发5G通信技术在气象数据传输中的应用技术；研发重要观测数据传输双地面宽带线路热备份技术；研发观测数据分布式处理、存储和分发技术。

（6）冬奥山地赛场（海坨山、崇礼）精细化三维关键气象特征监测和分析技术研发。研发多源观测资料（包括常规自动站资料和雷达、风云四号卫星资料、微波辐射仪和风廓线资料）的快速同化或融合技术，提供精细化的区域数值分析场作为背景场；结合高分辨率实际地形和不同天气形势，研究统计降尺度、大涡模拟、计算流体力学方法、质量守恒风场调整模式、快速融合等多种技术，从而将1 km分辨率同化分析场通过降尺度得到50 m分辨率气象要素降尺度分析场；研发不同降尺度分析场集成技术、基于多源观测资料的降尺度分析场偏差订正技术；开展复杂地形区域流场风洞试验。

课题2　冬奥赛场定点气象要素客观预报技术研究及应用

（1）复杂地形下不同尺度环流的相互作用及边界层过程在冬季高影响天气系统演变中的作用机制研究。基于张家口及周边地区常规气象观测资料和课题1中地基、空基和天基综合立体气象观测及其所形成的复杂地形上50 m空间分辨率的精细观测试验数据集，整理形成冬奥（含残奥）赛事期间降雪、大风、雾等高影响天气历史个例库。进行天气学诊断研究和数值模拟，开展复杂山地条件下不同尺度环流相互作用及边界层过程对上述天气演变的影响作用研究，提炼出具有典型区域特征的天气学概念模型，形成上述天气系统短中期预报技术指标体系，并针对测试赛开展业务试验。

（2）冬奥赛事气象风险评估及预警技术的研究和应用。针对张家口赛区所承办的赛事项目，借鉴往届冬奥会赛事服务经验以及各单项联合会专家意见，整理分析冬奥项目对天气的敏感度需求。结合赛区气候资料和课题1获取的赛区加密观测资料，对赛事高影响天气发生的可能性和极端性进行评估，形成赛事气象风险标准和指标体系，针对测试赛开展业务试验，反馈预警评估效果，并不断优化标准和评估技术。

（3）冬奥赛区集合预报客观产品技术研发及应用。基于现行已业务运行的智能网格预报业务基础、结合多源数值模式预报结果和气候资料、局地加密观测资料，基于解释应用和机器学习等算法研发冬奥赛事所需气象要素，包括气温（℃）、相对湿度（%）、平均风向（八方位）、平均风速（m/s）、阵风风速（m/s）、能见度（m）、降水量（mm）、风寒指数、湿球温度、积雪深度（cm）的客观预报技术，最终形成0～240 h定点精细化要素预报产品，并且业务转化进入预报平台，为测试赛及正式比赛提供预报产品。

（4）开展测试赛服务及预报性能检验。在2019—2012年冬奥会和冬残奥会赛期，开展测试服务，并评估概念模型、客观订正算法的预报性能，不断优化上述预报技术，最终为2022年赛事及相关城市运行提供气象保障。

3.2.3.1.2 赛事用雪保障关键技术研究与应用示范

本项目于2021年下达，牵头承担单位为中国科学院西北生态环境资源研究院，河北省气候中心参与项目第1课题和第2课题的研究，承担单位分别为北京师范大学和中国气象科学研究院。

课题1　冬奥雪场赛道雪质的判定、监测和预报技术

（1）研制越野滑雪、冬季两项、坡面障碍和障碍追逐冬奥雪上运动项目赛道雪质等级判别模型。根据这几项比赛对赛道的不同要求，选择雪厚度、雪硬度、雪密度、表面温度、雪粒径、含水量等为主要指标，在调研已有国际标准赛道雪质研究和各国滑雪协会公布的资料基础上，开展滑雪场的雪质数据监测，对以往的定性标准进行细化和量化，确定适宜比赛的雪质指标阈值，分别建立不同类型赛道雪质判定量化标准和优、良、中、差等级判别模型。

（2）构建张家口崇礼区冬奥雪场雪质综合观测体系。在张家口市崇礼区冬奥雪场开展赛道雪质观测试验。根据赛道雪质判定标准的需要以及雪质演变模型中输入参数的需要，选择最佳的外场布设方案，加密现有的气象和雪质测站，改进监测方法，对赛道表面及雪层剖面不同深度的雪硬度、雪密度、雪温度、雪粒径、含水量等雪冰物理特性，以及气温、降水、湿度、短波辐射、风等基本气象要素进行连续监测，建立一套适用于竞技型滑雪场的包括监测选点、监测项目、监测仪器、监测方法在内的赛道雪质监测规范，形成覆盖雪场关键赛区的雪场雪质综合观测体系。

课题2　不同气候条件下冰状雪赛道制作关键

（1）冰状雪赛道制作期间的气象观测与分析。在河北崇礼云顶滑雪场冰状雪赛道制作期间，对赛道周边气象数据进行观测，提供气温、相对湿度、风向风速、辐射、雪温等基本观测和分析数据及气象预报信息。

（2）基于雪冰物理特性参数的高山滑雪冰状雪赛道雪质监测。开展对雪厚度、雪硬度、雪密度、表面温度、雪粒径、含水量等观测，形成以雪冰物理特性参数为基础的高山滑雪冰状雪赛道雪质数据。

（3）不同条件下冰状雪赛道雪质影响因素研究和制作技术指南编制。开展不同气候条件、不同制雪设备及其组合、不同制作流程，以及不同注水方式、不同静置时间等因素对冰状雪赛道质量的影响观测，确定冰状雪赛道质量的关键影响因素。

3.2.3.2　河北省“科技冬奥”专项

河北省气象部门承担省“科技冬奥”专项具体包括“冬奥会崇礼赛区赛事专项气象预报关键技术”和“雪场赛道运维气象风险保障技术”两个研究项目。

3.2.3.2.1　冬奥会崇礼赛区赛事专项气象预报关键技术研究

该项目承担单位为河北省气象台，合作单位包括中国科学院大气物理研究所、张家口市气象局和河北省气象科学研究所。主要研究内容包括以下5个方面：

（1）基于赛区的地面自动气象站、高空探测数据、高分辨率卫星资料，利用天气学分型、统计分析等方法重点研究对赛事有较大影响的降水、温度、风、能见度、积雪等核心气象要素的时空分布特征。通过降雪、极端高低温、低能见度、地面大风等高影响天气典型个例的数值实验，结合观测实验，利用CFD嵌套高分辨率解析技术，分析和研究对张家口赛区雪上项目影响较大的山谷风、背风坡及涡旋等局地中小尺度地形环流，并分析了其对降雪、低温、低能见度、地面大风的影响。

（2）开展赛区外场观测实验，捕捉典型局地动力、热力环流天气特征。应用激光雷达、风廓线雷达、微波辐射计和高分辨率实际地形资料，对大涡模式进行本地化调整、开展模拟实验，构建了赛场局地动力、热力环流特征的三维风场及温度场模型。

（3）建立以张家口崇礼赛区为中心的多重嵌套模式运行框架，调试和建立了适合冬奥赛区复杂地形地貌的陆面方案、云微物理方案，对高分辨率数值预报模式进行本地化和优化，提供短期时效的逐小时精细化预报。

（4）利用GSI资料同化系统，开展实况观测的快速循环同化， 形成融合多源气象资料、高时空分辨率的三维多要素分析场，作为预警实况场和短临预报初始场，开展精细化气象要素的短时临近预报。建立张家口赛区气温、降雪、雪深、阵风、能见度等高影响天气的物理概念模型，结合热力、动力因子诊断分析，形成预报着眼点，利用机器学习、大数据分析、多模式集成等技术，建立一整套核心气象要素客观预报方法。

（5）开展基于赛事保障（赛程安排、公众安全）、用雪风险的气象阈值风险评估技术研究，按照“一项一策”要求，建立张家口赛区跳台滑雪、自由式滑雪等项目的气象指标体系，制定预报服务标准，依据风险评估、气象指标体系，利用集合预报、概率预报、人工智能产品，结合主客观预报，构建风险预报预警模型和赛事服务模型。

3.2.3.2.2 雪场赛道运维气象风险保障技术研究

该项目于2021年立项，承担单位为河北省气候中心，合作单位为河北省众联能源环保科技有限公司，主要研究内容包括以下4个方面：

（1）确定雪质物理表征模型。通过对国际赛事雪道、滑雪场不同等级雪道的雪质监测与不同滑行者体验的问卷调查，进行统计分析、逻辑分析，构建不同滑雪体验需求的雪质的物理要素表征模型。

（2）建立面向不同服务对象雪质等级标准及相应的赛道雪质预警指标。开展冰雪运动与雪质关系的研究，以运动员、教练员训练对雪质需求为标准，建立冬奥雪上运动项目雪质指标的量化标准和等级判别模型。以雪厚度、硬度、密度、表面温度、雪层温度、雪粒径、含水量为主要指标，建立赛道稳定气象条件相关的判别模型。以滑行体验为标准，建立雪场初级、中级、高级赛道雪上滑行的雪质等级判别标准。分析高影响天气（高温、降水、沙尘）与雪质关系，形成赛道雪质气象条件预警指标。

（3）造雪气象条件、赛道制作技术与赛道雪质关系研究。分析近两年（11 月至次年2月）张家口赛区不同时段的造雪气象条件、赛道制作技术，与相应的赛道雪质对应关系，确定不同雪质赛道的最优的造雪气象条件，厘定不同赛道雪质所需的造雪气象条件和铺雪方式。形成基于造雪气象条件和赛道制作技术的造雪指南，指导造雪、储雪等工作，提高造雪效率，节省能源消耗，降低雪场运营成本。

（4）开展不同赛道雪质风险等级应对措施研究，建立赛道雪质安全运维管理体系。基于不同风险等级雪质状况，结合雪深数据，分析选取最优应对措施，如重新压实、补雪、铲雪等，确定不同雪质风险等级下经济有效的雪道维护方案，形成雪道雪质预警维护管理体系。

3.2.3.3 其他科研项目

除国、省两级“科技冬奥”专项外，中国气象局、河北省科技厅、河北省气象局以及张家口市气象局还支持了13个科研项目，针对赛区、赛事气象保障技术开展针对性攻关。

3.2.3.3.1 河北省积雪深度预报方法研究

本项目来源于2016年中国气象局预报员专项项目，承担单位为河北省气象台，主要研究内容为以下4个方面：

（1）利用高空探测、地面观测等常规资料建立降雪量、雪深、温度、湿度等物理量的数据库，分月份、分区域统计河北省积雪深度的分布特征。

（2）利用NCEP（美国国家环境预报中心）再分析资料、地面自动站资料、常规天气资料分析2015年11月两次降雪天气过程积雪深度预报失误的原因。

（3）结合多个个例对河北降雪影响系统、环境条件进行物理量诊断分析，对比不同雪深的环境条件，总结出雪深影响相关性强的气象要素，并通过线性回归方法确定气象要素与雪深的相关性。

（4）对同类个例进行以上分析，提炼积雪深度预报着眼点。

3.2.3.3.2 冬奥赛区雪道表层冻融过程研究

本项目来源于2019年河北省科技厅创新能力提升计划，承担单位为河北省气候中心，合作单位为北京市气候中心、北京城市气象研究院，主要研究内容为以下5个方面：

（1）开展不同（晴空、多云、降雪）天气条件下雪层温度、雪层温度梯度积雪雪质（深霜层—细粒雪—中粒雪—粗粒雪—冰晶层—新雪层）变化与辐射、大气温度、气压、相对湿度、风速、风向、坡度、坡向、阴影度、太阳高度角、地温等的定量关系研究，探明不同天气条件下（晴空、多云、降雪）的雪表能量平衡关系。

（2）开展人造雪的积雪物理特性研究，探明冬奥赛区人造雪层内热能传输、水汽迁移、雪晶生长机制，区分积雪变质作用类型和主导因素，提供干雪变质的温度梯度、动力变质的水汽梯度指标、湿雪变质的含水率和温度指标等，探明雪表冻融过程机理，结合水分运移过程确定雪层内冻融层位特征指标，提供雪层脆弱层位置和厚度，为雪场压雪作业提供技术指导。

（3）基于雪表冻融过程研究，建立冬奥赛区积雪变质预警指标，给定雪板摩擦力与雪表温度、雪含水率的力学统计模型，为冬季项目训练提供滑行姿势、能量耗散分配指导方案。

（4）发展SNOWPACK 3D模式，通过加密的观测数据和1 m分率的地形数据优化模型的能量平衡、物质平衡和降水模型模块。利用赛道移动观测数据检验和修订模型参数，以获得赛道面雪质参数的时空分布。

（5）通过多尺度近地层边界条件的确定，耦合WRF–大涡模式发展精细化多尺度集合预报技术，同化密集的站点资料进行模式检验，实现100 m空间分辨率未来72 h逐小时近地层气象预报场，驱动SNOWPACK 3D模式，利用风险预警指标确定对赛道、赛事影响的风险分布及定量评估产品；实现赛区各赛道未来72 h逐小时更新的积雪质热图、含水率栅格图与风险产品的滚动发布。

3.2.3.3.3　高速公路复杂路面高分辨率恶劣天气精准预警技术研究

本项目来源于2019年河北省科技厅重点研发计划，承担单位为河北省气象服务中心，合作单位为南京信息工程大学，主要研究内容为以下5个方面：

（1）石家庄—张家口—崇礼一线高速公路主要气象灾害风险区划研究。运用自然灾害风险理论，收集石家庄—张家口—崇礼高速公路沿线的气象观测资料、因气象条件造成的高速公路管制资料、因气象条件造成的交通事故资料、地理信息资料、车流量等综合信息，形成石家庄—张家口—崇礼高速公路沿线气象灾害风险普查报告。从致灾因子危险性、承载体空间脆弱性和易损性等几方面，构建指标，建立石家庄—张家口—崇礼高速公路主要气象灾害风险区划模型，并计算划分不同灾种风险等级，得到精细化的高速公路沿线主要灾害性天气风险区划结论。

（2）基于METRo路面温度机理模型的精细化冰害预警技术研究。通过分析气象资料与路面结冰的影响关系，采用合理的数据处理方法，完成前端数据处理工作。生成1 km × 1 km分辨率的路面温度同化分析产品，并作为精细化路面温度的实况监测产品。建立基于METRo的1 km × 1 km分辨率的路面温度预报模型，并采用统计方法建立重要风险点的统计后处理方案，形成对风险点的路面温度预报能力和路面结冰预警能力。生成示范高速公路不同地表特征的路面温度及气象要素历史时间序列，使用该序列数据建立满足不同路段特点的、预报准确度较高的统计模型，并结合统计模型和机理模型的各自优点，优化并订正预报结果生成1 km × 1 km分辨率的路面温度和路面结冰预报产品。

（3）基于人工智能的低能见度客观预报预警技术研究。基于Hadoop或Spark

等数据分析技术，选取优化数据分析方案，对数据进行初步清洗和处理，对历史实况观测数据进行格点化处理并进行回算，得出历史数据样本序列。确定能见度等级划分方案，利用遗传算法、主成分分析等特征选择和特征提取的方法，对样本特征进行降维和组合。依托TensorFlow、scikit-learn等人工智能、机器学习方法，选择多个学习器方案进行多重交叉验证优化参数方案，利用集成学习方法，根据样本训练得出针对石家庄—张家口—崇礼高速公路沿线能见度等级的智能预报分析模型。

（4）基于CFD计算流体力学的精细化大风预报预警技术研究。以大气质量守恒方程和动量守恒方程为动力框架，运用计算流体力学方法，在一定假设条件下，对以复杂地形为下边界的有限空间进行高空间分辨率（200 m或更高）求解，从而获得高铁沿线尤其是峡谷垭口、迎风坡、狭管效应区间等大风灾害易发区的三维空间风场分布。用中尺度数值模式预报的风场驱动CFD模式的定向模拟结果，对高速公路沿线，尤其是大风易发区和危险区的大风进行精细化预报。

（5）恶劣天气实时风险告警软件模块开发。研发冬奥代表性工程高速公路恶劣天气实时风险报警模块，并融入现有交通气象业务系统。后台基于气象观测资料、中尺度数值模式预报产品和短时临近预报等产品实时运算处理，得到高时空分辨率的低能见度、路面结冰、大风等恶劣天气的风险预报预警产品，并在页面展示。预报服务人员通过人工订正，可通过微信公众号、网站、短信等渠道向交管部门相关人员和社会公众实时发布。确保冬奥交通运输安全高效。

3.2.3.3.4 基于虚拟现实（VR）的“VR崇礼．冰雪极限”互动体验展项开发

该项目来源于2020年河北省科技厅创新能力提升计划项目科学普及专项，承担单位为河北省气象服务中心，具体建设内容为以下5个方面：

（1）创建VR滑雪雪道三维模型。突破物理空间限制，在崇礼冬奥赛道原型的基础上重新组合，形成既有初学者体验雪道，又有高级挑战雪道的一套完整VR（虚拟现实）滑雪体验环境。

（2）滑雪气象条件模拟研究。设计不同等级的降雪量、风速、温度模拟效果，其中，模拟风速的变化驱动风力模拟系统开启相应等级的风力模拟效果，初始温度随降雪量反比例动态变化。

（3）虚拟气象环境设计。一是初始场景的环境温度、风力设置。二是通过每秒粒子发射量、初始速度、初始大小等参数模拟不同等级的降雪效果。三是动态模拟滑雪过程中的不同风力。四是设计崇礼雪场冬季平均气温变化函数。

（4）不同气象条件下VR滑雪体验。通过人工智能算法调控，分别营造虚拟雪

场模拟滑雪气象指数为1级适宜滑雪、2级较适宜滑雪、3级不大适宜滑雪，最终在最恶劣气象条件到来之前到达终点，完成不同气象条件影响下的VR滑雪体验。

（5）人机交互设计。采用体感交互模式，通过VR眼镜对虚拟滑雪场景进行空间定位，并将体验者的视角定位于虚拟空间中，通过传感装置将体验者的双脚动作变化数据导入实时渲染系统，控制VR场景与人体同步运动。

3.2.3.3.5 冬奥保障架空线路气象综合风险研究

本项目来源于2018年河北省气象局科研项目，承担单位为河北省气象服务中心，项目主要研究内容为以下3个方面：

（1）从降水、温度、风速等气象要素入手，分析张家口各区域的气候特征及演变趋势。

（2）以张北柔直架空输电线路工程为例，针对历年来张北柔直架空输电线路同路径内常规线路因气象灾害导致的跳闸故障情况开展跳闸原因、故障频率分析，结合区域气象特征、海拔高程等因素建立综合风险分析模型。

（3）考虑架空线路自身特点和可靠性需求，运用区域气象站加密观测资料开展基于位置的张家口地区架空输电线路气象综合风险区划的研究。

3.2.3.3.6 冬季奥运会崇礼赛区地形性环流分析

本项目来源于2018年河北省气象局科研项目，承担单位为唐山市气象局，主要研究内容为以下4个方面：

（1）结合赛场实际情况，对国外山地气象中有关风的研究进行归纳总结。

（2）分析古杨树、云顶公园赛场风向与风速资料，总结其发展演变的正常及异常规律，并归纳阵风系数。

（3）结合赛场局地小地形与数值预报，分析风向风速演变规律的成因。

（4）结合大尺度环流背景，归纳以上规律在强天气背景及弱天气背景下对风向及风速（平均风速、阵风风速）的预报着眼点及指标。

3.2.3.3.7 冬奥会张家口赛区雪温对比观测试验

本项目来源于2017年河北省气象局科研项目，承担单位为张家口市气象局，主要研究内容为以下5个方面：

（1）开展2017年12月至2018年3月的赛区雪温观测实验建立雪温对比观测实验，收集同期赛区自动站气象数据，建立赛区雪温对比观测实验数据库。

（2）对实验数据和对比数据进行相关性统计分析。分析不同天气条件，如晴天和降雪，不同日照条件，不同海拔条件，不同地理位置，如阳坡和阴坡等情况下，雪温与温度的变化规律。

（3）建立雪温预报经验公式。根据对比数据相关性统计分析，寻找雪温递减率、雪温与气温相关系数、不同地形雪温变化率等相关因子，初步建立雪温预报经验公式。

（4）提出精细化预报模型。根据雪温预报经验公式，给出不同条件下的雪温与气温相关的时空分布，据此与EC细网格资料进行对比分析，建立本地化赛区精细化预报模型，并建立冬季赛事雪温精细化预报产品。

（5）制作冬季张家口赛区雪温气象预报平台。利用C#编程语言进行设计和开发，利用PS等图形处理软件进行优化，实现赛区雪温预报和雪温精细化预报产品制作功能。

3.2.3.3.8 冬奥张家口赛场大风评估

本项目来源于2018年河北省气象局科研项目，承担单位为河北省气候中心，主要研究内容为以下3个方面：

（1）构建冬奥专用气候服务数据环境，开发统计分析平台。依据河北省气象局数据环境，结合《2017/2018年冬奥赛场气象条件评估》的经验，构建冬奥气候服务专项数据库，在现有的气候业务平台上开发冬奥专用气象资料数据统计、查询平台，为后期每年的冬奥比赛场地年度气象条件评估报告提供平台支撑。

（2）开展冬奥张家口赛区的大风特性分析评估，重点分析赛区大风的年际变化特点。基于比赛场地风的历史观测数据，针对冬奥会赛事对风速、风向及其风险的要求，集合各比赛窗口期，细致分析赛场瞬时大风的特征，给出赛场大风风险的主要发生时段和时长、风险发生频率等，为赛事制定提供科学依据。完成《冬奥比赛场地大风风险评估报告》。

（3）开展赛场小尺度风场精细化模拟评估。由于赛场的站点分布比较稀疏，资料时空分辨率有限，不能给出满足赛事需求的精细的赛场风要素时空分布特征，本项目中尝试性开展基于小尺度模式的赛场精细化模拟评估，精细化反演赛场风速、风向的梯度和风场的变化，为赛道的规划、赛事制定提供辅助决策。

3.2.3.3.9 张家口“冰雪经济”发展区域低温适应性研究

本项目来源于2019年河北省气象局科研项目，承担单位为张家口市气象局，主要研究内容为以下4个方面：

（1）利用张家口市1981—2018年10月至次年3月的气温资料，分析出冷季气温年际、月际、日际的变化规律和特征。

（2）根据已有的国内外研究成果，结合张家口市气候背景特点，通过现场调研、历史数据分析、资料对比分析等方式确定张家口“冰雪经济”发展区寒冷等级划分标准，建立不同寒冷等级的数据集，采用小波分析和Mann-kendall分析方法找到其分布特征和规律。

（3）利用冷季气温和不同等级寒冷日数分布特征及规律，找到各类冰雪运动项目适宜开展的时间和区域，为张家口冰雪经济的科学规划健康发展提供技术指标和参考。

（4）结合地形、交通等因子，绘制出张家口地区冰雪旅游运动适宜发展的区域规划图，为该产业科学发展提供技术指标和参考。

3.2.3.3.10 崇礼赛区大马山区对大尺度大气环流的影响研究

本项目来源于2017年河北省气象局科研项目，承担单位为承德市气象局，主要研究内容为以下4个方面：

（1）基于2017—2019年2—3月赛区自动气象站数据、2018—2019年2—3月崇礼赛区冬季综合气象观测试验数据、冬奥团队外场观测数据等，采用天气学分析、统计学分析方法，结合山地气象学环流模型划分大马山区4种局地环流，并建立天气过程个例库。

（2）采用天气学分析方法，对产生4种局地环流的环流背景进行分析。

（3）以天气尺度和中尺度为背景，大涡模拟作为了解不同局地环流典型个例精细化特征的工具。基于WRF的精细化分析数据以及高分辨率GIS数据，利用大涡模式对典型个例的风场、温度场等进行模拟分析，提炼大马山区4种局地环流的天气学预报模型。

（4）利用弗劳德数、理查森数、逆温层厚度、逆温层高度、稳定度指数等动力、热力物理量参数等计算出4种局地环流的物理量阈值，并在预报业务中检验分析。

3.2.3.3.11 崇礼气象数据与赛区数据对比分析及在赛区气象要素预报的应用

本项目来源于2016年张家口市气象局科研项目，承担单位为张家口市气象台，主要研究内容为以下4个方面：

（1）收集整理崇礼赛区自动站自建站以来冬季气象数据与同时间崇礼区气象局气象数据。

（2）对收集的数据分类整理并将赛区数据与区气象局数据对比，分析差异性。

（3）收集整理重大天气过程的资料，结合大尺度天气形势，得到赛区与区气象局气象要素变化的影响因子以及转折性天气预报方法。

（4）建立预报模型，得出赛区气象要素的预报方法。

3.2.3.3.12 崇礼冬奥赛区强降温天气分析及预报的研究

本项目来源于2018年张家口市气象局科研项目，承担单位为张家口市气象台，主要研究内容为：

筛选赛事举办时间段的强降温天气过程，对其进行分类研究，分析其天气形势，最后进行归纳总结，找到易产生强降温天气的天气形势及其预报的着眼点。

3.2.3.3.13 冬奥崇礼赛区温度、风速的非普遍规律探究

本项目来源于2018年张家口市气象局科研项目，承担单位为张家口市气象台，主要研究内容为：

（1）对云顶地区赛事举行时间的逆温情况进行统计、分类、整理，总结出有利于逆温产生的天气形势。

（2）对云顶和跳台系列站点赛事举行时间的山底风速高于山顶的逆速情况进行统计、分类、整理，总结出逆速的变化规律。

3.3 组织架构

面对本届冬奥会艰巨、复杂的保障任务，河北省气象部门紧紧围绕“精彩、非凡、卓越”办赛目标，全面落实“绿色办奥、共享办奥、开放办奥、廉洁办奥”理念，践行“简约、安全、精彩”办奥承诺，从2014年正式启动申奥工作开始，即将冬奥会气象保障组织管理作为首要任务，针对各阶段工作的不同重点和要求，深入研究谋划、部署推进，逐步摸索建成了“党组抓总、部门主建、专班主战”“分管副职下沉一线指挥”的气象服务保障机制，确保了张家口赛区气象服务保障各项任务的圆满完成。

3.3.1 建立党组抓总高效组织架构

北京携手张家口申办2022年冬奥会和冬残奥会以来，河北省气象局党组就将冬奥相关工作作为河北省气象部门核心任务抓牢抓好，明确党组对河北省气象部门冬

奥会筹办工作负总责，负责组织贯彻落实中央和省以及中国气象局关于冬奥会筹备的重要批示指示精神和工作部署安排，听取冬奥会筹办工作汇报，研究决策重大问题，指挥调度保障工作；党组成员按照分工，抓好分管领域涉奥工作；党组纪检组加强对冬奥会筹办重点工作、重点工程、重点环节的监督检查。期间，冬奥气象相关的规划谋划、项目策划、任务推进、团队组建、人员安排、政策制定、方案编写等重大事项均由党组直接研定，每年党组会定期听取审定年度重点工作任务、工作进展与工作总结，并同时向省委、中国气象局党组报送相关工作情况。张家口赛区气象保障工作在中国气象局和河北省委、省政府双重领导下开展。在中国气象局层面，河北省气象局作为中国气象局冬奥气象服务领导小组成员单位和冬奥气象中心组成单位，主要任务是落实中国气象局与北京冬奥组委签署的冬奥气象服务协议，组建培训气象服务保障团队，收集存储赛场赛道气象数据，提供赛事筹办与赛事运行相关领域气象服务。在省级层面，河北省气象局作为省冬奥工作领导小组成员单位和省冬奥运行保障指挥部竞赛服务分指挥部牵头部门之一，主要任务是做好张家口赛区气象服务保障基础设施建设，筹备期为赛区场馆规划设计提供气象服务保障，赛时为张家口赛区赛会及城市运行提供气象服务保障（图3.1）。

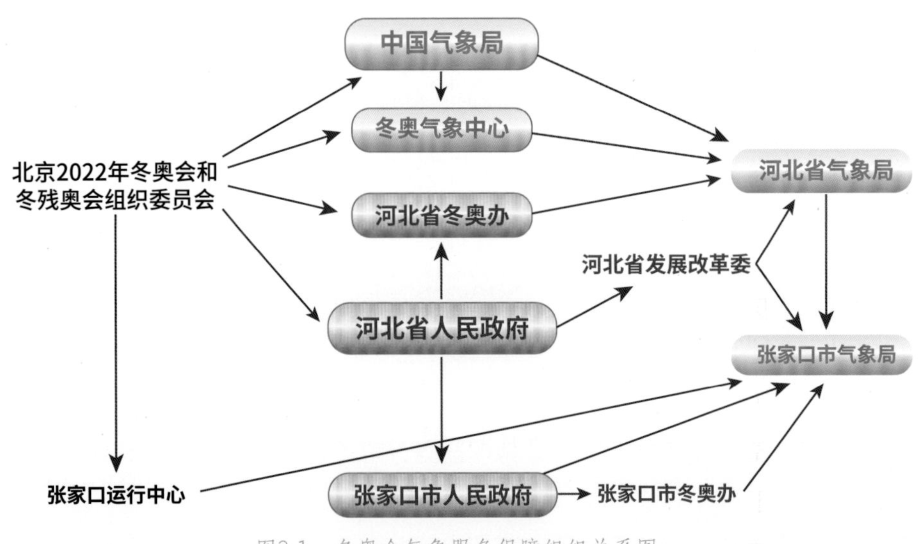

图3.1　冬奥会气象服务保障组织关系图

（1）申办阶段组织架构（2014—2015年）。申奥工作伊始，2014年，河北省气象局成立了“2022年北京冬季奥运会筹备工作气象服务保障领导小组”，由主要负责同志任组长，直接指导安排相关工作的开展，小组下设气象监测系统建设与装备保障、气象信息处理与网络系统、气象预报预警服务3个专业工作团队。

（2）筹办阶段组织架构（2016—2019年）。冬奥会申办成功后，2016年，河北省气象局将“2022年北京冬季奥运会筹备工作气象服务保障领导小组”转建为“第24届冬奥会气象服务工作领导小组”，仍然由主要负责同志任组长，明确应急与减灾处具体负责领导小组日常工作，具体对接河北省冬奥办、中国气象局冬奥气象服务领导小组办公室，指导张家口市气象局，统筹推进筹办期各项工作。根据中国气象局冬奥气象中心组建安排，河北省气象局为冬奥气象中心组成单位，主要负责同志任冬奥气象中心副主任，1名分管负责同志任河北赛区气象服务中心主任、1名分管负责同志任综合探测部主任。

（3）举办阶段组织架构（2021—2022年）。根据《河北省气象局北京2022冬奥会和冬残奥会气象服务保障运行方案》计划安排，2020年，河北省气象局组建由分管负责同志任组长的“张家口赛区气象服务保障前方工作组”。前方工作组在省局党组的直接领导下，在冬奥气象中心的具体指导下，赛时进驻崇礼区，指挥调度张家口赛区一线开展气象服务，协调各单位、各岗位以及相关工作人员做好各项服务保障工作。期间，根据测试赛运行情况，对前方工作组组建架构、人员组成与工作机制进行了动态调整，先后对前方工作组组建方案进行了4次调整。期间，根据中国气象局冬奥气象中心组织管理体系调整，1名分管负责同志任冬奥河北气象中心主任，其他分管负责同志任各有关工作组副主任；根据河北省冬奥组织体系调整，主要负责同志任竞赛服务分指挥部（工作组）副组长，省气象局为竞赛服务分指挥部（工作组）及项目和配套设施建设分指挥部（工作组）成员单位。

3.3.2 建立部门主建筹办分工机制

张家口赛区气象保障各项准备工作领域广、内容多、要求高，涉及气象部门各个业务领域、管理领域，其中，气象基础设施建设、气象保障团队组训，气象保障技术攻关是三大工作主线。河北省气象部门始终坚持党对各项工作的领导，调动全省气象部门力量，按照单位职责，各项任务分解落地、到岗到人，确保准备工作扎实、高效。由于准备期从2014年持续至2021年，整体跨度大，考虑工作的可持续推进性，河北省气象部门将准备期各项工作常态化、台账化，将任务和考核落实到各参战单位，各单位各司其职，协调统筹有序推进各项准备任务。

根据任务分工，筹办期气象工程项目建设任务分别由张家口市气象局、承德市气象局、河北省气象台、河北省气候中心、河北省装备中心、河北省信息中心、河北省服务中心、河北省人影中心具体承接实施。其中，设备设施建设类任务由张家口市气象局主要承接并组织实施，河北省气象局及信息中心、装备中心给予技术指导；软件系统建设类任务由省级业务单位主导，张家口市气象局配合实施。预报服务和装备保障团队的组训任务，分别由河北省气象局应急与减灾处（领导小组办公室）和观测与网络处牵头，办公室、人事处配合，省气象台、省装备中心参与，具体组织实施。科技攻关任务由河北省气象局科技与预报处牵头组织，省气象台、省气候中心、省信息中心、省装备中心、省气象服务中心以及张家口市气象局、承德市气象局、唐山市气象局具体承担课题攻关任务。党建与基层组织工作由河北省气象局机关党委牵头，省应急与减灾处、张家口市气象局配合，具体落实实施。2019年2月，为充分发挥党组织在气象保障一线的核心领导和战斗堡垒作用，成立4个临时党支部，将专项服务保障工作人员全部纳入临时党支部统一管理，实现党建工作与专项工作同步推进。

为细化不同阶段保障任务分工，河北省气象局构建了气象服务保障运行方案体系。在申办阶段，先后制定了《河北省气象局2022年北京冬奥申奥筹备工作气象服务保障方案》《河北省气象局2022年北京冬奥申奥筹备工作第二阶段气象服务保障方案》，明确了与中国气象局有关直属单位及北京市气象局的具体对接任务以及河北省、市、县三级气象部门的服务任务和具体分工。在筹办阶段，先后制定了《第24届冬季奥林匹克运动会气象服务筹备工作实施方案》《河北省气象局关于进一步规范冬奥会筹办工作体制机制的通知》，按照台账化管理方式，组织编制年度重点工作推进方案，逐项拉条挂账督办完成各项筹办任务。在举办阶段，组织印发了《张家口赛区气象服务保障前方工作组各专项工作组工作规程》《张家口赛区气象服务保障前方工作组各专项工作组风险应对台账》《北京2022年冬奥会和冬残奥会张家口赛区气象风险应急预案》《北京2022年冬奥会和冬残奥会气象服务保障领域新冠肺炎疫情防控工作方案》，组织完成冬奥会、冬残奥会测试赛、正赛全部一线保障任务。

3.3.3 建立专班主战服务保障体系（1+1+5+8）

针对张家口赛区气象保障任务特点，参照重大活动气象保障工作划分，确定了“大后方全面支撑，小前方专班作战”的原则，组建不同领域精干团队具体对接各项服务保障任务，做好一线服务保障。同时通过制定“1+1+5+8”的保障方案体系，理清各领域业务流程，确保了各项工作有力有序开展。

1个气象服务保障运行总方案

2019年12月，河北省气象局印发《河北省气象局北京2022冬奥会和冬残奥会气象服务保障运行方案（2019年第一版）》，明确了冬奥气象保障服务的总体要求、工作原则、工作框架、任务分工和保障措施，是对张家口赛区冬奥气象服务保障运行的整体设计，具有极强的可操作性、针对性，是冬奥测试就绪和赛事运行阶段核心方案。同时根据冬奥筹办整体进度，2次对运行方案进行了更新完善，分别于2020年10月和2021年9月30日先后印发2020年第二版（测试赛版）、2021年第三版（正赛版）。

1个重点任务动态管理总台账

北京2022年冬奥会和冬残奥会进入赛事运行阶段后，启动重点任务动态管理机制，梳理省指挥调度中心、冬奥会气象服务工作领导小组等各类会议、文件安排的任务，制定《冬奥河北气象中心重点任务动态管理台账》，逐一明确任务节点和责任单位，实行挂图作战、拉条挂账、逐项销号。

5个专项工作方案

（1）人员组建方案。编制印发《张家口赛区冬奥气象服务保障前方工作组》组建方案，将参与一线保障的省内外人员全部纳入前方工作组统一指挥调度，同时明确工作组组织架构、责任分工、人员组成、主要任务。

（2）应急处置方案。为建立健全气象风险防范应对机制，最大限度减轻或者避免气象因素对北京2022年冬奥会和冬残奥会张家口赛区赛事与赛会运行造成的影响，最大限度预防和减轻因各种突发事件对气象设施、信息系统、业务平台以及保障人员等造成的影响，印发《北京2022年冬奥会和冬残奥会张家口赛区气象风险应急预案》，将风险分为灾害性天气风险和气象业务运行风险2类，明确了前方工作组和省局后方各单位应急处置职责，规范了应急处置流程。

（3）疫情防控方案。新冠肺炎疫情对做好冬奥气象服务保障带来了很大的不确定性，为做好北京2022年冬奥会和冬残奥会期间新冠肺炎疫情防控工作，确保冬奥气象服务保障工作顺利进行，印发了《北京2022年冬奥会和冬残奥会气象服务保障领域新冠肺炎疫情防控工作方案》，明确了“分类管理、精准防控”原则，根据当地防控政策要求，细化了疫情防控措施。结合疫情防控形势的变化，该方案多次征求了省卫健部门的意见，进行了多轮修改完善，确保防疫措施与防疫要求相统一。

（4）雪务保障方案。北京冬奥会是冬奥会首次在大陆性季风气候带举办，通过人工影响天气增加景观雪是河北省委、省政府以及省冬奥办对气象部门提出的最重要的任务之一，在前期制定《北京2022年冬奥会和冬残奥会张家口赛区人工增雪工作方案》的基础上，河北省气象局与张家口市政府联合制定张家口赛区雪务保障方案，经报请省政府同意后实施，其中主要包括张家口赛区人工影响天气作业的力量部署、工作流程、作业方案、空地联合人工增雪作业日运行计划以及赛场储雪方案。

（5）测试赛运行方案。根据张家口赛区2021年上半年、下半年“相约北京”系列测试赛安排，河北省气象局于2021年1月和11月分别印发了《张家口赛区冬奥测试活动气象服务保障工作方案》和《2021年下半年“相约北京”系列测试赛张家口赛区气象服务保障实施方案》，全面测试气象服务保障各领域业务产品、工作流程、应急保障准备等情况，进一步磨合队伍、厘清流程、积累经验，有效提升张家口赛区冬奥气象服务保障综合能力。通过两次测试服务保障，对《河北省气象局北京2022冬奥会和冬残奥会气象服务保障运行方案》进行了优化完善。

8个分领域风险应对台账和工作规程

《北京2022年冬奥会和冬残奥会张家口赛区气象风险应急预案》是整体应急方案，前方工作组8个专项组以其为指导和基础，分领域制定了风险应对台账和工作规程，并对可能出现的问题、存在的隐患进行了梳理，针对性制定的措施更具体、流程更细化，可操作性更强。

第4章　尽锐出战

—— 张家口赛区气象工作人员力量投入与岗位设置

河北省气象局充分发挥气象部门体制优势，统筹省、市、县三级气象部门人力资源，以前方工作组为主体，以全省各级气象部门为后方支撑保障，分区域、分领域、分岗位配置人员，形成了职责明确、分工负责、密切配合的冬奥气象服务保障组织体系。

4.1 预报服务领域

4.1.1 赛事服务

4.1.1.1 人员数量及构成

赛事服务组主要以张家口赛区冬奥现场气象服务团队队员为主，增加1名副组长便于协调开展工作，以及3名雪质服务人员，共计40人。其中正高级工程师3人、高级工程师13人、工程师19人、助理工程师5人；男性29人、女性11人。

服务团队组建于2018年9月，36名预报员分别来自国家气象中心（2人）、内蒙古自治区气象局（4人）、黑龙江省气象局（4人）、吉林省气象局（4人）、河北省气象局（22人），其中吉林1名队员因病于2021年退出团队；队员横跨4个年龄段，其中“60后”2人、“70后”3人、“80后”20人、“90后”11人，平均年龄36.7岁。

4.1.1.2 岗位设置与力量配备

王宗敏同志为赛事服务组组长，秦宝国同志为副组长，统筹负责赛事服务组工作，具体岗位设置与力量配备如下：

1. 预报服务岗位

预报服务岗位人员全部为张家口赛区冬奥现场气象服务团队队员，分为云顶场馆群WIC、古杨树场馆群WIC、赛区预报中心WFC。具体分组如下：

云顶场馆群WIC（8人）

负责云顶滑雪公园场地A、B、C共6条赛道现场服务。

组长：李宗涛

副组长：孔凡超

成员：刘华悦 张晓瑞 石文伯 姬雪帅 钱倩霞 张曦丹

古杨树场馆群WIC（8人）

负责国家跳台滑雪中心赛道、国家越野滑雪中心、国家冬季两项中心赛道现场服务。

组长：段宇辉

副组长：郭宏 徐玥

成员：杨玥 刘昊野 付晓明 李嘉睿 胡赛安

赛区预报中心WFC（18人）

负责云顶场馆群、古杨树场馆群未来0～10 d天气预报，为WIC人员提供信息及技术支撑，为WIC提供人员备份。

赛区首席：李江波 董全 范俊红 马梁臣

云顶组组长：杨杰

云顶组副组长：洪潇宇

云顶场馆首席：杨杰 洪潇宇 马洪波

云顶场馆预报员：唐凯 晋亮亮 隋沆锐 王颖

古杨树组组长：马梁臣

古杨树组副组长：朱刚

古杨树场馆首席：马梁臣 朱刚 陈子健 李禧亮

古杨树场馆预报员： 李彤彤 陈雷 张宇 王永超

其中，范俊红同志根据冬奥气象中心统一安排，赛时参加冬奥组委MOC气象保障工作。

2. 雪务服务岗位

雪务服务分为现场雪质观测和后方雪质服务2个岗位，其中安排2人分别进入云顶和古杨树场馆群做好赛道雪质风险服务，1人在河北省气候中心做好数据分析和雪质风险预测等工作。

4.1.1.3 人员到位情况

张家口赛区冬奥现场气象服务团队于2021年10月11日进驻崇礼，进行赛事保障筹备阶段，根据云顶和古杨树场馆群安排，在赛时注册为P类人员。云顶场馆群WIC人员于2021年11月1日进驻场馆，开始赛事保障阶段。古杨树场馆群WIC人员于2021年11月15日进驻场馆，开始赛事保障阶段。2名现场雪质观测人员注册为C类人员，于2022年1月22日进驻场馆（表4.1）。

表4.1　赛事服务人员岗位与就位时间表

岗位	姓名	参与工作	进入参会服务时间
组长	王宗敏	总指挥	2021年11月1日
副组长	秦宝国	副总指挥	2021年11月1日
云顶场馆群WIC	李宗涛	预报服务	2021年11月1日
	孔凡超	预报服务	2021年11月1日
	刘华悦	预报服务	2021年11月1日
	张晓瑞	预报服务	2021年11月1日
	石文伯	预报服务	2021年11月1日
	姬雪帅	预报服务	2021年11月1日
	钱倩霞	预报服务	2021年11月1日
	张曦丹	预报服务	2021年11月1日
古杨树场馆群WIC	段宇辉	预报服务	2021年11月15日
	郭宏	预报服务	2021年11月15日
	徐玥	预报服务	2021年11月15日
	杨玥	预报服务	2021年11月15日
	刘昊野	预报服务	2021年11月15日
	付晓明	预报服务	2021年11月15日
	李嘉睿	预报服务	2021年11月15日
	胡赛安	预报服务	2021年11月15日
赛区预报中心WFC	李江波	预报服务	2021年11月1日
	董全	预报服务	2021年11月1日
	范俊红	预报服务	2021年11月1日
	马梁臣	预报服务	2021年11月1日
	杨杰	预报服务	2021年11月1日
	洪潇宇	预报服务	2021年11月1日
	马洪波	预报服务	2021年11月1日
	唐凯	预报服务	2021年11月1日
	晋亮亮	预报服务	2021年11月1日
	隋沆锐	预报服务	2021年11月1日
	王颖	预报服务	2021年11月1日
	马梁臣	预报服务	2021年11月15日
	朱刚	预报服务	2021年11月15日
	陈子健	预报服务	2021年11月15日
	李禧亮	预报服务	2021年11月15日
	李彤彤	预报服务	2021年11月15日
	陈雷	预报服务	2021年11月15日
	张宇	预报服务	2021年11月15日
	王永超	预报服务	2021年11月15日
雪务服务岗位	陈霞	雪务服务	2022年1月22日
	杨宜昌	雪务服务	2022年1月22日
	许康	雪务服务	2022年1月22日

4.1.2 赛会服务

4.1.2.1 人员数量及构成

赛会服务组下设决策服务组和交通服务组，共29人，其中设组长1名（服务工作总体协调调度，由张家口市气象局苗志成副局长担任），副组长1名（由交通气象服务组成员曲晓黎兼任），成员27名。

决策服务组主要负责城市运行气象服务保障，由石家庄市气象局、张家口市气象局和河北省气候中心人员14人组成，平均年龄33岁，40岁以下9人，40岁以上5人；高级工程师3人，工程师4人，助理工程师7人，所学专业包括大气科学、应用气象学和环境科学。

交通气象服务组主要负责赛区及周边地区交通、电力、安保等城市运行和赛会运行气象服务，主要包括交通气象服务、直升机救援气象服务、电力、安保气象服务等任务，由河北省气象服务中心、张家口市气象局13人组成，平均年龄39岁，大部分为气象学或气象学相关专业，其中高级工程师9人，工程师2人，助理工程师2人。

4.1.2.2 岗位设置与力量配备

苗志成同志为赛事服务组组长，曲晓黎同志为副组长，统筹负责赛事服务组工作，具体岗位设置与力量配备如下：

1. 决策气象服务组

决策服务组设置首席岗、领班岗、主班岗和副班岗4个岗位。

首席岗2人，负责服务材料的把关，参加与国家局、省局会商，与赛会服务组、环保局进行日常天气会商，主持内部会商。

领班岗2人，协助首席对各类决策服务材料进行把关，每日按时参与国家局、省局会商，参与内部天气会商，如需会商发言，负责协助制作会商PPT。

主班岗3人，每日07时、11时、17时制作气象服务专报，负责制作专项服务材料、专题服务材料等的制发工作，天气会商，总结整理本日工作情况、上传相关产品、完成日运行计划，重要天气报、预警信号等材料报送。

副班岗6人，完成气象台日常工作，填写并报送日报告，每日按时参与国家局、省局会商，参与内部天气会商，如遇重大天气过程，负责制作重要天气报、预警信号等并发送至相关单位，夜间时段在岗密切监视天气变化。

2. 交通气象服务组

交通气象服务组设置主班、副班、审核、系统运维4个岗位。

主班3人，负责制作发布直升机救援专报，制作发布张家口赛区交通气象服务专报，对预报结论进行把关，确定未来24小时交通高影响天气风险提示，天气会商并按要求发言。

副班3人，负责协助主班制作各项服务专报、预报产品，按要求整理编制交通服务组日调度报告和日工作运行情况。

审核岗4人，负责对直升机救援气象服务专报进行审核，对交通气象服务专报进行审核把关。

系统运维岗3人，负责检查产品数据稳定情况、各系统平台、冬奥网站交通模块产品传输运行情况等，及时与中国气象局公共气象服务中心、北京市气象局、河北省气象局信息中心沟通协调，根据服务需要对数据产品读取模式进行调整。

4.1.2.3 人员到位情况

赛会服务组工作贯穿申办、筹办和举办全过程，最早从2014年开始参与冬奥气象保障服务工作，整组进入正赛服务为2022年1月22日（表4.2）。

表4.2 赛会服务人员岗位与就位时间表

岗位	姓名	参与工作	进入参会服务时间
组长	苗志成	总指挥	2022年1月22日
副组长	曲晓黎	副总指挥	2022年1月22日
决策气象服务	黄山江	决策服务	2022年1月22日
	赵彦厂	决策服务	2022年1月22日
	韩丽娟	决策服务	2022年1月22日
	孟繁华	决策服务	2022年1月22日
	段雯瑜	决策服务	2022年1月22日
	黄若男	决策服务	2022年1月22日
	王璐璐	决策服务	2022年1月22日
	林若薇	决策服务	2022年1月22日
	王新宁	决策服务	2022年1月22日
	郝日渊	决策服务	2022年1月22日
	杜鹃	决策服务	2022年1月22日
	郭旭晖	决策服务	2022年1月22日
	康博思	决策服务	2022年1月22日
	向亮	决策服务	2022年1月22日
交通气象服务	曲晓黎	交通服务	2022年1月22日
	王跃峰	交通服务	2022年1月22日
	武辉芹	交通服务	2022年1月22日

（续表）

岗位	姓名	参与工作	进入参会服务时间
交通气象服务	郭蕊	交通服务	2022年1月22日
	贾小卫	交通服务	2022年1月22日
	张彦恒	交通服务	2022年1月22日
	李飞	交通服务	2022年1月22日
	胡雪	交通服务	2022年1月22日
	赵海江	交通服务	2022年1月22日
	刘建勇	交通服务	2022年1月22日
	孙晓霞	交通服务	2022年1月22日
	李越	交通服务	2022年1月22日
	李幸璐	交通服务	2022年1月22日

4.1.3 技术支撑

赛事期间，张家口赛区现场气象服务团队每日16时进行内部会商，以使2个场馆WIC、WFC、赛会服务组统一预报结论。根据天气变化情况，预报团队适时邀请河北省气象台和中央气象台、内蒙区自治区气象台进行会商，以便更准确把握赛场天气情况。

4.2 业务保障领域

4.2.1 装备保障

4.2.1.1 人员数量及构成

装备保障组由来自河北省气象技术装备中心、张家口市气象局、承德市气象局、唐山市气象局、沧州市气象局、石家庄市气象局、邢台市气象局以及中环天仪气象仪器有限公司、航天新气象有限公司有关人员组成，共25人，注册C类人员16人。其中男同志占92%，主要专业为气象探测、计算机相关专业；40岁以下15人，40岁以上10人；高级工程师以上3人，工程师17人，助理工程师5人。

4.2.1.2 岗位设置与人员部署

装备保障任务由云顶、古杨树两支核心区保障团队以及赛区外围保障团队、应急车保障团队以及其他区域保障团队共同完成。

幺伦韬同志任组长，安文献同志兼任副组长，负责装备保障任务的总体指挥和工作协调。

（1）云顶核心赛区场馆保障团队，设置组长和副组长各1人，人员共8人。负责场馆群22个站点的保障任务，总结汇报本组工作开展情况；负责审核本组宣传信息；负责自带车辆的管理和使用；及时处理和汇报应急突发事件；组织开展疫情常态化防控工作。

（2）古杨树核心赛区场馆群保障团队分为3组，国家跳台滑雪中心团队、冬季两项场馆团队、冬季越野场馆团队。国家跳台滑雪中心团队人员4人，负责跳台滑雪场馆11个站点的保障任务。冬季两项场馆团队人员2人，负责冬季两项场馆5个站点的保障任务。越野滑雪场馆设置人员2人，负责越野滑雪场馆3个站点的保障工作，总结汇报本组工作开展情况；负责审核本组宣传信息；负责自带车辆的管理和使用；及时处理和汇报应急突发事件；组织开展疫情常态化防控工作。

（3）崇礼区保障人员2人，负责崇礼气象局大型观测设备保障工作，同时做好赛区观测设备运行监控和闭环外3套观测站点保障任务。负责汇总装备保障团队工作开展情况，负责审核本组宣传信息，负责处理和汇报应急突发事件。

4.2.1.3 人员到位情况

装备保障团队成员从2021年10月份开始进驻张家口赛区开展相关工作。2022年1月22日，核心区保障团队根据场馆安排，全部进驻到核心区正式开展气象装备巡检、维护维修保障工作（表4.3）。

表4.3 装备保障人员岗位与就位时间表

区域	姓名	参与工作	进入参会服务时间
崇礼区气象局	幺伦韬	总指挥	2021年10月18日
云顶	金龙	云顶组长、场馆设备巡检维护	2021年10月18日
	杨斌	场馆设备巡检维护	2021年10月18日
	何涛	场馆设备巡检维护	2021年10月18日
	张可嘉	场馆设备巡检维护	2021年10月18日
	白万	场馆设备巡检维护	2021年10月18日
	彭德利	场馆设备巡检维护	2021年10月18日
	郄云翔	场馆设备巡检维护	2021年10月18日
	殷学舟	场馆设备巡检维护	2021年10月18日
古杨树	蒋涛	古杨树组长、场馆设备巡检维护	2021年10月18日
	孙云锁	场馆设备巡检维护	2021年10月18日
	王彦朝	场馆设备巡检维护	2021年10月18日

（续表）

区域	姓名	参与工作	进入参会服务时间
古杨树	郭金河	场馆设备巡检维护	2021年10月18日
	王旭海	场馆设备巡检维护	2021年10月18日
	范文波	场馆设备巡检维护	2021年10月18日
	杨津	场馆设备巡检维护	2021年10月18日
	李哲	场馆设备巡检维护	2021年10月18日
崇礼区赛区外围	白连忠	崇礼区局探测设备巡检维护	2022年01月04日
	高仲杰	崇礼区局探测设备巡检维护	2022年01月04日
其他区域	黄岳	康保雷达维护	2022年01月04日
	薛力	张家口区域交通站维护	2022年01月04日
应急车	陈沛宇	应急车运行操作	2022年01月04日
	郭小璇	应急车运行操作	2022年01月04日
	陈少峰	应急车驾驶	2022年01月04日

4.2.2 网信安保

4.2.2.1 人员数量及构成

网信安保组由河北省气象信息中心、张家口市气象探测中心、石家庄市气象探测中心、邢台市气象探测中心、沧州市气象探测中心、衡水市气象探测中心、承德市气象探测中心人员组成，共有18人，其中男同志占90%，主要专业为通信、计算机相关专业；40岁以下8人，40岁以上10人；正高级职称1人，高级工程师12人，工程师5人。

4.2.2.2 岗位设置与人员部署

网信安保团队岗位分三级部署，分别部署于河北省气象信息中心、张家口市气象局及张家口赛区冬奥气象服务中心（崇礼区气象局）。

根据信息网络安全保障领域具体任务，分为信息报送岗、网络安全保障岗、系统保障岗、数据质控岗、应急保障岗5个岗位，具体岗位设置、岗位职责与力量配备情况如下：

安文献同志为组长，田志广同志任副组长，负责总体协调指挥网信安保组各项工作。

（1）信息报送岗：具体负责收集整理各岗位每日上报工作信息，制作、报送每日工作进展情况，制发工作组简报，人员配置3人。河北省气象信息中心、张家口市局、前方工作组各1人。

（2）系统保障岗：负责监控冬奥探测系统、冬奥预报服务系统、冬奥气象服务网站等张家口赛区实况与预报产品状态和网络通信状态，及时排除冬奥气象信息与通信系统故障，负责冬奥气象服务视频会议保障，人员配置5人。河北省气象信息中心2人、张家口市局1人、前方工作组2人。

（3）网络安全保障岗：负责监控各级网络安全运行情况，及时发现并处置各类网络安全事件。负责冬奥数据专线日常巡检与维护，监控网络设备运行状况、机房动环状态。人员配置3人，河北省气象信息中心、张家口市气象局、前方工作组各1人。

（4）数据质控岗：负责冬奥各类观测数据质量控制。人员配置2人，全部在河北省气象信息中心。

（5）应急保障岗：负责协助系统保障及网络安全岗处理各种应急突发事件。人员配置3名，河北省气象信息中心、张家口市气象局、前方工作组各1人。

上述各类保障岗位均为主备人员设置，出现问题灵活调配确保各系统正常运转。

4.2.2.3 人员到位情况

网信安保组前方工作组人员于2021年11月1日进驻崇礼（表4.4）。

表4.4 信息网络安全保障人员岗位与就位时间表

区域	人员	参与工作	进入参会服务时间
前方工作组	安文献	总协调	2021年11月1日
	田志广	省冬奥调度指挥中心	2021年11月1日
	聂恩旺	信息报送、应急保障（辅）	2021年11月1日
	王磊	网络安全、系统保障（辅）	2021年11月1日
	于海磊	系统保障、信息报送（辅）	2021年11月1日
	闫春旺	系统保障、网络安全（辅）	2021年11月1日
	吴裴裴	应急保障、网络安全（辅）	2021年11月1日
张家口市气象局	李景宇	信息报送、系统保障、网络安全	2021年11月1日
	刘杰	网络安全	2021年11月1日
	谢旭生	系统保障	2021年11月1日
	刘博	应急保障	2021年11月1日
河北省气象信息中心	张艳刚	应急保障	2021年11月1日
	董保华	信息报送、系统保障（辅）	2021年11月1日
	谷永利	数据质控、应急保障（辅）	2021年11月1日
	刘焕莉	数据质控、信息报送（辅）	2021年11月1日
	黄毅	网络安全、应急保障（辅）	2021年11月1日
	张进	系统保障、应急保障（辅）	2021年11月1日
	赵瑞金	系统保障（负责视频会商部分）	2021年11月1日

4.2.3 人影保障

4.2.3.1 人员数量及构成

人影保障组由河北省人影中心、张家口市气象局、张家口各人影作业单位工作人员组成，共27人，其中，省人影中心10人，张家口市气象局3人，各县区气象局14人。

4.2.3.2 岗位设置与人员部署

人影保障组为河北省人影中心、张家口市气象局、张家口市各人影作业单位三级部署，设置作业条件预报与评估岗、飞机作业指挥岗、飞机作业实施岗、地面作业指挥岗、地面作业实施岗、作业装备保障岗6个岗位。

董晓波同志任人影保障组总指挥，派驻冀西北人影基地，主要负责人影服务保障服务保障统筹协调工作，与北京冬奥会人工影响天气中心联合指挥中心、民航空管部门等单位协调联络，根据崇礼赛区天气条件，及时制订飞行计划，组织实施人影作业。

马光同志任人影保障组地面作业总指挥，统筹安排张家口市气象局人工影响天气服务保障工作，协调调度地面作业力量，根据崇礼赛区天气条件，及时制订地面作业计划，组织实施地面作业。

（1）作业条件预报与评估岗：负责人工增雪作业条件预报与会商，提供未来72 h作业条件预报，确定适宜作业区域、作业方式和时间，参加人工增雪作业条件会商，进行效果分析，制作并发布冬奥会张家口赛区人影作业效果分析报告。

（2）飞机作业指挥岗：负责指挥人影飞机开展作业，负责人影作业条件实时监测，人工增雪空地联合作业方案制定，飞机作业计划申报，空地作业联合指挥和作业信息上报等工作。

（3）飞机作业实施岗：负责根据人工增雪作业方案，在张家口赛区及其附近区域，进行空中催化作业。

（4）地面作业指挥岗：负责指挥调度张家口地面作业点开展增雪作业。负责地面人影作业信息上报。

（5）地面作业实施岗：负责按照地面作业方案，实施地面人工影响天气作业，记录并填报作业信息。

（6）作业装备保障岗：在服务保障期间每日巡查网络状况、地面观测设备运行和数据采集状态。机载探测设备每周定期例行维护，执行作业任务期间，按照操作流程完成机载探测设备的检查、维护。

4.2.3.3 人员到位情况

2021年10月1日完成增雪飞机调配、机场保障、空域协调等工作；地面作业装备布设到位，前方工作组陆续进驻冀西北人影基地（表4.5）。

表4.5 人影保障主要人员岗位与就位时间表

区域	人员	参与工作	就位时间
冀西北基地	董晓波	总指挥	2021年10月1日
	马光	地面作业总指挥（兼）	2021年10月1日
	孙玉稳	飞机作业指挥	2021年10月1日
	张健南	作业条件预报与评估	2021年10月1日
	胡向峰	飞机作业实施、飞机作业指挥	2021年10月1日
	吕 峰	飞机作业实施、作业装备保障	2021年10月1日
	王姝怡	飞机作业指挥	2021年10月1日
	李旭岗	飞机作业实施	2021年10月1日
	舒志远	飞机作业实施	2021年10月1日
	蒋士龙	飞机作业实施	2021年10月1日
	杨凯杰	飞机作业实施	2021年10月1日
	王 淼	地面作业指挥	2021年10月1日
	刘慧敏	地面作业指挥	2021年10月1日
张家口市各区县	张桂梅	地面作业实施（赤城局）	2021年10月1日
	王旭海	地面作业实施（崇礼局）	2021年10月1日
	任伟军	地面作业实施（沽源局）	2021年10月1日
	於林林	地面作业实施（怀安局）	2021年10月1日
	杨海杰	地面作业实施（怀来局）	2021年10月1日
	贾振国	地面作业实施（康保局）	2021年10月1日
	鲁建亮	地面作业实施（尚义局）	2021年10月1日
	王 凯	地面作业实施（万全局）	2021年10月1日
	蔺艳斌	地面作业实施（蔚县局）	2021年10月1日
	王建岐	地面作业实施（宣化局）	2021年10月1日
	倪伏跃	地面作业实施（阳原局）	2021年10月1日
	陶 勇	地面作业实施（张北局）	2021年10月1日
	李建忠	地面作业实施（涿鹿局）	2021年10月1日
	马智永	地面作业实施（涿鹿局）	2021年10月1日

4.3 组织运行领域

4.3.1 综合协调

4.3.1.1 人员数量及构成

综合协调组由张家口市气象局及崇礼区气象局、河北省气象局应急与减灾处和政策法规处、河北省气象台、河北省气象信息中心、河北省气象行政技术中心、黑龙江省气象局等单位人员组成，共13人。其中副处级以上领导干部5人，高级工程师以上职称5人。结合综合协调组工作职责，为发挥扁平化管理的优势，减少人力成本投入，综合协调组有8人为赛事服务组、网信安保等专项组兼职人员。

4.3.1.2 岗位设置与力量配备

综合协调组具体负责冬奥气象服务保障期间，前方工作组负责与冬奥气象中心、张家口市冬奥会城市运行和环境建设管理指挥部、北京2022年冬奥会和冬残奥会河北省运行保障指挥部综合办公室（下设省冬奥调度指挥中心）以及省气象局后方各有关单位联系，对接省市赛会、赛事运行保障单位，启动气象风险应急响应，统筹组织应急处置工作。

卢建立同志为组长，负责总体协调指挥综合协调组各项工作。

赛区气象中心协调岗：负责张家口赛区冬奥气象保障服务工作整体协调、工作传达、运行安排，负责与中国气象局、河北省冬奥指挥调度中心、河北省运行保障指挥部竞赛服务分指挥部、项目和配套设施建设分指挥部以及与崇礼区政府及相关部门对接，人员配置5人。

张家口市气象局协调岗：负责与张家口市冬奥会城市运行和环境建设管理指挥部、张家口市相关冬奥筹办单位对接，人员配置1人。

省指挥中心协调岗：负责对接河北省运行保障指挥部及综合办公室，负责面向省领导的决策气象服务，人员配置2人。

场馆内协调岗：负责在做好场馆内赛事气象服务的同时，负责与场馆运行、赛事运行各领域对接协调和信息收集，负责汇总服务需求和服务评价，人员配置5人。

4.3.1.3 人员到位情况

根据工作需要，综合协调组采用分批进驻方式开展工作。最早为2019年7月，1人长期进驻河北省运行保障指挥部综合办公室，最晚为2022年1月22日，进驻崇礼一线开展工作（表4.6）。

表4.6　综合协调组人员岗位与就位时间表

区域	人员	参与工作	进入参会服务时间
张家口赛区冬奥气象中心	卢建立	总协调	2022年1月22日
	李崴	对接冬奥气象中心	2022年1月11日
	何军	对接应急保障督导组	2022年1月22日
	闫峰	对接省冬奥指挥调度中心	2022年1月22日
	刘剑军	对接崇礼区	2022年1月22日
河北省运行保障指挥部综合办公室	田志广	对接省冬奥指挥调度中心	2022年11月
	王凤杰	对接省冬奥运行保障指挥部综合办公室	2019年7月
云顶、古杨树场馆	李宗涛	对接云顶场馆群场馆运行和竞赛团队	2021年10月31日
	段宇辉	对接跳台滑雪场馆运行和竞赛团队	2021年11月12日
	郭宏	对接冬季两项场馆运行和竞赛团队	2021年11月12日
	徐玥	对接越野场馆运行和竞赛团队	2021年11月12日
	姬雪帅	对接张家口市冬奥会城市运行和环境建设管理指挥部	2021年12月20日
张家口市气象局	樊武	对接张家口市冬奥会城市运行和环境建设管理指挥部	2022年1月22日

4.3.2　信息宣传

4.3.2.1　人员数量及构成

信息宣传组由河北省气象局办公室、河北省气象服务中心、秦皇岛市气象局、河北冀云气象技术服务有限责任公司以及相关单位有关工作人员组成，主要成员7人，相关单位有关工作人员兼职信息通信员。其中，副处级以上领导干部2人，科级领导干部2人；高级工程师以上职称2人，工程师1人，女性成员2人。

4.3.2.2　岗位设置与力量配备

信息宣传组分两级部署，分别部署于河北省气象局和张家口赛区气象中心（崇礼区气象局）。根据信息宣传具体任务，分为信息报送、新闻宣传、材料起草、舆情监测4个主要岗位，具体岗位设置、岗位职责与力量配备情况如下：

杨雪川同志任组长，负责信息宣传组全面工作，统筹协调组内成员各项工作，对报送的各类信息、总结等材料审核把关，重点协调媒体记者采访约稿等事项。

李崴同志任副组长，协助组长做好组内工作，重点审核把关信息简报内容和综合性总结材料。

（1）信息报送岗：具体负责收集整理各组每日上报工作信息，制作、报送前方工作组每日工作进展情况，制发前方工作组简报（1人）。

（2）新闻宣传岗：联系各级媒体，组织做好媒体采访、连线等工作，采集、收集前方工作组工作期间图像、音频素材，组织制发各类宣传稿件，协助首席新闻官起草新闻统稿，为各组提供新闻宣传技术协助与培训（2人）。

（3）材料起草岗：负责起草阶段性工作总结、报告等文字材料（1人）。

（4）舆情监控岗：持续做好舆情监测工作，编写舆情简报（1人）。

4.3.2.3 人员到位情况

信息宣传组前方工作组人员于2021年11月1日进驻崇礼（表4.7）。

表4.7 信息宣传主要人员岗位与就位时间表

区域	人员	参与工作	进入参会服务时间
崇礼区气象局	杨雪川	总指挥	2021年11月1日
	李 崴	副总指挥	2021年11月1日
	赵 铭	信息报送、编制简报	2021年11月1日
	谢 盼	新闻宣传、收集素材	2021年11月1日
	关子盛	视频拍摄、收集素材	2021年11月1日
河北省气象局	达 芹	舆情监测、材料起草	2021年11月1日
	张晓亮	材料起草、信息报送	2021年11月1日
各领域	通信员	提供各类宣传素材	

4.3.3 后勤保障

马光同志任组长、杨雪川同志任副组长，统筹负责后勤保障组工作。

后勤保障组负责驻地与工作地的住宿、办公、餐饮、接待、交通、防疫、物资等保障任务，设置住宿保障岗、餐饮保障岗、物资保障岗、办公保障岗、接待保障岗、防疫保障岗、交通保障岗等。结合后勤保障工作特点，后勤保障组实行1人多岗。

4.3.3.1 人员数量及构成

后勤保障组由张家口市气象局、崇礼区气象局、河北省气象局后勤中心、崇礼冰雪奇缘假日酒店（驻地）以及辛集市众慧旅游汽车运输有限公司（通勤车辆）工作人员组成，共17人。

4.3.3.2 人员到位情况

后勤保障组于2021年9月组建并开始运行工作，所有人员10月7日全部到岗进入赛会服务工作（表4.8）。

表4.8 后勤保障主要人员岗位与就位时间表

区域	人员	参与工作	就位时间
前方工作组	马光	总指挥	2021年10月7日
	杨雪川	副总指挥	2021年10月7日
	郝瑛	住宿保障、交通保障	2021年10月7日
	田建东	住宿保障、餐饮保障、交通保障、物资保障	2021年10月7日
	吕洋	住宿保障、餐饮保障、防疫保障	2021年10月7日
	张明虎	餐饮保障、物资保障	2021年10月7日
	耿卫权	交通保障	2021年10月7日
	王济卜	交通保障	2021年10月7日
	张树成	交通保障	2021年10月7日
办公地 崇礼区气象局	刘剑军	副总指挥、物资保障、餐饮保障、住宿保障	2021年10月7日
	张晓亮	接待保障	2021年10月7日
	张佳成	办公保障、交通保障、防疫保障	2021年10月7日
	耿越	办公保障	2021年10月7日
	高剑	交通保障	2021年10月7日
张家口市 气象局	吴学军	交通保障	2021年10月7日
	尹燕振	交通保障	2021年10月7日
	李时安	交通保障	2021年10月7日

第5章　工利其器

—— 张家口赛区气象基础设施建设与重点应用

“工欲善其事，必先利其器”。从2014年第一个气象观测站建设开始到2022年赛事举办，河北省气象局不断地、有序地对赛区综合气象观测系统、预报服务系统、数据与通信系统、人影作业装备、配套设施等方面进行了建设和改造、应用和优化，完善各类气象服务基础设施，为冬奥气象服务保障奠定了坚实的基础。

5.1 综合气象探测系统

张家口赛区气象观测结合了天基、空基和地基，门类比较齐全，布局基本合理的综合气象观测系统，包括气象卫星、探空雷达、激光雷达、微波辐射计和自动气象站等多种观测设备，建立了赛区三维立体综合气象观测网。

5.1.1 天基观测系统

赛区保障过程中，充分利用了气象卫星资料进行气象服务保障，包括风云四号卫星和吉林一号卫星。一是发展了风云卫星的定量遥感反演算法，有效弥补了风云气象卫星业务产品的不足。主要体现在，对于FY-4A AGRI雪表温度的定量反演，填补了FY-4A AGRI陆表温度业务产品没有雪表温度结果的不足；FY-4A AGRI积雪覆盖业务产品改进，则解决了FY-4A AGRI业务算法在中纬度地区将特殊云误判为雪的问题。二是发展了多源遥感数据融合算法，可以将不同数据源的观测优势相结合，得到更加满足实际服务需求的产品（图5.1）。

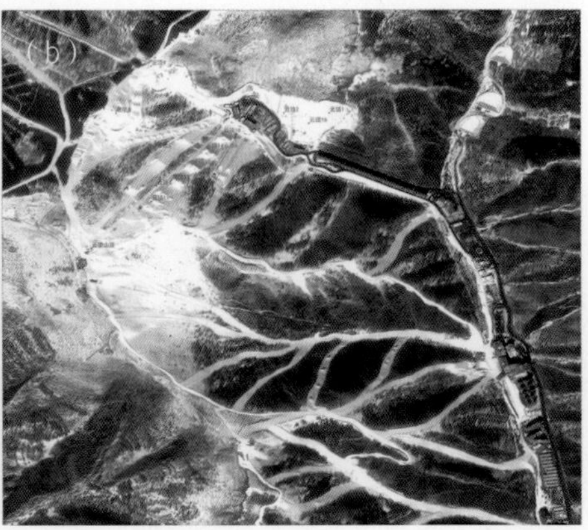

图5.1 古杨树场馆（a）和云顶场馆（b）卫星影像

5.1.2 空基观测系统

5.1.2.1 L波段探空雷达

张家口L波段探空雷达是一种体制较新、自动化程度较高的新型雷达，具有自动化程度高、探测精度高、采样速度快、抗干扰能力强等特点，其新型的探测系统基本实现了探测数据采集、监测和集成的自动化，提高了高空气象资料的质量和精度。L波段探空雷达搭配探空气球和探空仪能获取地面到高空3万m的气温、湿度、气压、风速、风向等气象要素廓线，为冬奥张家口赛区气象服务保障提供了重要的数据支撑（图5.2）。

图5.2 张家口L波段探空雷达

5.1.2.2 系留低空探测系统

建设系留低空探测系统1套。使用中国科学院大气物理研究所研发的KZXLT-II型系留低空探测系统，是集温度、湿度、风速风向、气压于一体的中低空探测系统。系留低空探测系统实现对赛区0～1500 m高度定点连续观测气温、湿度、风速、风向、气压等气象要素，为赛场局地环流特点和冷池现象研究提供了有力的数据资料支撑（图5.3）。

图5.3 张家口赛区系留低空探测系统

5.1.2.3 无人机自动气象探测系统

无人机自动气象探测系统使用的是北京华云尚通CAWS-UAV2000型

图5.4 张家口赛区无人机自动气象探测系统

无人机探测系统，具备出色的载重和续航能力，可实现对张家口赛区低空空气温度、相对湿度、气压、风向、风速等气象要素的高分辨率连续观测，同时搭载环境监测吊舱和视频摄像云台，可以实时采集$PM_{2.5}$、PM_{10}和CO、SO_2、NO_2、O_3等大气成分观测要素，以及视频图像，为赛场低空气象探测试验取得一手观测资料（图5.4）。

5.1.3 地基观测系统

5.1.3.1 雷达探测系统建设

建设康保S波段双偏振雷达1套。雷达站建在康保县土城子镇东井子村，占地面积6626 ㎡，建筑面积1797.32 ㎡，使用北京敏视达雷达有限公司CINRAD/SA型号雷达，2019年完成基础设施建设和雷达吊装，2021年实现业务化运行（图5.5）。

图5.5 康保国家天气雷达站

建设围场X波段多普勒雷达1套。原计划将张北C波段雷达迁建至围场，实际建设过程中，根据需求调整，围场雷达后调整为新建X波段双偏振雷达1套，雷达站建在围场满族蒙古族自治县御道口牧场管理区管委会跑马场北侧，占地面积33 012.32 m^2，建筑面积773 m^2，使用北京敏视达雷达有限公司CINRADXA–D型号雷达，2021年11月初完成设备安装调试，进入业务试运行阶段（图5.6）。

建设崇礼X波段双偏振天气雷达（图5.7）。雷达采用车载方式，使用西安华腾微波有限责任公司YLD1–D型全固态X波段双偏振多普勒天气雷达，2018年完成雷达采购与车载改造安装，具备使用条件。

图5.6　围场国家天气雷达站

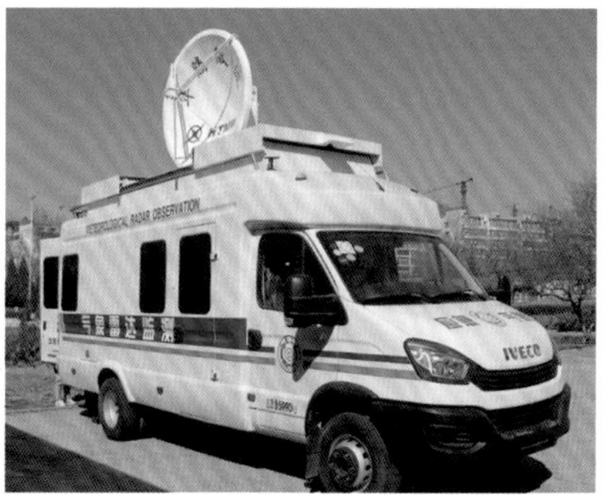

图5.7　崇礼车载X波段天气雷达

5.1.3.2　大气垂直探测能力建设

建设风廓线雷达1套。设备建设地点为崇礼区气象局观测场，使用（无锡）航天新气象科技有限公司YKD2型L波段低对流层风廓线雷达，2019年9月完成建设安装，投入使用（图5.8）。

图5.8　崇礼风廓线雷达

建设微波辐射计1套。设备建设地点为崇礼区气象局观测场，使用北京爱尔达电子设备有限公司YKW2型地基微波辐射计，2018年完成安装，投入使用（图5.9）。

建设全球导航卫星系统遥感水汽探测（GNSS/MET）站1套。设备建设地点为崇礼区气象局观测场，使用北京麦格天渱科技发展有限公司天宝NET R9型设备，2018年8月完成建设安装，投入使用（图5.10）。

建设云雷达1套。原计划建设在崇礼，后根据实际保障需求，在张家口市区和崇礼区各建设1套。其中，1套设备建设地点为崇礼区气象局观测场，使用北京爱尔达电子设备有限公司YLU5型全固态Ka波段毫米波测云仪；1套设备建设地点为冀西北人工影响天气基地，使用西安华腾微波有限责任公司YLU1型全固态Ka波段毫米波测云仪，设备均于2018年完成建设安装，投入使用（图5.11）。

建设激光测风雷达1套。设备建设地点为崇礼区气象局观测场，使用青岛华航环境科技有限责任公司WindPrint V2000型激光测风雷达，2019年8月完成建设安装，投入使用（图5.12）。

5.1.3.3 赛场自动气象站建设

建设奥运村及赛区场馆多要素自动气象站3套和赛道9要素自动气象站新建18套。根据实际需求以及国际雪联要求，张家口赛区场馆和赛道核心区实际共建设各类气象站44套。

2014年（申办期），新建云顶山底、云顶山腰、云顶山顶、太舞、跳台左翼、跳台中部、跳台右翼和跳台山底共8个站，设备均为（无锡）航天新气象科技有限公司DZZ4型自动气象站，其中跳台区域站点为机械风测风站，跳台中部站因跳台场馆施工，于2021年8月迁建至最终站址。

2016年，新建跳台山顶、跳台起点、跳台终点共3个站，设备均为（无锡）航天新气象科技有限公司DZZ4型自动气象站，全部为机械风测风站，其中跳台起点、跳台终点站因跳台场馆施工和赛事保障需要，于2021年9月由原址迁至现址，并根据新址位置分别改称大跳台1/2K点站、标准台1/2K点站，同时观测方式由机械风改造为超声风。

2017年，新建云顶1号、2号、3号、4号、5号、6号，冬两1号、2号、3号、4号、5号，越野1号、2号、3号共14个站，除冬两1号站、越野1号站设备为（无锡）航天新气象科技有限公司DZB4型便携式自动气象站外，其他站点均为该公司DZZ4型自动气象站，因赛事运行需求，2021年8月，冬两1号站风传感器由机械风改造为超声风，越野1号站由便携站改造为固定站；受场馆施工的影响，2021年6月，冬两5号站和越野3号站由原址迁至现址。

2018年，又新建云顶7号、8号、9号、10号，共4个站，其中云顶7～10号站为机械风测风站，设备为（无锡）航天新气象科技有限公司DZZ4型自动气象站。

2019年，又新建云顶11号、12号、13号、14号、15号、16号、云顶大酒店站共7个站，除云顶大酒店站外，全部为超声风测风站，各站点设备均为（无锡）航天新气象科技有限公司DZZ4型自动气象站，因赛事运行需求，2021年6月，冬两13号站、16号站由原址迁至现址。

2021年，新建云顶17号站、18号站、大跳台起跳点、标准台起跳点、跳台起跳点、跳台K点、冬奥村、颁奖广场站共8个站，云顶17号、18号、大跳台起跳点、标

图5.9 崇礼微波辐射计

图5.11 崇礼云雷达(a)和冀西北人工影响天气基地云雷达(b)

图5.10 崇礼全球导航卫星系统遥感水汽探测站

图5.12 崇礼激光测风雷达

图5.13　云顶4号自动气象站

准台起跳点站为超声风测风站，设备为中环天仪（天津）气象仪器有限公司DZZ6型自动气象站；跳台起跳点、跳台K点站设备为该公司DZB2型便携式自动气象站；冬奥村站设备为（无锡）航天新气象科技有限公司DZB4型便携式自动气象站，颁奖广场站设备为该公司DZZ4型自动气象站（图5.13、图5.14）。

图5.14　云顶6号自动气象站

5.1.3.4　赛区周边多要素自动气象站升级建设

升级赛区及周边县区7要素自动气象站70套，在张家口市根据赛区预报服务需求，选取70个区域气象站进行了设备升级，设备均为华云升达（北京）气象科技有限责任公司的DZZ5型自动气象站，观测要素共气温、气压、湿度、风向（机械）、风速（机械）、降水（称重）、积雪深度7个要素（图5.15）。

图5.15　70个多要素气象站布局图

5.1.3.5 应急移动系统建设

建设移动气象应急监测系统，1套气象装备应急保障系统由中环天仪（天津）气象仪器有限公司提供，1套气象应急监测预警移动指挥系统由河北远东通信系统工程有限公司提供，16套便携式6要素自动气象监测站设备为（无锡）航天新气象科技有限公司DZB4型便携式自动气象站（图5.16）。

图5.16 应急移动指挥系统

5.1.3.6 交通气象监测系统建设

根据服务需求，建设45套交通气象观测站及4套航空气象观测站。

2018年，新建10套交通气象站，设备采用凯迈（洛阳）环测有限公司CAMA-JT公路交通气象观测站，包括气温、湿度、风向（机械）、风速（机械）、降水、路面温度、路基（-10 cm）温度、路面状况、能见度/天气现象9个观测要素。

图5.17 云顶航空站

2019年，新建35套交通气象站和4套航空气象观测站（图5.17）。其中交通气象站设备采用北京华创维想科技开发有限责任公司CAMS620型公路交通气象观测站，包括气温、湿度、气压、风向（机械）、风速（机械）、实景监控7个观测要素；航空气象观测站设备采用中环天仪（天津）气象仪器有限公司DZZ6型自动气象站，包括气温、湿度、风向（超声）、风速（超声）、气压、能见度、降水现象、紫外辐射、总辐射、反射辐射、大气长波辐射、地面长波辐射、净全辐射13个观测要素。

5.1.3.7 赛区试验站

为研究探测不同地形处气象要素的特征及其对赛区局地环流的影响，从2018年开始，陆续在赛场（圆形区域）的上游（西北偏西方）和赛场周边部署8部微波辐射计、8部测风雷达以及11套地面自动站，主要探测温度、湿度和风场的三维分布。在上游的三条山沟的山脊、山谷部署19套地面自动站，赛场及周边分别部署9套地面自动站（图5.18、图5.19）。

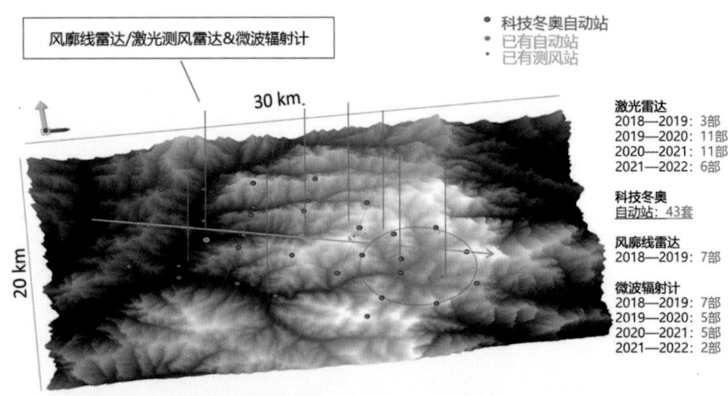

图5.18　观测试验布局示意图

图5.19　山脊自动气象站

5.2　预报服务系统

冬奥张家口赛区根据赛事气象服务需求，构建和应用了多维度预报系统、现场服务系统、气象风险系统、雪质风险系统、交通服务系统、人影指挥系统、舆情监控系统、冬奥气象服务网站等多种预报服务系统，满足冬奥赛事不同气象服务需求。

5.2.1　多维度预报系统

冬奥多维度预报系统由北京市气象局开发建设。其主要功能有0～24 h逐小时、24～72 h逐3 h、72～240 h逐12 h预报制作、预报实时检验、客观预报显示、气象风险显示、系统管理等。该系统主要供WFC预报员用于预报制作（图5.20）。

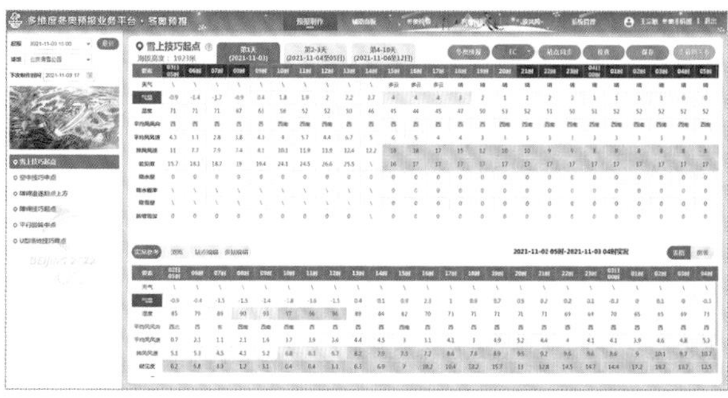

图5.20 冬奥多维度预报系统

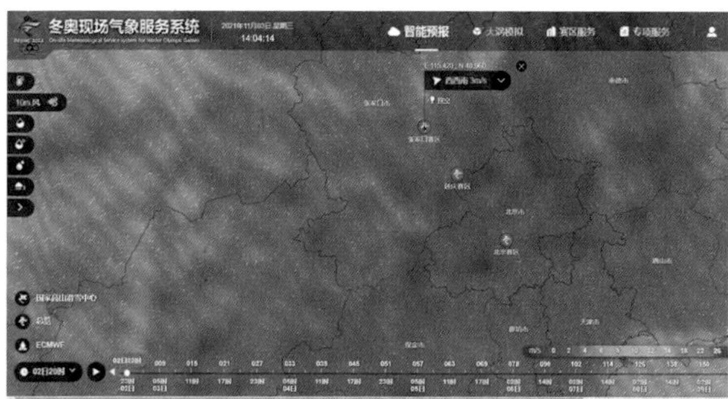

图5.21 现场服务系统

5.2.2 现场服务系统

冬奥现场服务系统由北京市气象局开发建设。其主要功能为智能预报、大涡模拟结果的展示，以及赛区专项服务。该系统主要供WIC预报员用于现场服务（图5.21）。

5.2.3 赛事气象风险系统

通过赛事气象风险系统建设实现赛道雪面高影响天气精准化预报，预报精细到不同赛道以及赛道的不同地点；建立降水、沙尘等高影响天气的赛事风险及人工造雪风险阈值体系，形成适用于张家口赛区复杂地形下的精细化预报及风险预报产品。

系统共分为赛道雪面气象要素短期预报子系统、赛事用雪风险天气预报子系统和预报分析制作平台三部分。分别利用大数据分析、动力降尺度等技术，构建冬奥会赛事用雪0～10 d无缝隙、全覆盖气象要素的预报，建立高温融雪、沙尘、降雪等高影响天气风险预报系统，对各模式预测产品进行多模式集合，发布“全覆盖、无缝隙”的预报产品，满足冬奥会雪务工作对气象的需求。

5.2.4 雪务专项气象风险评估系统

雪务专项气象风险评估系统由河北省气候中心（河北省气象局）承担建设，根据冬奥雪务气象保障服务需求，基于冬奥赛区专用数据环境和针对不同赛事的气象条件风险指标体系、雪层质变判别和风险预警模型，建成了雪务专项气象风险评估系统。该系统实现了冬奥赛区气象数据的监控和管理、查询统计、风险分析、赛事风险管理、造雪适宜性评估以及冬奥赛事年度气象风险评估报告自动生成等功能。依托该系统可以进行气候风险等级和雪质变化等级的研判，制作风险产品和开展气象评估业务，可为冬奥赛区赛事用雪、储雪提供气象保障服务。该系统包含三大主要功能模块：

（1）造雪适宜性气象条件评估模块。实现造雪适宜性气象条件指标构建，进行赛道各窗口期的造雪气象条件评估。

（2）赛事气象条件风险评估模块。根据冬季两项和跳台滑雪、空中技巧、越野滑雪等不同赛事的风速、风向、温度等要求，结合极端气候事件指标开展气象风险概率指标构建，实现赛事气象条件风险评估。

（3）雪层质变与融雪风险评估模块。通过构建积雪特性要素变化与敏感气象要素之间的定量关系，建立雪层质变指标和融雪风险指标，实现赛期雪层质变与融雪风险评估产品的制作发布（图5.22）。

图5.22　雪质风险系统

5.2.5　交通服务系统

根据冬奥交通气象服务需求，针对冬奥交通气象服务需求进行升级，后台运行和前台操作并举，冬奥赛区周边高速公路沿线天气实况、天气预报于系统后台自动完成制作和推送，交通气象服务专报在后台数据加工的基础上进行前台编辑和发布。冬奥会航空气象服务保障系统基于气象服务流程经验和冬奥赛区直升机救援对气象条件的需求定制开发，具有展示赛区及周边区域天气实况、实时报警危险天气、制作发布积冰、颠簸等航空定制风险等级预报产品和直升机起降点、京津冀区域飞行气象条件分析报告的功能。

路面交通服务系统主要包括冬奥赛区周边高速公路沿线天气实况、天气预报、交通气象服务专报等制作功能。主要包括冬奥交通关键点位置示意图、交通关键点未来24 h逐小时天气预报、高速公路沿线高影响天气风险提示（图5.23）。

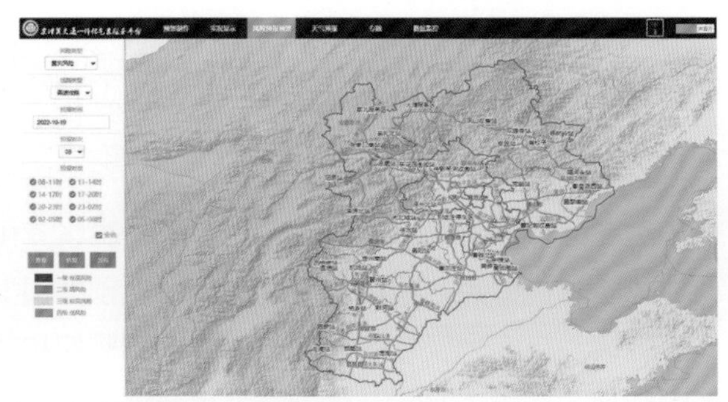

图5.23　路面交通服务系统

冬奥会航空气象服务保障系统实现了多源气象观测遥感数据的显示、监测、高值报警功能；网格预报、数值模式预报的显示、基于航空指标算法的加工功能；常规和临时航空气象服务专题的生成、审核、发布功能；航空危险天气个例入库功能；多行业用户分类管理功能（气象服务人员、机组和地面保障人员）。可以提供全面的实况、预报资料，为值班人员做好航空气象保障服务提供有力支撑；提供多种主客观预报产品，辅助飞行机组、地面保障人员决策（图5.24）。

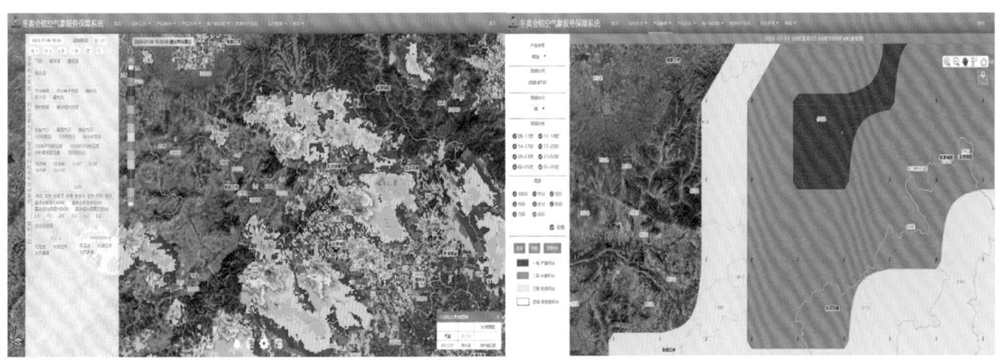

图5.24 冬奥会航空气象服务保障系统

5.2.6 人影指挥系统

根据冬奥会增雪人影保障服务需求，利用赛区的气象常规观测资料、特种观测资料、气象预报产品等资料，开发建设降雪云系实时监测及人影三维决策指挥系统，实现数据采集处理、雪情监测、作业三维决策指挥、作业移动监控指挥以及飞机探测数据处理分析功能（图5.25）。

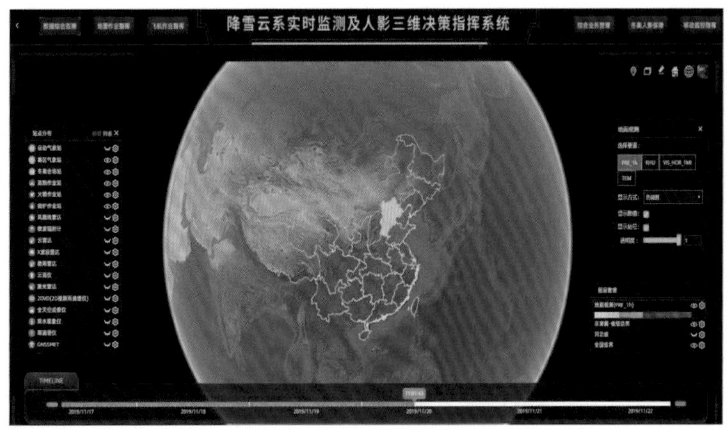

图5.25 降雪云系实时监测及人影三维决策指挥系统

5.2.7 舆情监控系统

河北省气象局依托中国气象局舆情监测系统开展冬奥舆情监测工作。该系统由人民舆情数据中心根据气象部门特定需求而定制化开发，由舆情预警、区域监测、实时监测、重点媒体、热点事件等十大模块组成，能够及时、准确、全面地监测平面媒体、新闻网站、论坛、博客、微博、微信、新闻客户端等；第一时间通过电话、短信、微信、邮件等多种形式发送舆情预警信息；并在监测、预警的基础上进行数据的抽取、挖掘、聚类、分析，提供直观、全面的舆情信息，便于及时梳理网络热点事件、言论和观点（图5.26）。

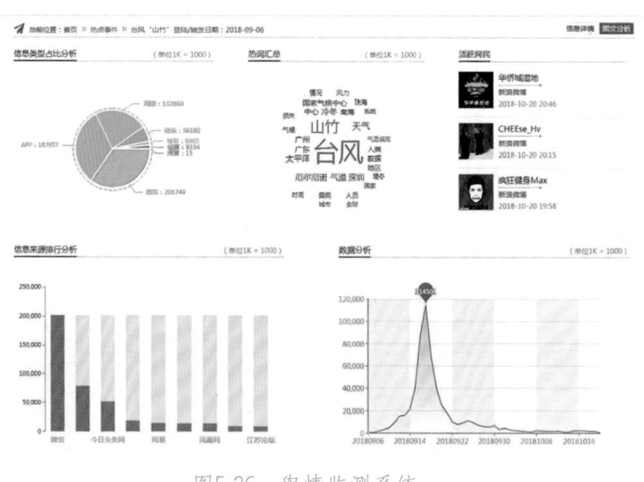

图5.26　舆情监测系统

舆情监测系统对互联网信息进行7×24 h实时监测和采集，监测范围可根据需要进行针对性的调整，可以对获取的信息进行全面检索、自动消重，在分析层面可进行主题演化分析、时间趋势分析、话题传播分析。系统通过预先设置的敏感词库，再将监测信息与敏感词库进行对比，将与气象部门相关的敏感信息、负面信息在系统中实时展现，及时发现舆论热点。系统除了能够做到内置舆情危机预警功能外，还提供7×24 h人工预警服务，主要通过手机短信、微信、QQ、电子邮件、电话等多种方式预警。系统智能识别与人工修正两种方式的结合第一时间、科学准确发现舆论关注热点，实时掌握新闻热点事件发展态势。

系统将冬奥气象保障服务设置为热点事件开展了专项监测。根据具体需求设置了关键词、舆情监测起止时间，获取事件有关的信息及其来源、数据统计、走势分析等内容，从而对冬奥会和冬残奥会气象服务保障舆情有了更加清晰和全面的了解。

5.2.8 冬奥气象服务网站

北京2022年冬奥会和冬残奥会气象服务网站（以下简称“冬奥气象服务网

站”）是面向国际奥委会、冬奥组委和赛事管理者以及参赛者、教练员、公众观赛群体和媒体报道等用户，提供全天24 h的奥运气象信息服务的网站，是代表中国气象局对外提供冬奥公众气象服务唯一、权威的网站，2021年10月起，正式代表中国气象局对外提供冬奥公众气象服务，全面提供覆盖包括张家口赛区11个站点在内的全部3个赛区精细化预报（图5.27）。

冬奥气象服务网站（图5.28）整体包括面向用户提供中、英文双语，PC端、移动端4个版本的服务，网站涵盖首页、赛区实况、比赛项目、天气分析图、周边天气和科普等8个频道，数据内容包括场馆实况、场馆预报、灾害天气、交通实况、交通预报、云图、雷达、天气分析图、城镇预报和科普等十大类59种数据。为了满足冬奥赛事气象服务所需，面向公众展示高精度数据服务产品，网站将以冬奥赛场为核心建设的440余套分钟级观测实况数据、百米级逐10 min更新的预报产品全部接入，全面展示三大赛区（北京、延庆、张家口）12个比赛场馆、6个非竞赛场馆，共计59个站点多要素逐1 min、逐5 min、逐10 min、逐30 min、逐60 min实况。32个站点0～24 h（逐小时）、24～72 h（逐3 h）、4～10 d（逐12 h）预报，并提供实时下载功能。

网站接入并展示风云四号多种类卫星云图、华北区域及康保等4个单站雷达图、地面天气分析及100～925 hPa高空分析图。实现通过GIS直观展示三大赛区12个比赛场馆和6个非竞赛场馆的灾害性天气提示信息。提供124个高速、国道、交通枢纽、汽车客运站、机场天气服务。为北京、河北及全国省会共68个周边城镇提供72 h内逐3 h预报服务，并采用视频形式科普天气对冬奥运动的影响。

图5.27　冬奥气象服务网站

图5.28　冬奥气象服务移动端（左:中文,右:英文）

5.3 数据与通信系统

根据冬奥气象服务对数据与网络通信环境要求，分别升级改造多点高速网络通信环境，完善信息安全保障体系，升级会商会议系统，备份冬奥气象业务系统，保障了冬奥气象服务数据环境稳定和网络通畅。

5.3.1 多点高速网络通信环境改造

5.3.1.1 优化网络运行环境，提升基础运维能力

参照《GB 50174—2017》B类机房设计标准，建设张家口市气象局冬奥数据中心。采用模块化设计，实现智能化管理，实时对机房供电、环境、空调等系统进行状态监控，可通过电脑终端、移动客户端以及手机短信等多种方式实现快速便捷监控报警。对张家口市气象局局域网进行重新规划，优化办公楼综合布线，建成主干万兆、千兆桌面的高速业务网。提升互联网专线带宽，办公楼实现无线覆盖（图5.29）。

图5.29 张家口市气象网络机房

图5.30 崇礼气象局网络机房

参照《GB 50174—2017》B类机房设计标准建设崇礼信息网络机房（图5.30）。UPS功率54 kW，待机4 h，后备供电系统配置150 kW柴油发电机组，具备断电自动切换功能，保障冬奥气象服务中心（崇礼局）应急供电。建设冬奥气象服务中心专网，采用扁平化网络架构，主干万兆、千兆桌面布局。新建设互联网专线，专门用于冬奥气象中心。升级无线网络设备，启用实名认证、授权接入方式保障无线网安全。采用联通5G技术，建设冬奥服务网络备份链路。对核心交换机、5G路由器、分布式服务器等采用主备措施，确保设备发生故障后第一时间进行切换。

5.3.1.2 建设冬奥专网，满足冬奥服务系统需求

建设河北省气象局—北京市气象局、河北省气象局—崇礼区气象局、张家口市气象局—崇礼区气象局冬奥专线，专线带宽为50 Mbps，同时采用5G通信技术，建设河北省气象局—崇礼区气象局5G无线通信链路作为专线备份，确保冬奥气象数据稳定、可靠传输。完成省局—冬奥组委线路建设，专线带宽为100 Mbps。完成张家口赛区4个场馆冬奥气象专线建设，专线带宽为100 Mbps，并完成云顶场馆群间局域网建设，满足云顶A、B、C 3个比赛区域的气象服务需求，实现所有场馆可访问北京、河北冬奥系统及互联网需求（图5.31）。

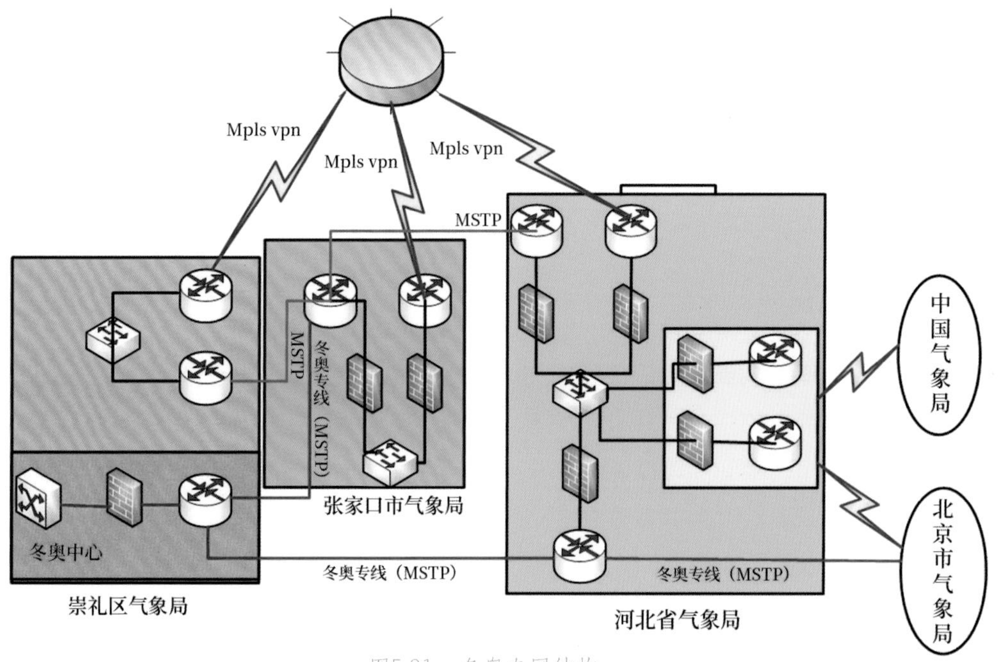

图5.31　冬奥专网结构

5.3.2 信息安全保障体系完善

通过部署网络安全设备、网络安全软件及购买服务的形式对冬奥业务系统安全防护、安全监管和安全审计，形成信息系统安全防护体系。河北省气象局网络拓扑分为互联网区、互联网DMZ区、业务区、南北办公区、网管区和广域网。互联网区部署USG防火墙、ASG上网行为管理、VPN设备；互联网DMZ区部署WAF防火墙；其他边界区域均部署防火墙；网管区部署日志审计、网管平台eSight、安全态势感知平台、流量探针等设备。采取资产梳理、渗透测试、漏洞扫描等方法，开展网络安全风险排查，提升网络安全防护能力。

完善张家口市气象局和崇礼区气象局信息网络与安全体系，增强冬奥会服务专网信息网络安全综合防御能力。一是按照功能和需求将整个网络划分为核心区、气象广域网接入区、互联网接入区、气象预警信息发布区、业务办公区、运维管理区和行业用户接入区等不同的安全区域，针对每个区域安全需求在区域边界部署了相应的安全设备，根据区域中业务的安全性要求和风险程度，设置不同的安全措施和安全策略。在互联网接入区部署2台负载均衡设备，实现对于业务流量分担到不同的出口链路和链路的负载均衡，保证业务的稳定性和可靠性。通过部署上网行为管理、IPS及下一代防火墙各2台进行安全防护，保证内部网络的整体安全，提供对来自互联网的外部用户接入服务。

张家口市气象局增加运维管理区，部署安全管理平台、入侵检测、日志审计、漏洞扫描系统、堡垒机、网络杀毒等一系列系统，实现全网的设备、主机、应用等进行统一的管理和管控。在省、市气象局部署安全态势感知平台和安全监测探针，崇礼区气象局部署安全监测探针，实现省、市、县三级网络安全整体监控、市县分级监控。办公区多为办公终端电脑，终端作为网络中最后一个节点，部署桌面安全管理（含杀毒、补丁等功能）软件。保证最终使用者的安全。

建设用于冬奥气象信息综合监控与可视化平台软件运行的硬件环境。定制开发冬奥气象信息综合监控与可视化平台软件1套。实现面向广域网链路、网络设备、服务器、数据库、中间件等IT（信息技术）资源的实时监控；同时，对接机房动力环境监控数据，满足信息中心集中化、一体化维护管理需要。

5.3.3 会商会议系统升级

建设云视频系统，购置云视频终端15套、终端授权10个，用于冬奥会赛时比赛现场气象服务人员与北京、河北两地气象指挥中心等多方实时会商、会议的组织。

对张家口市气象局、冬奥河北气象中心（崇礼）和冀西北人工增雨基地的会商会议系统进行升级，购置2台华为TE40和2台华为BOX600会议终端，替换原有Cisco会议终端。冬奥河北气象中心（崇礼）建设无线投屏系统，更新会议音响扩展设备，优化音频处理设备，实现天气会商系统、腾讯视频会议、小鱼视频会议、瞩目视频会议4种会议模式融合接入（图5.32）。

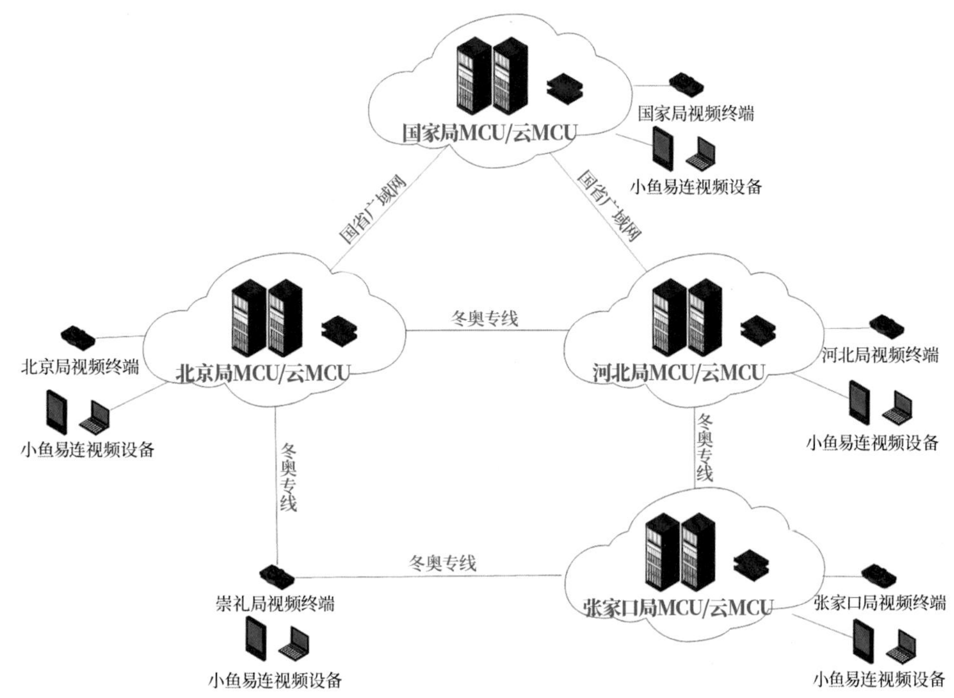

图5.32 冬奥会商会议系统

5.3.4 冬奥气象业务系统备份

一是建设冬奥备份系统，统筹30台服务器构建北京冬奥气象服务系统备份，部署了冬奥气象数据环境、冬奥气象综合可视化系统、多维度冬奥预报业务平台、冬奥现场气象服务系统和监控系统。与北京市气象局协调数据传输方案，做好系统及数据监控。

二是省级冬奥业务系统，对河北省的冬奥预报精细化显示系统、河北省人影作业分析决策指挥系统（CPAS）、河北省人影产品发布和信息管理系统、降雪云系实时监测及人影三维决策指挥系统等进行二级等级保护测评，实现虚拟机和物理主机的互备（图5.33）。

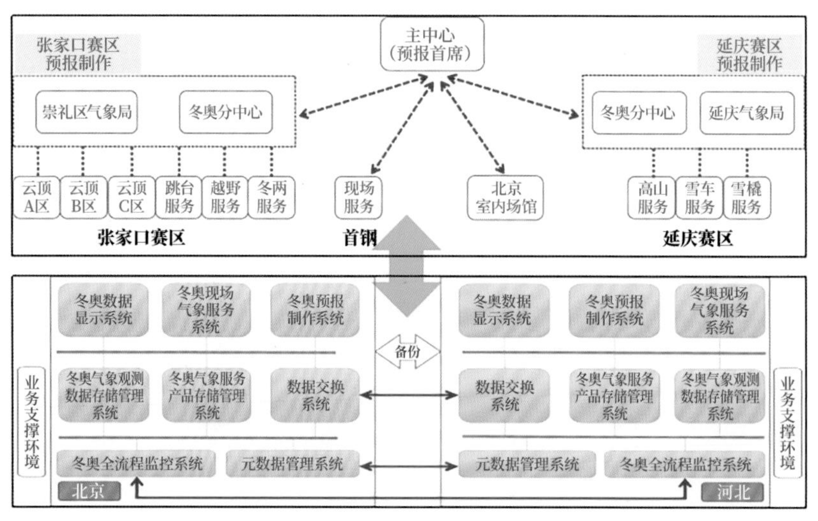

图5.33　冬奥业务系统备份结构图

5.4　人影作业装备

冬奥会张家口赛区人影作业装备主要使用了人影飞机、火箭作业系统和碘化银发生器，根据不同的作业条件，为冬奥会张家口赛区开展人工增雪服务。

5.4.1　人影作业飞机

服务于冬奥会张家口赛区的人影作业飞机主要为部署在张家口宁远机场的运–12飞机，部署在正定国际机场的空中国王飞机，以及部署在唐山三女河机场作为机动保障力量。同时，根据天气条件和任务需求，河北省、北京市、山西省的多架人影作业飞机协同开展保障工作。（图5.34、图5.35）

图5.34　冬奥运–12飞机

图5.35　“空中国王”350飞机

飞机机载播撒器，由播撒架、控制器和电缆组成。在飞机机身的两边各有1个播撒架。运-12飞机安装有28根烟管，空中国王350安装有36根烟管。

5.4.2 火箭作业系统

冬奥会崇礼赛区的地面人影作业任务主要由火箭作业系统完成，张家口市气象局安排部署并统一调度23套火箭作业系统开展作业。火箭发射系统一般由发射架、火箭弹、电子点火器以及牵引车辆等共同构成，根据指挥部任务指令，由作业队伍驱车至指定地点完成作业（图5.36）。

5.4.3 碘化银发生器

为更好地完成崇礼赛区周边景观增雪任务，27部碘化银发生器布设在崇礼赛区周边的高山地带，在具备作业条件时通过远程控制终端开启，将碘化银粒子直接释放至空气中，并借由迎风坡气流带到云中适当部位发挥效应（图5.37）。

图5.36　火箭作业系统

图5.37　碘化银发生器

5.5　配套基础设施升级

为解决冬奥会张家口赛区气象服务保障工作场所，升级改造了2022冬奥会张家口赛区气象中心（崇礼区气象局）、冀西北人影基地等配套基础设施。

5.5.1　2022冬奥会张家口赛区气象中心（崇礼区气象局）

张家口市崇礼区气象局位于张家口市崇礼区西湾子镇裕兴路59号的办公新区内。业务楼由区政府投资兴建，主楼于2014年完成建设，建筑面积1300 m^2，根据北京冬奥会气象服务需要，经多次功能布局和设施完善，并加挂“2022冬奥会张家口赛区气象中心”牌，是北京冬奥会张家口赛区的主要气象服务保障和人员工作场所，为北京冬奥会和冬残奥会筹办及举办提供全方位的气象服务保障支撑。2019年，崇礼区气象局完成建筑面积396 m^2的附属用房主体建设，依托冬奥会张家口赛区气象中心（崇礼）保障能力建设项目和上级支持，设置了后勤保障功能分区，包括食堂、宿舍、库房、配电等，并进行内外装修和配套设施建设，有效提高了崇礼区冬奥会后勤服务保障和气象服务能力。

“2022冬奥会张家口赛区气象中心”位于崇礼区气象局业务楼二楼，面积140 m^2，先后投入建设经费190万余元。中心内部设置会商功能区（含会商大屏、会商桌和会议桌）、10个分场馆预报服务工作平台（含11个一机四屏电脑工作台及15块液晶电视显示屏）、信息网络支撑功能区等，是冬奥预报服务团队主要工作场所，团队连续5个冬季在此驻训，张家口赛区各类赛事预报服务产品均由此制作发出（图5.38）。

图5.38　2022冬奥会张家口赛区气象中心

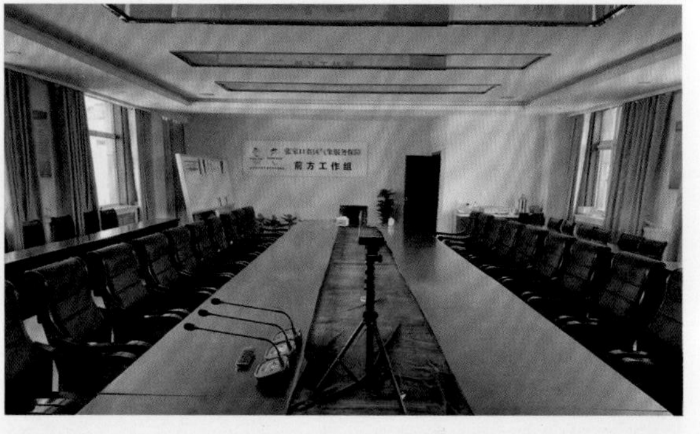

图5.39　冬奥会张家口赛区气象服务保障前方工作组

前方工作组指挥中心位于崇礼区气象局业务楼三楼，面积140 m^2，是河北省气象局北京冬

奥会、冬残奥会前方工作组主要工作场所，内设会商大屏、会议桌及工作台，前方工作组下设的8个专项工作组在此办公，北京冬奥会、冬残奥会张家口赛区赛时气象保障重大决策部署指令均在此研究发出（图5.39）。

2021年建成了以“冰雪气象”为主题的冬奥科普馆，总体设计秉承“让社会了解气象，让气象服务社会”的宗旨，综合运用声、光、电高科技手段的完美结合和趣味互动，展示了河北冬奥智慧化气象服务、完备的气象设施建设以及崇礼独特的气候特点与冰雪运动的魅力，让公众能够科学、直观、形象地学习和掌握冰雪运动气象灾害的成因、危害及防范措施，深度体会到气象与冰雪运动的密切联系。

崇礼冬奥气象科普馆，位置建在崇礼区气象局一楼，面积140 m^2，展示主题包含崇礼气候特点、申奥历程、冬奥气象科技成果、精细化预报服务成果、气象探测设备建设、人影工作助力、张家口冰雪经济发展、领导关怀和党建业务融合等内容。采用了内容丰富、形式多样的布展方式和投影、大屏、VR互动体验、冰雪造型等多种具体技术和手段，将现代感、科技感和知识性、互动性有机融合于科普馆中，提升宣传和科普的效果。

崇礼冬奥气象科普馆建成后，接待参观体验团体达到50批次，接待人数约为2600人次，为公众走近冬奥气象服务保障工作，了解智慧气象和冰雪运动，提供了良好的体验与展示平台（图5.40）。

图5.40 崇礼·冬奥气象科普馆

5.5.2 冀西北人影基地

冀西北人影基地是2022年冬奥会气象服务保障重点工程之一，由河北省发改委和张家口市政府联合投资建设，项目总投资600万元。2017年基地开工建设，2019年正式投入使用。基地建筑面积约500 m^2，建有空地联合作业指挥调度中心、人影远程会商室、弹药装备存储库房等，具备承担冀西北地区作业天气过程联合会商、空地一体化作业计划和作业方案的制定、作业实时监控和跟踪指挥、作业实施、云降水物理探测、催化剂储存及作业信息的收集上报等综合保障功能。基地建成了由人影作业指挥分析决策系统、飞机实时跟踪指挥系统、地面标准化作业点视频监控系统、人影装备弹药物联网管理系统、空地甚高频通信电台、作业信息实时上报系统等组成的人工影响天气指挥调度平台，具备开展区域空地一体化人工增雨（雪）

图5.41　冀西北人影基地

联合作业、应急人影服务及重大活动保障的能力（图5.41）。

基地建设完成了冀西北人影基地文化长廊，包括冬奥重大活动保障、张家口“首都两区”建设等10个主题栏目。冀西北人影基地作为北京冬奥人影保障的前沿阵地，为重大活动保障工作做出了巨大贡献。

第6章　技高一筹

——张家口赛区气象核心技术攻关应用

6.1 观测技术

6.1.1 站网布局设计

6.1.1.1 赛事核心区自动气象站

用于为赛事运行气象预报服务保障提供支撑，各观测站观测要素和站点布局主要由国际雪联技术专家和气象预报服务团队根据赛事需求而确定。共建成44个站，其中云顶滑雪公园22个，冬季两项中心5个，越野滑雪中心3个，跳台滑雪中心11个（FOP区6个），冬奥村、颁奖广场、太舞滑雪场各1个。期间，许多站因场馆、赛道建设规划调整及施工进度安排等原因进行了迁建和改建，7年累计新建、迁建、改建99站次。

6.1.1.2 赛区周边7要素自动气象站

观测要素包括气温、气压、相对湿度、风向、风速、称重式降水和积雪深度，用于为赛事运行和赛会运行气象预报服务保障以及后奥运时期冰雪运动和文化旅游发展及气象防灾减灾等提供支撑。自动气象站共建成70个，分布在张家口市13个县区。

6.1.1.3 张家口（康保）S波段双偏振天气雷达

用于提升张家口赛区天气的监测预警能力，弥补复杂地形条件下对赛区天气监测能力的不足。由中国气象局气象探测中心综合考虑冬奥会赛事气象服务保障需求、全国天气雷达站网布局以及张家口区域地形地貌特点等因素，最终选定建于康保县土城子镇东井子村。

6.1.1.4 风廓线雷达、微波辐射计、云雷达、GNSS/MET站

用于增强对冬奥会张家口赛区大气垂直结构的全天候探测能力，为精细化天气诊断及预报预警提供依据，同时综合考虑便于设备供电、网络传输及运维保障等因素，选定建于崇礼区气象局。

6.1.1.5 交通气象监测站

根据冬奥会赛时精细化交通气象预报预警服务需求，在张家口市境内张承高速、京藏高速、海张高速、宣大高速、京新高速、京礼高速、张石高速、张涿高速、二秦高速等高速公路沿线共建成45个站。其中，2018年建成的10个站观测要素

包括气温、湿度、风向、风速、降水、路面温度、路基温度（–10 cm）、路面状况、能见度/天气现象；2019年建成的35个站观测要素包括气温、湿度、气压、风向、风速、实景监控。

6.1.1.6 航空气象观测站

根据救援直升机气象服务保障需求，在云顶滑雪公园、古杨树场馆群、某军医院、张家口市华奥医院4个救援直升机停机坪各建成1个航空气象观测站，观测要素包括气温、湿度、超声波风向、超声波风速、气压、能见度、降水现象、紫外辐射、总辐射、反射辐射、大气长波辐射和地面长波辐射、净全辐射。

6.1.1.7 移动气象应急保障监测系统

包括气象应急移动指挥系统1套，气象装备应急保障系统1套，包括X波段双偏振天气雷达，以及6要素便携式自动气象站16套，具备可靠的气象通信指挥功能，用于保障设备正常运行及突发状况的应急处置，对赛场气象应急需求提供快速的实时监测、预测和预警信息。

6.1.2 风的观测

6.1.2.1 三维秒级风观测

为了更好地观测赛区风的情况，对赛区进行秒级、三维风数据采集和传输。三维超声风传感器有6个超声波探头，超声波探头具备发射和接收超声波功能，探头两两距离20 cm相对，形成3条测量路径并彼此垂直。电子控制系统用于选择各自的测量路径及其测量方向。当开始测量时，执行6个单独测量的序列。在预选会定时周期地测量路径的6个方向。测量方向（声波传播方向）顺时针旋转（从上方看），先从上到下再从下到上。根据测量速度和输出速率选择并用于进一步计算，从路径方向的6个单独测量中求出平均值。静止空气中的声音传播速度是由空气的速度分量叠加而成的。声音传播方向上的风速分量叠加传播速度，也就是说，同向风速增加了声音传播速度，而反向风速分量降低传播速度。由叠加引起的传播速度导致在不同的风速和方向上的声音在固定的测量路径上传播的时间不同。由于声速很大程度上取决于空气温度，所以在两个方向上各有3个测量路径测量声音的传播时间，这就排除了温度对测量结果的影响。随着3个测量路径垂直的相互关系，测量结果的总和与三维风速矢量角保持在垂直的相互关系矢量元件的排列形式。在测量速度分量 u、v 和 w 之后，将它们转换成由数字信号处理器（DSP）选择的输出格式，然后输出。

赛区所有测风传感器，不管是机械风和超声风传感器，采集频率均不小于4次/s，然后对采样数据进行3 s滑动平均，计算出每秒风数据，即每秒数据由12组数据进行平均。同时升级改造采集器固件记录每秒数据，考虑传输能力及稳定性，每分钟进行1次传输，传输时将60 s的风数据进行压缩、打包后统一上传到数据中心站，再由数据中心站解析入库。

为定量化总结对跳台比赛有直接影响的FOP区的风，在跳台的起跳点和K点安装两套便携气象站，实现分钟级观测；在普通台和大跳台起跳区护栏外侧，部署两套三维超声风，直通裁判席和现场预报服务人员，为测试活动提供气象保障（图6.1）。

图6.1　跳台滑雪FOP区地面风观测分布

6.1.2.2　赛场三维风场的激光雷达观测

根据《北京冬奥组体育部关于进一步加强雪上场馆赛道上风的监测预报能力的函》及《冬奥气象中心关于加强冬奥赛区雪上场馆风观测的通知》要求，重点在张家口赛区云顶滑雪公园、古杨树跳台滑雪中心分别开展三维风场观测。

云顶滑雪公园观测主要针对坡面障碍技巧、自由式滑雪和自由式空中技巧项目，获取运动员滑行和飞行轨迹上三维风场，同时也能通过雷达反演结合地面观测获取整个赛场空间三维风场，具体如下：在坡面障碍技巧赛道对侧冬奥云顶2号站同址，布设一部扫描式多普勒脉冲测风激光雷达（图6.2），针对坡面障碍技巧赛道进行设定扇形PPI和垂直RHI扫描，观测赛道径向风速，结合新建的赛道旁5个测风站水平风速，从而获取赛道三维风场。

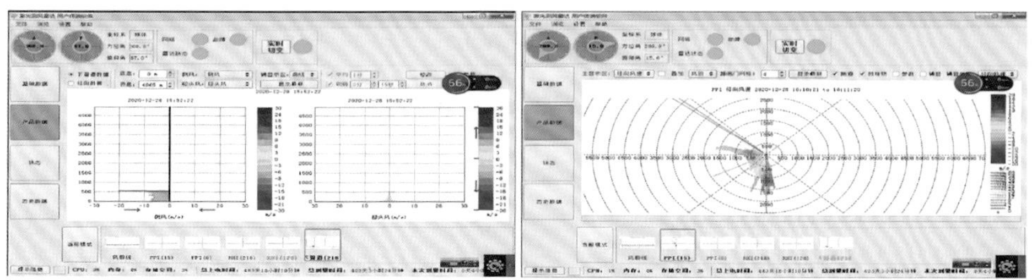

图6.2　云顶滑雪公园扫描式多普勒脉冲测风激光雷达

古杨树跳台滑雪赛道确定两个观测点，利用双多普勒激光测风雷达针对赛道进行扇形PPI和垂直RHI扫描，利用赛道终点激光风廓线雷达进行垂直扫描，结合冬奥跳台1～5号站地面观测，获得赛道三维风观测数据。

6.1.3　天气现象的自动观测

赛区天气现象自动观测采用图像识别技术进行智能分析处理判识天气现象。在赛区两个场馆群各安装了1套天气现象智能观测仪，通过定时采集图像可以直观、及时有效地获取现场天气实景。天气现象智能分析能力基于深度学习的云与天气现象图像识别技术，在收集足够多的云与天气现象图像后，按照各种云状类型、云量成数，以及霜、露、雨凇、雾凇、结冰与积雪等现象进行分类、标注，形成训练数据集输入神经网络模型，利用算法反复迭代训练识别算法模型，对天气现象视频智能观测仪实时采集的图像进行计算，从而判识出当前图像类别，同时为了提高智能识别算法的准确率，减少误判、错判现象的发生，综合各种要素的客观性、关联性，形成多源质控模型，用于对智能识别算法的识别结果进行质量控制。再结合周边降水、能见度等其他气象要素准确给出赛区的天气现象，最后将判定结果通过软件自动上传到赛事指定位置。

6.1.4 雪质观测方法与技术

6.1.4.1 雪剖面制作

为了得到多层雪层参数元数据，每年11—12月进行雪剖面制作，依据平均尺寸为10 m × 10 m × 1.5 m，外延3 m缓冲区域，防止边界效应的发生。造雪3 d完成，晾置2 d，分4次压雪完成剖面制作，得到与赛道雪层处理相一致的剖面层分布（图6.3）。

剖面制作前对土壤的观测先行埋设，埋设深度分别为地表下5 cm、15 cm、20 cm、30 cm、40 cm，要素为土壤温度、湿度、热通量板。

剖面制作完成后，对10层雪温、4层热通量埋设，埋设深度分别为距离雪表2 cm、5 cm、10 cm、15 cm、20 cm、30 cm、40 cm、60 cm、80 cm、地表；热通量埋设位置为距离雪表10 cm、20 cm、30 cm、地表（图6.4）。

图6.3 1.5 m高，10 m×10 m的雪剖面观测场建设

图6.4 雪层自动观测仪器的埋设

6.1.4.2 雪深观测

雪深观测分为自动监测和人工观测两种，自动观测是采用SPA2积雪观测系统，以红外观测方式，得到逐10 min的数据结果；人工观测是逐日4～6次，仅对雪剖面记录，采用可以横档的木尺进行，每次平行3次，取平均值（图6.5～图6.7）。

红外感应探头测量雪深，水平传感器测量全层平均密度、含水率和雪水当量，倾斜传感器测量距雪表5 cm、20 cm和40 cm处密度、含水率、含冰率和雪水当量。

图6.5 剖面雪深测量

图6.6 云顶剖面附近SPA2积雪分析系统安装现场

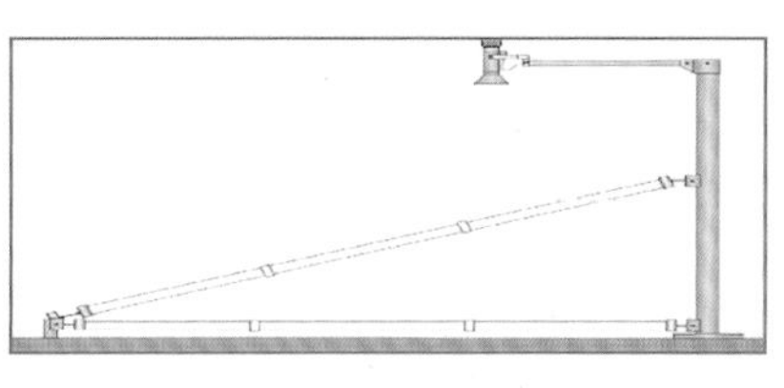

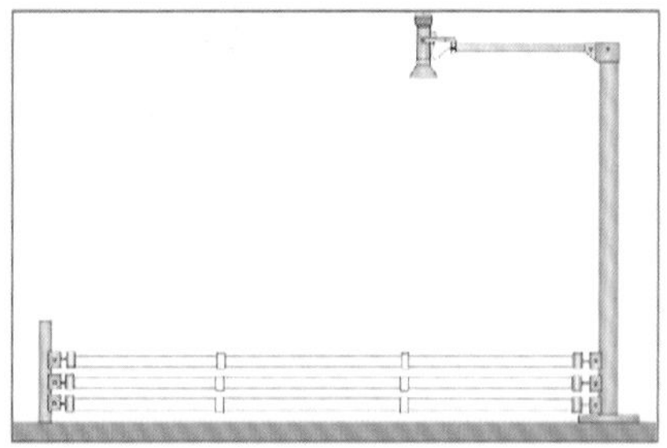

图6.7 SPA2积雪分析系统及传感器布设

6.1.4.3 雪温测量

雪温测量分为剖面多层雪温人工观测、多层雪温自动观测、表温度观测、赛道多层观测。为了得到其他赛道雪表温度，采用雪地摩托每5 d 1次，固定时段（11时和16时）的观测，分别为障碍追逐赛道和坡面障碍赛道（图6.8～图6.10）。

图6.8　雪表温度自动采样设备

图6.9　雪面温度移动观测(观测频率1次/(5 d))

图6.10　多雪层雪温人工观测

6.1.4.4 雪密度、含水率测量

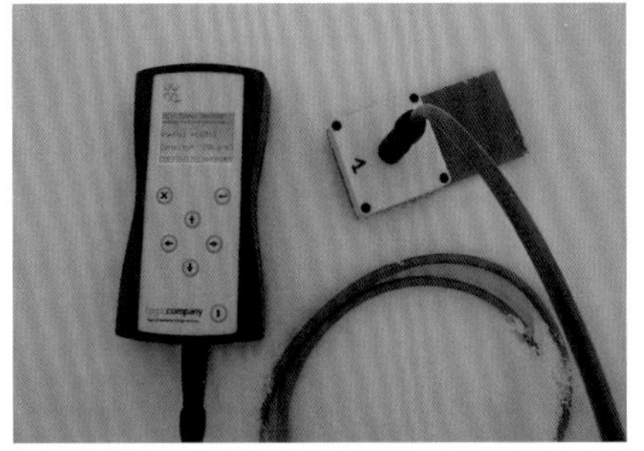

图6.11 瑞士的SLF雪特性观测仪

SLF snow sensor是瑞士联邦雪与雪崩研究所研发的一部能够测量积雪密度和积雪含水量的仪器（图6.11）。SLF snow sensor的工作原理是采用了电容传感器测量积雪的密度和液态含水率，由于冰、空气和水具有不同的介电特性，冰、空气和水在积雪中的含量不同，不同密度的雪测得的电容值不同。SLF snow sensor的电容传感器贴在雪面可以直接测出雪密度以及液态含水率，不受雪的硬度影响。在野外实验中，此仪器体积较小、携带方便。

图6.12 芬兰的Snow Fork雪特性仪

Snow Fork雪特性分析仪是国内外测量雪层的密度和液态含水率的最常用的仪器（图6.12）。Snow Fork由芬兰赫尔辛基大学研发出来用于野外积雪参数测量的仪器，最低工作温度可达−40 ℃。

质量体积法，需要知道取出雪样的质量与体积。在实验前期准备实验的实验方法采用的是质量体积法。由于滑雪场赛道雪经压实后硬度过大，环刀取样法和铁盒取样法无法取出完整的雪试样，使用电锯所提取出来的雪样为标准长方体，形状比较规则，所计算出雪密度值误差较小，更多的是用于矫正仪器测量偏差（图6.13）。

(a) 使用电锯提取标准长方体雪样

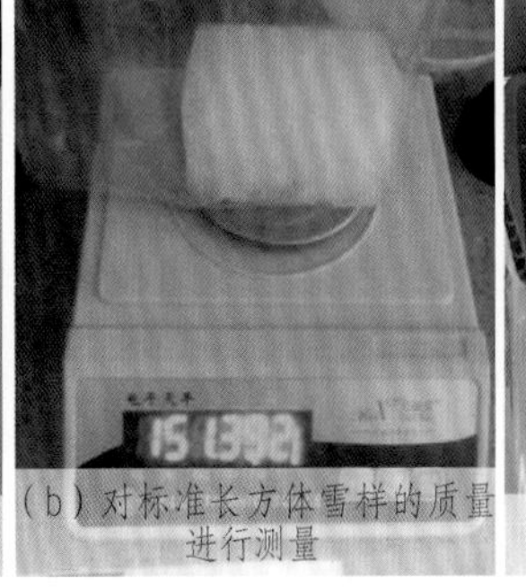

(b) 对标准长方体雪样的质量进行测量

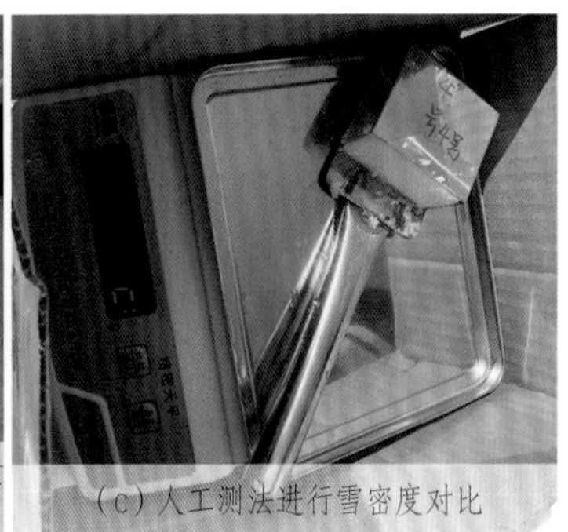

(c) 人工测法进行雪密度对比

图6.13 质量体积法测算雪密度

3种关于雪密度测量方法的适用性的程度进行优缺点比较见表6.1。

通过对比可以发现使用质量体积法与SLF snow sensor 对雪道密度测量密度值相近（表6.2），所以实验中选择使用SLF snow sensor 对雪道密度进行测量是可行的。

表6.1　不同方法测量密度优缺点

	SLF	Snow Fork 雪特性分析仪	质量体积法
优点	读数方便，携带方便，仪器量程可达0.9 g/cm^3，尤其对平整的雪表优势更为显著，可同时得到密度、含水率参数	分层方便、准确、读数方便，可同时得到密度、含水率参数	测量出的密度值较为准确
缺点	针对未压实的天然雪测量不准，仪器价格昂贵，易损坏	不适用于密度超过0.6 g/cm^{3}的、硬度较高的压实雪，仪器体积大，不易携带	每次都需取样，进行计算，得到的是取样深度的平均密度。并且只能获取单一密度要素，无法获取雪层含水率特征

表6.2　质量体积法与SLF 测量密度对比

测量时间	组	体积/cm^3	质量/g	计算密度/（g/cm^3）	SLF测量密度/（g/cm^3）
2019年12月8日	1	59.395	22.087	0.372	0.487
	2	71.274	34.751	0.487	0.451
2019年12月20日	3	190.066	93.850	0.493	0.451
	4	118.791	58.134	0.489	0.436
	5	59.395	31.558	0.531	0.452
2020年1月3日	6	366.938	144.042	0.393	0.393
	7	301.593	124.394	0.412	0.419
2020年2—3月仪器校对对比	1	196.295	150.272	0.766	0.758
	2	351.000	175.487	0.500	0.495
	3	535.500	400.054	0.747	0.728
	4	270.300	102.390	0.378	0.392
	5	269.696	114.081	0.423	0.412

使用质量体积法测量出的雪的密度，每次测量前都需要进行取样，测量其质量与体积，对于大量的测量需求来说，比较费时费力，无法得到雪温测量点同一深度的雪密度；使用SLF snow sensor 在测量雪密度的同时，可以对同一测量点雪液态含水率进行测量。所以研究中使用SLF snow sensor 对雪道的雪密度与液态含水率进行测量。

6.1.4.5 雪硬度观测

硬度测量采用两种仪器进行：贯入仪和土壤硬度计。

雪的硬度测量实验主要使用的仪器是动态圆锥贯入仪（DCP），DCP是由英国TRL（交通研究实验室）开发，在土力学中是用来量测路基土回弹模量的一种仪器。DCP主要包括以下几部分（图6.14）：导向杆、锥尖端、金属盘、重锤和钢尺。实验时需要两人协助，一人竖起仪器，使锥尖竖直朝下并贴紧雪道表面，实验时尽量使贯入杆与雪道表垂直，然后将落锤升至一定高度，随后自由下落，击打中间的金属圆盘，导向杆在落锤的重力作用下逐步贯入积雪内；另一人记录每次锤击后标尺读数（图6.15）。雪硬度值可通过每次锤击后的贯入量或贯入杆贯入至一定深度时所需锤次数，通过公式计算确定。

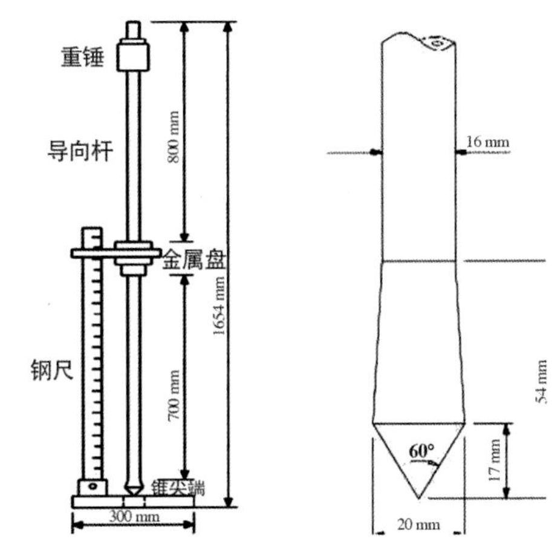

图6.14　动态圆锥贯入仪（DCP）的结构

导向杆通过螺纹拧入贯入杆内，用于使重锤沿着导向杆竖直下落。导向杆、贯入杆及其延长杆的材质均为高速钢。锥尖端的直径为20 mm，高度为17 mm，锥尖端的总长度（到贯入轴端部）为54 mm。为了减少侧壁的摩擦，锥部的直径大于贯入杆。贯入杆与锥部的质量为1.225 kg，定位螺栓、金属盘与导向杆的质量为2.810 kg，合计总质量为4.035 kg。当DCP 应用于沙土类路基的贯入实验中，采用8 kg的重锤，但是在关于雪道的实验时，由于雪的硬度比沙土类路基的硬度低，8 kg的重锤在实际测量中容易“一锤到底”，因此通过大量的改进，2 kg的重锤对于雪道的贯入实验更为合适。

SC-900 数显式土壤紧实度仪具有可组装拆卸的测量探头，使用者可快速对雪道硬度进行测量，并且携带方便。读数表中内置数据储存器可记录测量的数据。通过匀速向下运动以获得准确的硬度值。稍等片刻显示屏上会显示剖面信息。测量时使用者双脚必须离探杆10～15 cm，将土壤紧实度仪匀速插入土壤中，土壤深度测量按照25 mm进行递增，锥形指数会根据硬度不同发生变化。将探杆缓慢平稳地插入，以保证在探针周围没有任何侧压。测量完成后慢慢地拔出探杆，自动存储所测得的硬度值（图6.16）。

图6.15 使用中的动态圆锥贯入仪（DCP）

图6.16 使用中的SC-900数显式土壤紧实度仪

当使用SC-900 数显式土壤紧实度仪进行硬度测量实验时，要严格控制实验条件，必须保持匀速向下运动，在高硬度的雪道硬度测量中，人力操作很难保证匀速向下运动，所以，SC-900 数显式土壤紧实度仪不适用于高硬度雪道硬度的测量，仅仅适用于融雪期低硬度的雪硬度的测量。

6.1.4.6 雪粒径观测

针对滑雪场0～30 cm深度雪晶观测实验在加密观测时进行（表6.3）。雪晶观测实验主要使用的仪器是数字显微镜ViewTer（图6.17），这款便携式数字显微镜只有手掌尺寸的大小，可双手握持，防止因为抖动而导致拍的图像不清晰。与相机类似，使用本仪器可以随时随地对雪晶微观结构进行观察。

传统的显微镜质量较大，携带不便，不适宜野外观察。此便携式数字显微镜重量轻，结构紧凑，适合携带。光学变焦中配备了数字变焦，方便进行高放大倍率观察。足以与真正的显微镜媲美。显微镜主体的监视器可以缩放显示，只需根据放大倍数切换刻度显示，即可测量简单的微观照片（图6.18）。

观测时，需要将获得的雪样放置在蓝色格子纸上（格子纸上每个小方格的边长为1 mm），且尽量使雪晶分散开，这样有益于单晶的观测，容易得到更清晰的图像。利用专业软件进一步打网格进行粒径数据读取。

表6.3 雪特性试验仪器及布设地点

设备类型	建设地点	生产厂家（设备型号）	数量	监测要素	维保责任单位
积雪密度仪（SLF）Slf Snow Sensor积雪仪	云顶公园山腰站	瑞士联邦研究所	2	雪密度、雪层含水率	气候中心
土壤湿度传感器（MP-508B）	云顶公园山腰站	中环天仪(天津)气象仪器有限公司	5	土壤湿度	气候中心
雪层观测系统（数据采集系统1套，多层温度传感器7套，分布式热通量板3套，辐射传感器2套）	云顶公园山腰站	中环天仪(天津)气象仪器有限公司	1	雪层温度、热通量、辐射量	气候中心
红外温度探测仪器SL-111红外雪表温度计	云顶公园山腰站、坡面障碍4号站、障碍追逐起点站	美国Apogee公司	3	雪表温度	气候中心
土壤紧实度仪(SC-900)	云顶公园山腰站	云生科技（北京）有限公司	2	雪层硬度	气候中心
Snow Fork雪密度仪	云顶公园山腰站	芬兰 TOIKKAoy公司	1	雪密度、雪层含水率	气候中心
土壤硬度计(YK-JSD2)	云顶公园山腰站	台州市中永仪器有限公司	2	雪硬度	气候中心
手持温度探头（teto 110，型号0613 2211，0613 1212）	云顶公园山腰站	上海淳安电子有限公司	9	雪层温度	装备中心、气候中心
数字显微镜ViewTer	云顶剖面、赛道、古杨树赛道，测量频次1次/（5 d）	北京爱迪泰克科技有限公司	1	雪晶粒径观测	气候中心
SPA2积雪分析系统	云顶剖面，测量频次1次/（10 min）	奥地利Sommer GMbH 公司		雪深、雪密度、雪含水率、雪水当量、含冰率	气候中心

图6.17 使用数字显微镜ViewTer

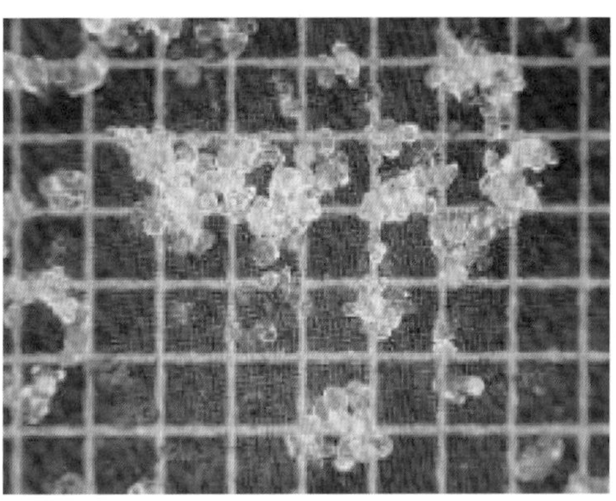

图6.18 数字显微镜ViewTer 及其拍摄效果（网格单位为mm）

6.2 预报预测技术

6.2.1 风的预报

6.2.1.1 风场的时空结构特征

基于张家口赛区冬奥核心观测站的地面风场观测数据，选取了2 min平均风向风速、极大风向风速进行特征统计。张家口赛区存在明显的山谷风、上下坡风、绕流、背风（过山）气流等地形风影响。如：云顶场馆群、冬季两项场馆，白天多上坡风、上谷风，夜间多下坡风、下谷风，山谷风环流具有每日两次的风向转变。跳台场馆的背风气流较为清楚，环境风、FOP区经常出现“对头风”、逆风区等。

云顶场馆群的环境最大风速为28.7 m/s，核心站的极大风速为21.4～23.8 m/s，云顶场馆群A、B、C 3个区的极大风速值较为一致。统计特征显示：云顶场馆群平均风速的离散度较小，2号站受到山坡的特殊地理位置影响，最大平均风速为18.3 m/s，其他3站的整点最大平均风速维持在10.4～12.0 m/s。4站的90%百分位的风速都在5.0～5.8 m/s。环境风以西南至西北风影响较多。云顶4号站的平均风以偏北风为主导风向，云顶1号、2号、6号站都以西北偏西风为主。相对于预报站点，建站时间较长的山顶、山底受地形影响最为明显，山底站受到南—北走向的山谷影响，偏西风过山后，在山底形成沿着山谷的偏北风，为主导风。

跳台山顶和L站的平均风速、极大风速分别为：18.1 m/s、20.6 m/s和28.2 m/s、29.1 m/s，与云顶场馆群环境风速的统计特征较为一致。国家跳台滑雪中心起跳点和着陆点，其统计特征与FOP区的风场差距较大，环境风以系统风偏西风和西北偏西风为主导风向；位于FOP区外侧的起跳点和着陆点的风场较为紊乱；迁站后，跳台起跳点和着陆点至FOP的1/2K点位置后，其代表风向有了较大的变化：起跳点以偏东和东北风为主导风向；K点点位偏下，平均风以偏东和东南风为主，阵风则以东北、偏东、东南风为主；1/2K的两站则表现一致为偏东风。

国家冬季两项中心的最大平均风速为11.5～12.5 m/s，极大风速为24.9 ～26.4 m/s，作为近乎东—西走向的地形布局，冬季两项的风速较其他两个场馆略偏大。盛行风分为系统性风（动力性）和地形风（热力性）。位于东—西走向山谷中的冬两1号站、2号站，以西北偏西风为主导风向；位于南—北走向的冬两4号站、5号站，以北—西北风为主导风向；位于山谷南侧、凹陷谷道的冬两3号站，受地形影响严重，以东北偏北风影响较大。

国家越野滑雪中心：以系统性的偏西风为主；东、西赛道上的1号站、3号站的主导风向为西北偏西风，2号高点站为西南偏西风；受测站周边建筑物等遮挡作用，2号站、3号站的风速明显偏小。

6.2.1.2 山谷风、坡风、绕流、背风气流等风场环流模型

以冬季两项场馆为例进行说明：3号站位于南侧山坡，北低南高，按照上、下坡风的模型，在环境风场较弱的情况下，白天应为上坡风即北风，夜间应为下坡风即南风。从3号站山谷风日内的局地风每小时风向频率分布图可见，白天多为偏北风（NNE），夜间多为偏南风（SSW），与理论模型一致，存在明显的上、下坡风现象。1号站位于山谷谷口，越深入谷内海拔越高，按照上、下谷风的模型，在环境风场较弱的情况下，白天应为上谷风即西风，夜间应为下谷风即东风。从1号站山谷风日内的局地风每小时风向频率分布图可见，白天多为偏西风（W），夜间多为偏东风（ESE），与理论模型一致，存在明显的上、下谷风现象（图6.19）。

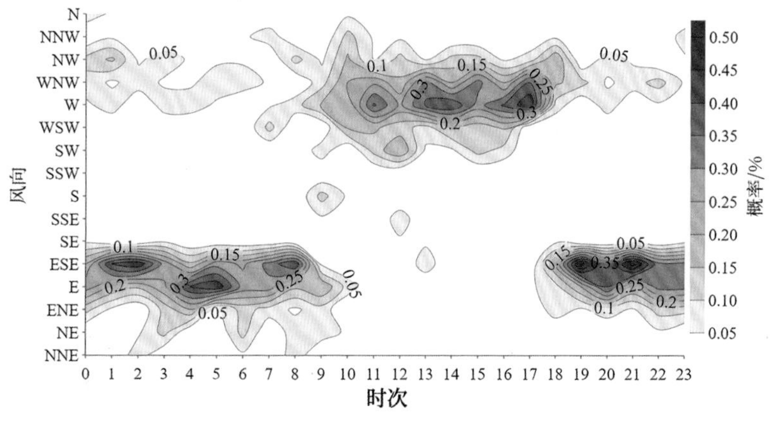

图6.19　冬季两项1号站山谷风的逐小时风向频率分布

张家口赛区存在明显的山谷风现象，对于冬季两项场馆来说，白天多上坡风及上谷风，夜间多下坡风及下谷风。山谷风环流一天具有两次风向的转变，下谷风转上谷风一般在日出后，而上谷风转下谷风一般在日落后。山谷风环流属于热力驱动的小尺度环流，其强度较弱，具有明显的日变化，平均风速白天大于夜间，并且上谷风（偏西风）受西风带影响，实测风有明显增幅，而下谷风（偏东风）与系统风相反，实测风较弱。风向转变时，会伴随剧烈的气温升降，从下谷风转上谷风时，气温突升，而上谷风转下谷风时，气温突降，其原因与冷湖理论密切相关。在实际预报业务当中，对于山谷风的预报需要综合考虑环境风场强弱、风向的转换时间、风速的时间分布、风向转换时气温的变化等，并且应依据预报结果对赛事安排提出合理建议。

气流在水平运动中遇到障碍物，例如山体，在山前填塞的同时，会分为两支从山体的两侧绕行，气流运动的方向和速度因此发生改变。云顶场馆群常年盛行偏西及西北风，若有偏南风较强时，沿东侧南北向山谷吹来的气流会在1号站所处的山体阻挡下发生绕流，一部分沿东北侧山谷继续北上，另一部分沿赛场内山谷西行，造成6号站及周边站点的偏东风，甚至会影响到南侧山坡上的站点。

6.2.1.3　基于CFD的崇礼精细化风场预报模型

冬奥张家口赛区地形复杂，受地形影响，风向风速变化多样，风向风速预报难度大，利用常规数值预报很难预报出山区不同地形下的精准风场。借鉴风电场选址中普遍采用计算流体力学（CFD）技术开展地形风能资源评估，为提高冬奥核心赛区复杂地形条件下的风场预报，采用CFD技术对冬奥核心赛区进行风场模拟。

首先，基于CFD定向计算出赛区范围不同方向风吹到该区域的风场模型；其次，将模型进行预处理；最后，基于风场模型与特殊站点风场预报相融合，制作该区域内的精细化风场。

冬奥赛区CFD风场模型计算：

（1）CFD技术：CFD是根据RANS方程，通过迭代计算求解，得到不同网格点处的风加速比，获得风场的定向计算模型。CFD建模的流程为首先定于模拟区域几何边界，然后绘制生成网格，设备边界条件和模型参数，通过迭代法，得到计算结果。

（2）采用日本宇宙航空研究所（JAXA）的ALOS-12M地形数据：ALOS-12M地形数据来源于ALOS的PALSAR传感器，采用WGS8坐标系，数据分辨率为12.5 m，水平精度为10 m，垂直精度为10 m，数据格式为Geotiff格式。粗糙度数据采用欧洲航天局的ESA（2010）300 m分辨率全球粗糙度数据。

（3）研究设计：以115.440 231°E、40.918 028°N为中心，10 km为半径的圆作为CFD计算区域，最小水平分辨率25 m，最小垂直分辨率4 m，水平扩展系数为1.1，垂直扩展系数为1.2。

（4）CFD模型分析：利用CFD可以计算出复杂地形条件下，不同风场条件下精细化的风场结构，分析不同地形、地貌对风场流向、风速影响的特征（图6.20）。

假设系统风为西北风（315°）时，得到地面10 m的风场结构图。西北气流吹过跳台区域气流越山，爬坡时随海拔高度增加，风速增大；下山时速度递减，下山到山凹气流向山凹汇聚。低海拔的山谷处，太子城到跳台的谷底风速较其他山沟风速大，西北气流过跳台山体后，到达后面东北西南走向山沟，风向发生变化，变为东北风。跳台处有两股风汇合，东北风和西北风，大部分处于东北风影响。跳台山

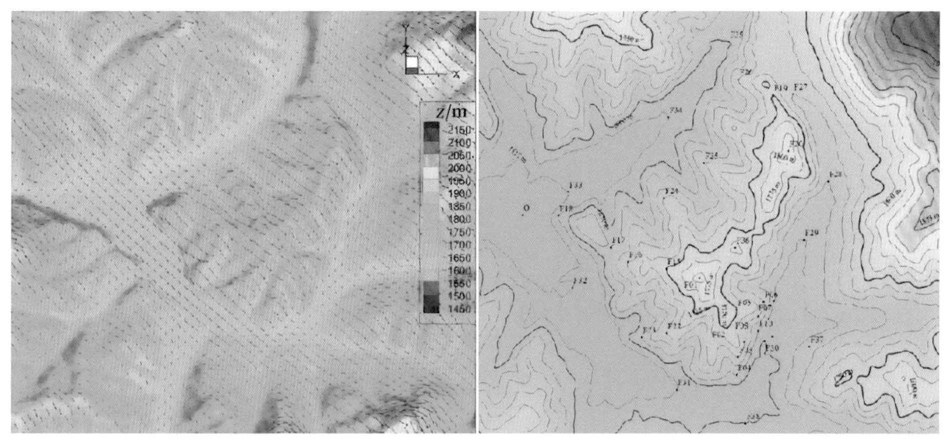

图6.20 系统风为西北风形势下的10 m风场结构图

底站容易受西北风影响，湍流强度大。棋盘梁山沟风速较小。为了更精细地分析不同位置的风场关系，在跳台中心山体不同位置处设计有代表性站点，F18、F17、F16、F15、F01几个站点从太子城方向沿山脊位置逐渐升高，用这些点的风加速系数可以分析风遇到山体爬坡时的风场结构。

基于CFD的风场预报系统，每天定时制作出崇礼冬奥赛区精细化风场预报，分别于04:50制作出08:00起报的48 h预报，16:10制作出20:00起报的48 h预报，预报结果接入崇礼精细化气象要素实时分析系统。以平面形式和单站形式展示，供预报员使用。平面展示方式有风粒子、风向杆、色斑图、风向杆+色斑图形式，单站图展示可以展示各站未来48 h内各站点的风向风速演变，形象直观，并对各站预报的风向风速进行客观检验。

6.2.1.4 基于睿图－大涡模式的赛道精细化风场模拟评估

在张家口赛区天气客观分型基础上，利用睿图–大涡模式（RMAPS–LES）对赛区风场开展高分辨率数值模拟，分别提供了张家口云顶赛场、冬季两项赛场和跳台滑雪赛场的精细化风场效果评估，给出3个赛场不同风速阈值的风险区范围和风险发生概率，为防风设施的布置和开展精细化风场预报提供了依据、奠定了基础。将93类大涡模拟数据集接入气象风险可视化系统，根据环流形势预报参考相应模型为预报决策提供参考。

6.2.1.4.1 张家口赛区天气客观分型

赛场核心区的天气型分类采用Lamb–Jenkinson（L–J）大气环流客观分型法。根据地转风速、风向及涡度值将环流型划分为气流型、旋转型和混合型三大类。在此基础上，将2个赛区模拟区域中心点700 hPa风向再分为8类。将风速由小到大排序，分别在小风速类、中风速类、大风速类中按照中位数、极值等统计特征，选取93个典型个例进行模拟。

6.2.1.4.2 模拟区域和格点配置

最内层D04区域包含了云顶公园场馆群和古杨树场馆群，其分辨率为37 m×37 m，格点数为271×271，垂直层次63层。

6.2.1.4.3 赛区风场统计特征

云顶场馆群：以西北偏西风为主，其次为西北风和偏西风。通过模拟结果，可以看出：其主导风向均为西到西北风。在主导风向下，风速随海拔高度的降低而递减，而且高度越低，空气流动方向与山谷的走向越接近。

跳台滑雪赛场各观测站的风向风速呈现不同的分布特征，各站之间差异较大。跳台场馆赛道依山而建，在距离山坡不同的距离、不同的高度和不同的天气类型下，风场会呈现不同的演变特征，受地形影响非常明显。从盛行风下跳台场馆的风场模拟结果可以发现，同样风速随海拔高度的降低而递减，主要风向为西风、北风和西南风；其他盛行风下，大风主要以西到西北翻山和沿山谷东北路径南下两种路径影响，且地形较高的跳台出发点和起跳点出现4 m/s以上风速的可能性较大。

冬季两项靶场中心赛区由于范围较小，且地形相对平缓，其风速、风向分布也相对均匀。

6.2.1.4.4 大风风险区评估

样本的平均风速分布与小风速类平均风速分布相似，即海拔较高区域的风速大于海拔较低的区域。云顶各赛道平均风速为5～10 m/s，跳台滑雪赛道为3～6 m/s，冬季两项靶场中心为4～5 m/s。对于云顶自由式滑雪雪上技巧和空中技巧赛道，北部的风速大于南部，其中雪上技巧赛道北侧的平均风速超过了影响决策点阈值（7 m/s），风险较高。对于跳台滑雪赛场，跳台出发点和起跳点附近及北侧、西侧山坡上平均风速超过决策点阈值（4 m/s），风险较高，是未来防风措施重点考虑的区域，海拔相对低的起跳点附近平均风速较小，低于4 m/s。对于冬季两项赛场，其平均风速明显小于影响决策点阈值（11 m/s），风险相对小很多。

从极大阵风风速分布来看，其分布特征与平均风速分布相似，但风速更大。云顶各赛道平均极大阵风风速为7～15 m/s，跳台场馆为5～12 m/s，冬季两项靶场中心为7～9 m/s。其中云顶雪上技巧和空中技巧赛道、跳台滑雪赛道的平均极大阵风风速均超过了各自的影响决策点阈值，冬季两项低于其影响决策点阈值。这说明当700 hPa环境风速较大时，雪上技巧、空中技巧和跳台滑雪的比赛将不适宜举行，而冬季两项赛事受到的影响相对较小。

影响决策风速阈值设定情况如下：云顶公园场馆群为7 m/s、跳台场馆为4 m/s、冬季两项靶场中心区为11 m/s。对于云顶自由式滑雪雪上技巧和空中技巧赛道，赛道北部出现大于7 m/s的概率在42%～56%，南部相对较小，为35%～42%，赛道北部的风险相对较大。跳台出发点和起跳点附近及北侧、西侧出现风速大于4 m/s以上的概率较大，达到45%～72%，起跳点为30%～40%。冬季两项赛场靶场中心，出现大于11 m/s大风的可能性在1%以下。

6.2.1.5 张家口赛区云分辨率尺度天气及气象要素集合预报系统

针对赛区复杂地形条件和雪上项目专项气象保障需求，通过植入新的陆面方案、云微物理方案、高清地形地貌资料集，构建了“张家口赛区云分辨率尺度天气及气象要素集合预报系统”，达到了赛道气象要素的百米级、分钟级精细化预报的技术目标，为张家口赛区的精细化气象服务及保障提供坚实的技术支撑。

“快速更新多源资料融合临近预报子系统”“风场快速订正技术”等高分辨率预报技术，为赛区提供了分钟级、百米级的全要素精细化客观预报产品。

6.2.1.6 风场的快速订正技术研究

根据依赖于地形坡度、地形散度的地形特征参数的复杂地形分类方法，利用张家口崇礼区复杂地形高分辨率地形高度特征参数，对崇礼冬奥赛区400 m × 400 m网格分辨率地形进行了分类。将研究区域地形划分为以下6类：平坝、迎风坡、背风坡、山脊、山（河）谷、风口，综合考虑风速风向与坡度坡向的关系以表示不同类型地形特征，利用风速风向和坡度坡向的矢量积描述大气运动的高度平流，利用地形散度描述气流的辐合辐散变化，进而采用最优插值客观分析方法构建研究区域局地地形空间分布。该方法随风场的时间变化，能有效地将地形参数的不同分量值与变化的风速分量进行组合，建立风场变化与地形因子的多元回归统计模型。

构建RMAPS+AWS融合的客观分析格点化风场客观降尺度订正方案，既能表征赛区复杂地形条件下的局地风场变化特征，又能表征在大环流背景影响下赛区风场的变化特征。

建立区域复杂地形多元回归风场订正模型。

6.2.1.7 基于机器学习集成算法的风速客观预报方法

研发了基于集成学习的风速客观预报。该方法将LASSO回归模型、随机森林、梯度提升树、支持向量机、人工神经网络5种个体机器学习模型进行集成，使用岭回归模型作为集成学习器。集成学习模型有效地集成了5个个体机器学习器的优势，在风速预报中取得了很好的订正效果。对于张家口赛区频发的山地风有更好的预报效果。但是模型对于极端值的预报能力相对要弱一些，原因是极端值样本较少，且随机性较高，其可预报性较差。这些极端过程也正是预报员发挥作用的关键，客观订正算法也可以对预报员提供一些参考。

选择的预报因子与实况观测数据构建机器学习数据集，其中站点观测数据作为标记数据。根据ECMWF-HRES的预报时刻与站点数据的观测时间建立对应关系，将模式的预报数据使用双线性插值算法插值到各个观测站点上。机器学习模型的客观预报产品按照ECMWF-HRES起报时间，每天起报2次（08时和20时）。考虑模式预报产品同化资料及数据传输的延时，预报时效选取12～84 h，时间分辨率同ECMWF-HRES一致。其中12～36 h/36～60 h/60～84 h分别为未来1～3 d的预报结果。选取2018—2020年每年11月至次年3月的数据作为机器学习模型的训练集。将2022年2月1—20日作为测试集，评估模型预报产品在北京2022年冬奥会的实际应用效果。

集成学习：通过构建并结合多个学习器来完成学习任务，得到比单模型更好的泛化性能。使用了Stacking集成学习方法，属于“异质”的集成模型，集成了LASSO回归、随机森林、梯度提升树、支持向量机和神经网络5种类型的机器学习模型（图6.21）。

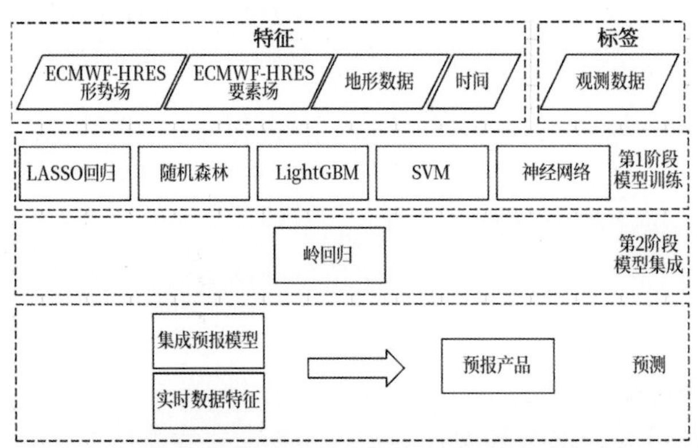

图6.21 基于机器学习的集成学习算法的业务应用

个体学习器：随机森林是以决策树为基学习器的一种基于Bagging的集成学习算法，在决策树的训练过程中随机选择特征。最终预测值是所有决策树预测值的平均值。

梯度提升树与随机森林一样，是多个决策树的集成。与随机森林集成策略不同，梯度提升树通过Boosting策略依次学习多个弱学习器不断提高性能。梯度提升树通过建立梯度直方图，对于给定的损失函数，对训练数据计算梯度。

支持向量机是通过核函数将样本空间映射到高维的特征空间，在高维的特征空间中使用线性学习器来解决非线性的分类和回归问题。SVM具有多种核函数，选取RBF（radial basis function）作为内核将特征向量映射到高维空间。

人工神经网络具体分为输入层、隐藏层和输出层。每层神经网络由若干神经元组成，层与层之间神经元相互连接，当前层神经元以前一层神经元的输出作为输入，每条连接均有一定权重，各输入向量与对应的权重相乘后再相加，输入到激活函数值得到输出。

6.2.1.8　快速更新融合临近预报子系统对风场的偏差订正

基于对INCA系统中使用的主要技术方法进行了深入研究，利用其多源观测和模式预报产品融合技术和复杂地形订正技术，结合张家口赛区布设的观测网，构建了1套空间分辨率为50 m的多源观测和预报数据融合的临近预报系统，能够实现逐10 min滚动更新，提供未来12 h逐小时平均风、阵风预报。

关键技术包括以下4点：

（1）融合分析技术。快速融合分析的主要思路是根据反距离权重系数，利用加密观测资料订正模式背景场。其中，在风场模块，由于插值技术的不足和分辨率的大幅提高，订正后的风场将不满足质量连续方程，因此需要用高分辨率地形与坐标系的相交关系计算逐个网格的散度，并利用迭代收敛算法使所有网格的散度逐渐趋于0，最终满足质量守恒方程，从而获得符合动力条件约束的三维风场。

（2）融合预报技术。根据不同气象要素的特点，采用不同的权重（图6.22）对临近预报和数值模式预报进行融合，得到快速滚动更新的多要素实时分析和预报产品。

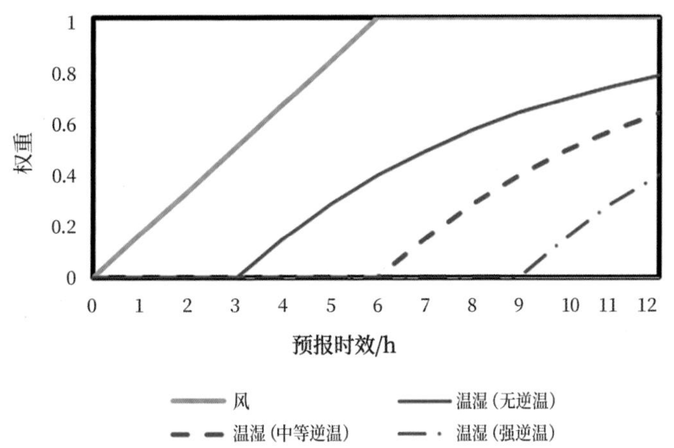

图6.22　系统不同要素融合预报时数值模式预报的权重

（3）确立阵风融合算法和极大风与平均风的订正系数，提升预报效果。基于平均风计算阵风风速的精细化格点实况和预报，主要考虑与高分辨率地形有关的阵风系数，并以阵风系数与平均风速的乘积作为阵风风速的初猜场；然后利用加密观测资料中的瞬时风速对初猜场进行订正，订正是通过反距离权重插值法实现，在插值过程中考虑了站点的方位角，位于同一方向（夹角小于90°）的站点，距离越远，影响越小。

以2020年12月—2021年2月逐小时自动站观测数据统计逐日最大的小时极大风和最大的2 min平均风关系，采用多种机器学习方法构建模型，进行效果对比，最终确定采用线性回归方法（图6.23）。

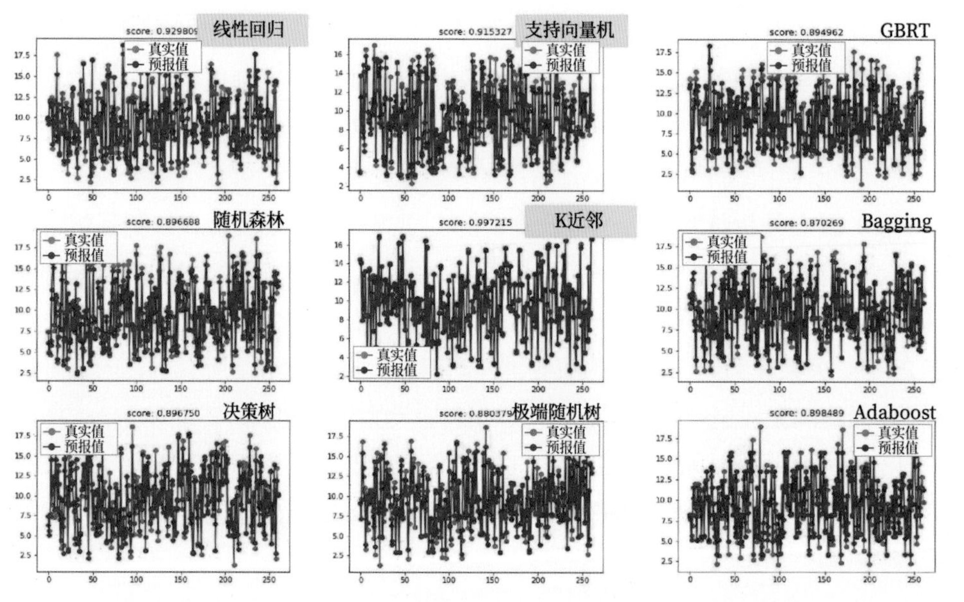

图6.23　基于不同机器学习算法的极大风预报效果

（4）偏差订正技术的应用。由融合权重可知，6～12 h系统的误差取决于背景模式误差，为此，针对风场首先利用偏差订正技术去除背景场的偏差，来提升系统的整体预报水平。

首先根据模式背景场对站点UV风预报与实况的偏差比，以反距离权重进行空间插值，获得逐小时的平均风速偏差格点场；再应用偏差格点场对格点背景场进行偏差订正，来降低系统性偏差。

6.2.2 气温预报

6.2.2.1 张家口赛区温度日变化特征

从气温的日变化看（图6.24），高海拔的云顶赛区和低海拔的山谷盆地冬季两项赛区各站点有相同点，也有不同点。以云顶和古杨树的冬季两项赛场为例，有以下相同点：最低气温出现在06—07时，最高气温出现在14—15时；夜间气温变化缓慢，温差小，不同高度的站点同一时次平均气温相差仅1～2 ℃；日出后（08—10时）和日落后（16—18时）升降温快。不同点：山上不同高度站点在白天最高气温差别较盆地站点大，例如海拔最低、处于阳坡的云顶2号站比海拔最高的云顶3号站要高出4 ℃；从日出日落前后升降温幅度看，处于山谷和盆地的冬季两项赛区各站点升降温幅度明显高于山上的各站点，如08—11时，云顶的平均升温幅度为4～5 ℃，而冬两则为8～9 ℃。

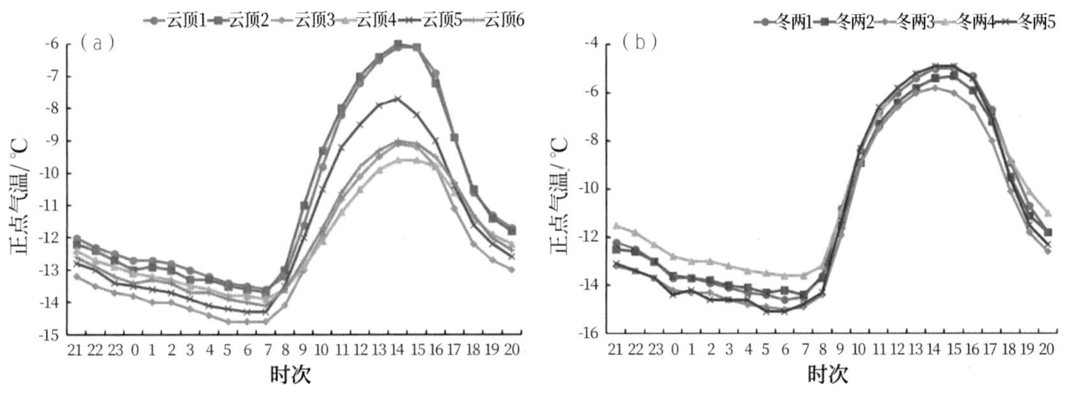

图6.24 云顶场赛区（a）和冬季两项赛区（b）逐小时平均气温

6.2.2.2 强冷空气背景下赛区气温日变化特征

对比1–3月逐小时平均气温日变化曲线（图6.25），可以发现，在强冷空气背景下，和平均状况有较大差异，主要表现在夜间有较大的降温幅度，两个赛区各站点从21时到次日07时的降温幅度达4～5 ℃，而平均状况仅为1～2 ℃，相比而言，日出后，白天的升温幅度要大些，可达7～8 ℃。

6.2.2.3 弱冷空气背景下赛区气温日变化特征

在弱冷空气或暖气团的控制下，高山站点和山谷盆地站点的气温特征和强冷空气背景下有诸多不同，图6.26为云顶赛区6个站点和古杨树赛区越野滑雪3个站点在

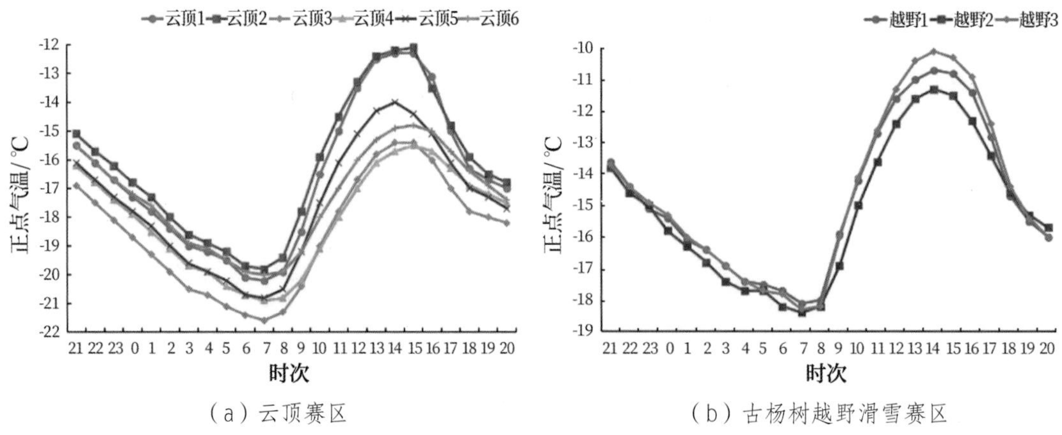

（a）云顶赛区 （b）古杨树越野滑雪赛区

图6.25 2018—2019年12次强冷空气过程逐小时平均气温

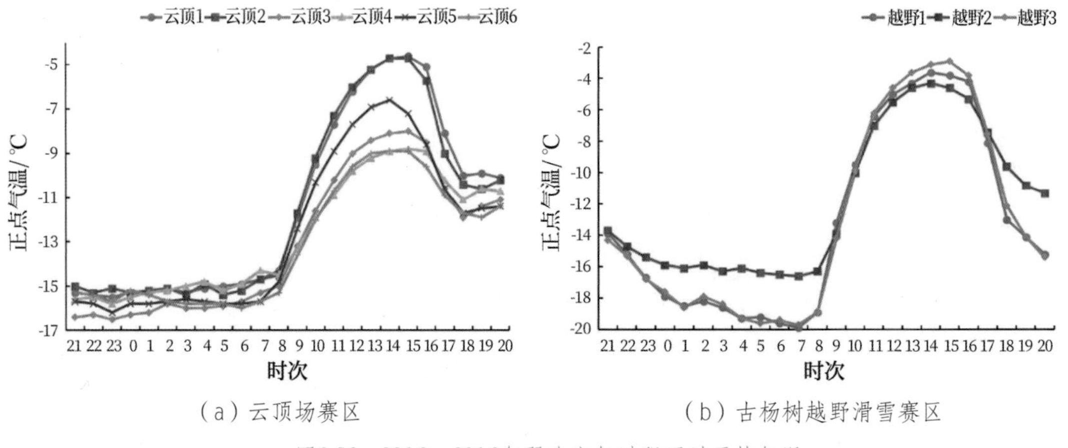

（a）云顶场赛区 （b）古杨树越野滑雪赛区

图6.26 2018—2019年弱冷空气过程逐时平均气温

弱冷空气背景下逐时气温平均，可以看出：夜间时段（21时至次日08时），云顶赛区山上的6个站点和古杨树越野赛区山上的越野2号站气温变化平稳略有升高趋势，而位于山谷的越野1号站、3号站则呈现下降趋势，平均降幅达6 ℃；位于山谷的越野1号站、3号站两个站气温在夜间时段明显低于山上的站点，山上的各站点温度为−16～−15 ℃，而山谷的站点温度为−20 ℃；云顶的最低气温出现在前夜，而古杨树各站点的气温出现在清晨；从气温日较差看，山上的各站点为8～10 ℃，而山谷站点为16～18 ℃，山谷站点比山上站点平均高出8 ℃；升温的最强时段为日出后08—10时，山谷站的2 h的平均升温幅度可达9 ℃，降温最强时段为日落后的17—18时，山谷站2 h平均降温幅度达9 ℃；夜间山谷站点的温度预报中，所有数值预报产品均出现重大误差。

6.2.2.4 张家口古杨树赛区冷池特征与概念模型

山地气象中“冷池（CAP，Cold–Air–Pool）”是指冷空气从山地较高处向下流动，在地势低洼的山谷汇集而成的冷空气湖。冷池是由于地形的锢囚作用而形成的稳定层，稳定层内的空气温度比其上层低，一般具有非常稳定的大气层结（逆温层或者稳定层），弱的低层风。逆温层顶所处高度低于周围山体最高高度，且逆温层层顶以下的平均风速低于5 m/s。冷池是在复杂地形阻碍作用下易出现的一种物理现象，尤其冬季稳定的天气形势和典型的中性层结条件下容易出现，张家口古杨树赛区冷池出现比较频繁，下面给出赛区冷池概念模型。

冷池自傍晚开始逐渐建立，日落（17:14）前1 h（16:00），山谷西侧山坡出现下坡风，东坡仍为上坡风，山谷下层开始降温，谷中仍为上升气流。从日落到其后1 h左右（18:00），谷中转为下沉运动，山谷中大气上下层温度基本相同，即大气层结为中性（图6.27a），此后山谷东、西两侧山坡形成较强下坡风携带冷空气在谷底堆积辐合产生上升气流，取代谷底原来的暖空气并将其抬升，逆温形成并快速向上发展，子夜（00:00）前后，即日落约5～6 h后，冷池发展到300 m（海拔1900 m）左右的高度，即山谷高度3/5处，其上300 m为等温层，即暖带。在此阶段，冷池谷底降温主要是下坡风携带冷空气在谷底堆积和长波辐射降温所致，日落后2～3 h降温最强，谷底降温幅度达10 ℃。

午夜到日出前，冷池进入稳定维持期（图6.27b），逆温层顶高度和温度变化不大，冷池底部温度继续缓慢下降，降温主要是长波辐射降温，在06:00时前后，谷底温度降至最低，为–21.5 ℃，冷池顶部（逆温层顶）温度为–10 ℃，冷池发展到最强盛阶段。此阶段下坡风已不能渗透到谷底，主要在冷池中上部辐合，因此冷池内部仍维持弱的上升气流。

日出后4 h左右冷池消失，首先太阳加热山谷西坡，导致山谷中高层快速升温，山谷西坡转为上坡风，东坡仍为下坡风，湍流加强，导致中高层的暖气团开始向下扩展（图6.27c）；之后随着太阳高度角的升高，山谷东西侧山坡出现上坡风，山谷中出现上谷风，将谷底冷空气向东、西两侧坡面及谷顶输送，被加热的山谷中高层的暖空气补偿性下沉，对流边界层下降，逆温自上而下消散，温度层结近似等温（图6.27d），这与平原地区逆温自下而上消失有明显的差别。午后，湍流混合达到最强，山谷中温度廓线近似干绝热线。

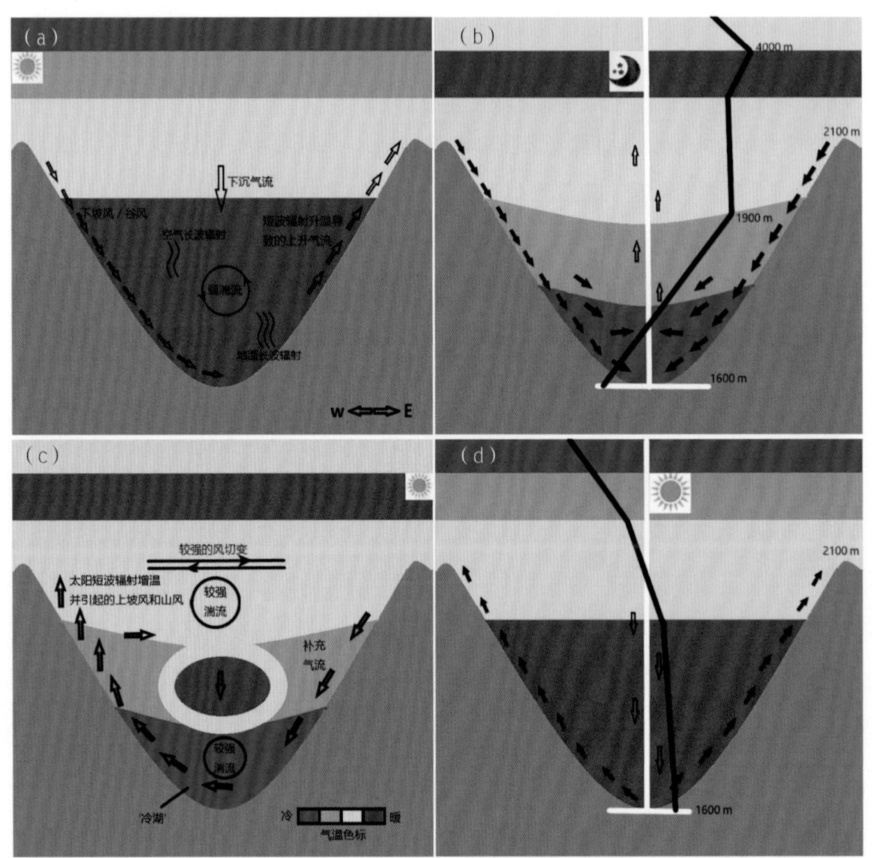

图6.27　冷池建立期(a)、维持期(b)、消散前期(c)和消散后期(d)的概念模型

6.2.2.5　张家口赛区气温预报着眼点

熟悉赛场地形，熟知每个站点的高度、所处位置在阴坡还是阳坡等。如云顶赛区6个站点西北东南向的山上，1号站、2号站位于阳坡，日照时间长，气温常高于位于阴坡的3号站、4号站、5号站、6号站；2号站相比另外5个站海拔高度最低，平均气温最高。古杨树赛场的越野滑雪、冬季两项大部分站点处于山谷中，谷底常会形成冷湖，越野1号站、3号站，冬两5号站、1号站均处谷底，因此温度较低。

每一次冷空气活动会带来云顶、古杨树两个赛场温度高低的反转。当较强冷空气过程来临时，系统风速加大，云顶赛区气温低于古杨树；冷空气变性后，气压场减弱，系统风速减小，热力驱动的下坡风、下谷风导致山谷冷湖出现，造成古杨树赛场的气温低于云顶。

在强冷空气的背景下，云顶赛场温度低于古杨树赛场4 ℃左右；两个场馆群气温日较差差别不大，云顶为8～10 ℃，古杨树为10～11 ℃；两赛区夜间气温各站点差异明显小于白天。

在弱冷空气或暖气团的控制下，云顶赛场最低气温高出古杨树赛场4 ℃左右；最低气温出现时间：云顶出现在前夜，后夜缓慢上升，古杨树赛区则出现在清晨。气温日较差：云顶赛区为8～10 ℃，古杨树赛区16 ℃以上，最大可达23.6 ℃，云顶明显小于古杨树赛区， 越是晴朗、微风的夜里，这种差异越明显。盆地、山谷冷湖效应所造成的温度差异，所有数值预报均不能报出。

两个赛区降温的最强时段为日落后16—18时，升温的最强时段为日出后8—10时。

温度极值：整个雪季，崇礼赛区最高气温17.6 ℃，出现在越野滑雪3号站 ，最低气温−39.6 ℃，出现在云顶站；1 h最大变温为10.6 ℃，3 h最大变温为18.2 ℃，1 h变温极值和3 h变温极值分别出现在冬两5号站和越野滑雪3号站。

6.2.3 降水预报

6.2.3.1 张家口赛区降水特征

2018—2021年每年11月至次年3月31日，张家口赛区云顶1～5号站、冬季两项4号站以及越野滑雪2～3号站降水总量分别为：306.6 mm、300.9 mm、267.6 mm、303.6 mm、271.9 mm、166.6 mm、158.3 mm、160.1 mm。云顶场馆降水量明显多于古杨树场馆降水量，云顶场馆多约1.8倍。从4个冬季的降水量分析，2021年11月至2022年3月冬季降水量最多，云顶降水量超过100 mm，云顶3号站为106.7 mm；古杨树场馆降水量超过50 mm；冬季两项4号站达到74.4 mm。2020年11月至2022年3月冬季降水量最少，云顶场馆降水量为10 mm，古杨树场馆不足5 mm。

6.2.3.2 张家口赛区降水天气分型

选取2019—2022年冬季36次降水天气过程，按照高空系统可将其分为两种类型：低槽类和西北气流类。低槽类依据地面冷锋路径又可以分为两种类型：西北冷锋型和回流型。西北气流类降水量明显低于低槽类降水量，但西北冷锋型与回流类降水量之间无明显的规律特征。

36次降水天气过程中，西北气流类降水出现15次，占总降水次数的42%。西北气流类降水量随着站点海拔高度的增加而增加，云顶场馆（代表站为云顶1号站）15次全部出现降水，古杨树场馆（代表站为越野滑雪3号站）12次出现降水，崇礼站9次出现降水，表明西北气流类降水更易在海拔高处产生降水，海拔越低越难以产生降水。云顶场馆和古杨树场馆降水量最大分别为7.3 mm和3.6 mm，出现在2020年12月12日，崇礼站最大为1.2 mm，出现在2020年1月18日。

西北冷锋型降水出现15次，占总降水次数的42%。西北冷锋型降水量并非全部随海拔高度的增加而增大，4次西北冷锋型降水古杨树场馆降水量最小，云顶场馆降水量最大，崇礼站次之；2次为古杨树场馆降水量最大，云顶场馆降水量次之，崇礼站最小；其他时次均为海拔高度较大则降水量大。云顶场馆和崇礼站降水量最大分别为31.5 mm和28.7 mm，出现在2020年11月18—19日；古杨树场馆降水量最大为27.2 mm，出现在2021年11月6—7日。

回流型降水出现6次，占总降水次数的16%。同样回流型降水量并非全部随海拔高度的增加而增大，云顶场馆降水量每次降水量都为最大，4次降水过程古杨树场馆降水量次之，2次降水过程崇礼站次之。云顶场馆、古杨树场馆和崇礼站降水量最大分别为24.5 mm、17.4 mm和17 mm，均出现在2022年3月17—18日。

从地形抬升率分析，3种类型地形抬升率没有明显规律性，西北气流类地形抬升率略高于低槽类抬升率。西北气流类地形抬升率最大为25，出现在2020年3月1日；西北冷锋型地形抬升率最大为27，出现在2020年1月5日；回流型地形抬升率介于1～3。

赛区出现雨转雪时，700 hPa温度低于−2 ℃，同时850 hPa温度低于2℃。低层风向的转向对赛场的雨雪相态转换有一定的指示意义，零度层高度的快速下降是相态转换的重要温度判据，赛场0 ℃线降到距地面400 m左右降水相态已经转变为纯雪。在高空云冰和雪水含量出现最大值后雨雪相态开始转换，之后低空的云水和雨水含量逐渐降低，存在高度逐渐下降，雪水存在的高度也在下降。当低层冷空气入侵后出现纯雪。

6.2.3.3 西北气流型降水概念模型

西北气流型降水云顶场馆降水量明显大于古杨树场馆，且云顶场馆降水开始时间早于古杨树场馆1～2 h，结束时间晚于古杨树场馆1～2 h。存在云顶场馆有降水而古杨树场馆未降水的情况。

锋前：500 hPa和700 hPa风场呈现西北风，且风速较大，达到或者超过18 m/s和12 m/s；相对湿度低于60%；850 hPa分两种情况：一是与中高层风场相同，维持西北风，风速达到或超过10 m/s，相对湿度低于60%，二是处于“低涡”或切变线前部，为西南风或者偏南风，相对湿度也低于60%。地面处于锋前暖区中，温度较高。

锋面过境：500 hPa和700 hPa风场与锋前保持一致，相对湿度增加至80%以上；850 hPa风场一是与锋前保持一致，相对湿度明显增加至70%以上，二是“低涡”或者切变线移至赛区上空，相对湿度明显增加。锋面开始移至赛区，冷暖空气对峙阶段，降水开始出现并增强。

锋后：500 hPa、700 hPa和850 hPa风场与锋前保持一致，相对湿度开始下降至60%以下；锋面过境后，地面风速增大，气温降低，降水结束。

西北气流型降水开始前期云冰水含量大致区位置较高，中心温度在−38 ℃附近，云层中粒子主要以冰晶形式存在，冰粒子在弱的上升运动中，通过碰并、凝华等增长，后通过“播撒”逐渐向低层作用；降水期间云层厚度主要集中于700 hPa附近较为浅薄；冰粒子处于−25 ℃的环境中，同样也是冰粒子占主导，降水相态为雪。西北气流型降雪期间雷达回波反射率因子小且分散分布。

6.2.3.4 西北冷锋型降水概念模型

西北冷锋型槽前存在明显的天气系统不稳定，假相当位温值随高度增加不变或者略减少。云顶场馆与古杨树场馆降水开始时间相同或相差1 h。降水前期古杨树场馆群降水量略多于云顶场馆；随着冷空气由低至高不断侵入，锋面位置随之升高，古杨树场馆群降水量逐渐减少至与云顶场馆一致。后续云顶场馆降水量大于古杨树场馆。

锋前：赛区处于500 hPa高空槽前西南气流中，湿区逐渐增加，云层变厚；700 hPa和850 hPa 存在明显的切边线或者有“低涡”发展，赛区处于西南气流中；从850 hPa至500 hPa为“后倾槽”结构。地面上为暖气团影响，冷空气锋面未到赛区。云层中主要为云液水，且高度接近地面，降水逐渐开始，海拔较低处，温度在2 ℃及以上，降水相态为雨，随着温度降低，降水相态转为雨夹雪至雪；海拔较高处降水相态为雪或雨夹雪。

锋面过境：首先地面锋面影响赛区，风向转为西北风；之后锋区逐渐向上伸展，随着锋区上升，云液水含量逐渐减少，云层增厚，云冰水含量在锋面上空发展且增加，降水增强且相态为雪。

锋后：随着500 hPa高空槽移过赛区，赛区受槽后西北气流控制，风速逐渐增加，气温下降；云层从近地层向高层逐渐变薄，降水主要集中于海拔较高处，低海拔场馆降水趋于结束，随着700 hPa至500 hPa高度相对湿度减少，赛区降水结束。

饱和区的存在，是冰晶、冰水混合、过冷却水等增长所需要的环境条件，云层发展的深厚关系着云层中过冷却水含量的多寡，也就预示着冰晶、雪晶等增长的快慢、降水量的强度。降水开始前云层首先在近地层发展，云层厚度集中于650～850 hPa，雨水含量集中于800～850 hPa，该阶段海拔较低的古杨树场馆降水相态为雨，海拔较高的云顶场馆降水相态为雨夹雪或雪；随着近地层冷空气的不断侵入，云层逐渐向高层发展，且雨水含量迅速减少；云层沿着锋面爬升，云层为云雪水构成，降落后均转变为雪水，且雪水含量逐渐增加，降落后为雪水。

西北冷锋型降水回波反射率因子发展主要存在3个阶段，首先是槽前分散的回波，主要为近地层系统不稳定导致；其次为槽前强盛的西南气流，该阶段反射率因子最大达到35 dBZ，且持续时间长；最后为冷空气侵入后短暂的西北气流降水，反射率因子略下降至30 dBZ，且持续时间缩短。

6.2.3.5 回流型降水概念模型

相较于西北冷锋型降水，由于近地层东风回流冷空气侵入，回流型降水开始前系统存在弱的不稳定。古杨树场馆降水时间早于云顶场馆1 h，降水前期古杨树场馆降水量明显大于云顶场馆降水量，降水后期云顶场馆降水量明显大于古杨树场馆降水量。

锋前：500 hPa环流形式与西北冷锋型较为相似，高空槽或者高空短波系统位于河套地区，赛区处于西南气流或者偏西气流中，高空槽前云量增加，云层变厚；700 hPa切变线位于赛区以西，赛区处于西南气流中，风速接近或者达到急流标准，切变线前湿区不断发展。850 hPa冷空气沿着内蒙古中部向东部地区移动，遇长白山阻挡后，冷空气向华北地区移动，赛区呈现为东北风，且风速达到或超过10 m/s。地面上为北高南低的气压分布形式，地面上为东风。锋前云层较高，且主要为云冰水；由于低层冷空气侵入，云层降落主要为雪水含量，降水相态也为雪。

锋面过境：500 hPa槽线和700 hPa切变线移至赛区，850 hPa和地面维持东北风和东风，此时高低层垂直风切变较大，中高层暖湿气流在低层冷空气上爬升，云层中云冰水含量不断碰撞、凝华进而降落。

锋后：槽后500 hPa和700 hPa转为西北气流，随着地面冷空气不断南移，赛区处于高压中，地面逐渐转为西北风或北风，云层逐渐变薄，降水结束。

冬季，冰相云物理过程对降雪的形成非常重要。冰相的形成涉及云水、雨水和云冰之间复杂的冰相物理过程。冰晶的凝华增长、碰并过冷水滴的结凇增长、相互之间碰并形成雪晶的碰连增长是冷云形成降水的主要机制。云中有冰（雪）晶和过冷水滴同时并存，由于冰粒子的饱和水汽压小于水滴的饱和水汽压，致使水滴蒸发并向冰晶、雪晶上凝华，通过冰—水转化促使云滴迅速增长而产生降水。饱和区（$T-T_d \leq 2$ ℃）的存在，是冰晶、雪晶凇附增长所需的环境场条件；当云层发展较厚，云中过冷却水含量较大，冰晶、雪晶的凇附增长在冷云降水中将起着重要的作用，可造成较强的降水。

降水时云层厚度发展深厚，从近地层825 hPa一直延伸到350 hPa的高度，云液水含量主要集中在650～750 hPa；云冰水含量持续时间长，发展的厚度较为深厚。降水相态依据东风回流使得近地层温度是否降低至接近0 ℃，来判定降水相态。

回流型降水发射率因子由于槽前近地层风随高度逆转，不稳定较弱，因此降水主要分为两个阶段，第一阶段发生在东北冷锋与西南暖湿气流共同作用时，回波呈现片状分布，最强反射率因子同样能达到35 dBZ；第二阶段发生在高空槽持续东移，降水回波略减弱，转为西北气流降水阶段。

6.2.4 能见度预报

通过对有降雪无低能见度、无降雪有低能见度和有降雪有低能见度3类过程分析，有降雪有低能见度过程与无降雪有低能见度过程相比，能见度相对较好，考虑这两次过程云微物理的最大区别就是无降雪有低能见度过程接地云中主要以液态水为主，云水含量非常高，有降雪有低能见度过程接地云中主要以冰晶为主，云冰水含量比无降雪有低能见度过程中云水含量低。考虑预报思路，将大风沙尘有低能见度单独归为一类。对4类过程提取7个低能见度（Vis）影响因子LCL（抬升凝结高度，hPa）、Snow Fall （降雪，mm）、Wind Speed（风速，m/s）、Inversion Lid（逆温层顶，hPa）、CIWC（云冰含量，$\times e^{-6}$kg/kg）、CLWC（云水含量，$\times e^{-6}$kg/kg）、云接地，以最易出现低能见度的云顶赛区站作为统计目标，统计影响因子平均值（表6.4），分析如下：

（1）有降雪无低能见度过程，平均抬升凝结高度825.2 hPa，高于地面海拔高度，云未接地，以高云为主，800 hPa有逆温层，平均云冰水含量为33$\times e^{-6}$kg/kg，虽然当天形势稳定，平均风速仅为1.2 m/s，能见度也明显降低，但并未出现大范围的低能见度。

（2）无降雪有低能见度过程，平均抬升凝结高度在982.1～1001.7 hPa，低于地面海拔高度，主要是由于云接地导致的低能见度，有逆温层，平均风速在1.6～3.3 m/s，云中主要是以云水为主，平均含量在（121～361）$\times e^{-6}$kg/kg。

（3）有降雪有低能见度过程，平均抬升凝结高度在900.2～1000.8 hPa，低于地面海拔高度，平均降雪量在3.0～28.4 mm。其中云接地时，云冰含量和云水含量均较高，当平均风速在1.2～2.2 m/s时，平均最小能见度小于100 m，当平均风速为3.6 m/s时，平均最小能见度330 m；云不接地时，只有云冰含量，平均风速在1.6～2.9 m/s，平均最小能见度在206～216 m。

（4）当有大风沙尘天气时，导致的低能见度过程，平均最小能见度在200～500 mm，均没有云接地现象，云冰和云水含量都非常低，有时会有高云。当有逆温层存在时，它阻碍了空气的垂直对流运动，抑制沙尘或者污染物的扩散，更有利于低能见度发生，有利于能见度变差。

综上所述，当有低能见度过程时，抬升凝结高度均在900 hPa以下，低于地面所在海拔高度，对水汽凝结极为有利，水汽很容易凝结形成降雪或者雾气（接地云），造成低能见度；云接地时，云水含量都较高，且有逆温层，极易出现低能见度天气，能见度均低于200 m；云不接地时，云冰水含量相对较高，或者有沙尘天气时，也会出现低能见度天气，能见度为200～500 mm；有降雪时，云水含量不好，也有概率会出现低能见度天气。详见图6.28低能见度预报决策树。

表6.4 云顶不同类型过程低能见度要素一览表

类型	过程	LCL /hPa	Vis /m	Snow Fall /mm	Wind Speed /(m/s)	Inversion Lid /hPa	CIWC /(e^{-6} kg/kg)	CLWC /(e^{-6} kg/kg)	云接地
有降雪无低能见度	2019年2月8日	825.2	1147	0.7	1.2	800	33	1	否
无降雪有低能见度	2019年11月3—4日	1001.7	168	–	2.0	875	1	321	是
	2020年2月24—25日	982.1	63	–	1.6	800	1	121	是
	2020年11月16—17日	998.3	70	–	3.3	700	0	361	是
有降雪有低能见度	2019年2月14日	989.7	330	5.1	3.6	800	91	26	是
	2019年3月29日	931.3	216	9.1	1.6	/	61	0	否
	2019年11月2—3日	989.9	78	3.0	1.2	/	101	201	是
	2020年3月6日	982.7	69	8.6	2.2	/	121	46	是
	2020年11月18—20日	1000.8	72	28.4	1.6	/	251	281	是
	2021年1月3—4日	978.0	206	4.5	2.9	800	11	1	否
	2021年3月11—12日	999.3	47	16.6	1.6	/	181	401	是
大风沙尘有低能见度	2020年12月29日	949.1	252	–	6.8	700	1	0	否
	2020年2月21—22 日	900.2	572	1.0	4.2	/	31	0	否
	2021年1月7—9 日	971.5	290	3.3	3.5	700	1	0	否

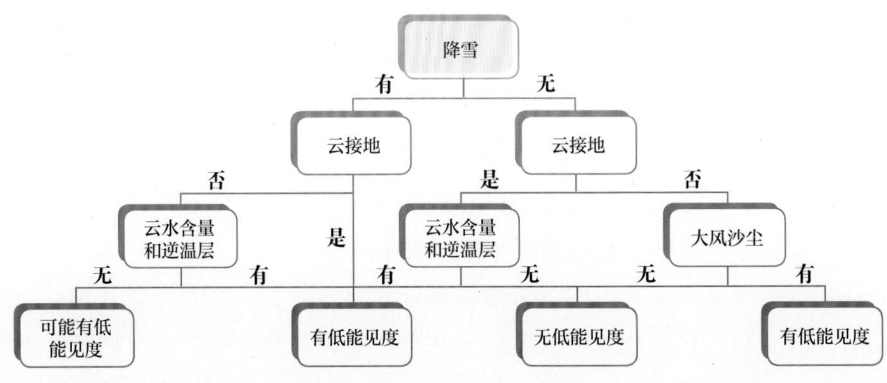

图6.28 低能见度预报决策树

6.2.5 雪质预报

6.2.5.1 雪质风险概率预测产品

冬奥会在雪质方面面临的风险主要是温度升高导致赛道融化，含水率增加，雪质湿化甚至泥化，对比赛造成不同程度的影响。

由于赛区地形复杂，张家口云顶赛区内海拔高度相差350 m，赛区内气温空间变异性大，山顶与山底同一时刻温差平均达3 ℃左右；同时，气温在一日内存在明显的日变化，日最高温与日最低温的差异平均达10 ℃。这些原因导致赛区内不同比赛项目、同一比赛项目不同赛道部位、不同比赛时间，面临的温度风险概率存在差异。国家气候中心等基于动力模式的气温预测结果为整个赛期赛区大范围网格均值，无法反映赛区内部不同位置温度的差异，也无法对温度的日内变化进行预测。为了给张家口赛区冬奥比赛提供更精准的高温湿化风险预测，团队基于赛区近4年加密的气象观测资料，研发了基于随机模拟的统计降尺度模型，在动力模式对赛期平均气温预测的基础上，进一步预测赛区不同位置和不同时次高温湿化风险发生的概率。

预测的思路与步骤：①分别基于两个赛区共16个气象站逐日观测资料对日尺度降尺度模型模拟各站日平均气温和日较差的能力进行了精度评估；②分别基于两个赛区共16个气象站逐小时观测资料对小时尺度降尺度模型模拟逐时气温和小时温度风险指标发生概率的能力进行了精度评估；③基于日尺度降尺度模型随机模拟4000年2月逐日气温，挑选各个站点2月均温在$T\pm0.5$ ℃区间（T为预测均温）内的所有年份逐日数据，假定这些年份的逐日温度序列最能反映预测年的情况；④将步骤③中选出的年份逐日温度序列，输入小时尺度降尺度模型，模拟2月、3月逐时气温序列，分别筛选一日内24个时次温度阈值符合平均气温>−3 ℃、>−1 ℃和>5 ℃阈值的样本，除以这个时次总小时数，乘以100%，得到各个时次发生高温湿化风险的概率。

6.2.5.2 雪质等级预测

选取硬度作为表征积雪质变的判别标准，构建雪质质变判别模型。

6.2.5.2.1 赛道雪层无风险判断指标

应用决策树分类法，从多个气象要素中，选取最低温度(T_{min})和过去24 h降水量(P_{24})作为雪层有无质变风险的判别指标。结果显示，当小时最低气温≤−7.35 ℃，且过去24 h无降雪时，则雪层硬度>25 kgf/cm^2，赛道滑雪无风险。当最低温度>−7.35 ℃，或者小时最低温度≤−7.35 ℃，且过去24有降水时，雪层硬度降低，具有变质风险。根据该指标，雪层质变风险判别准确率为81.1%（图6.29）。

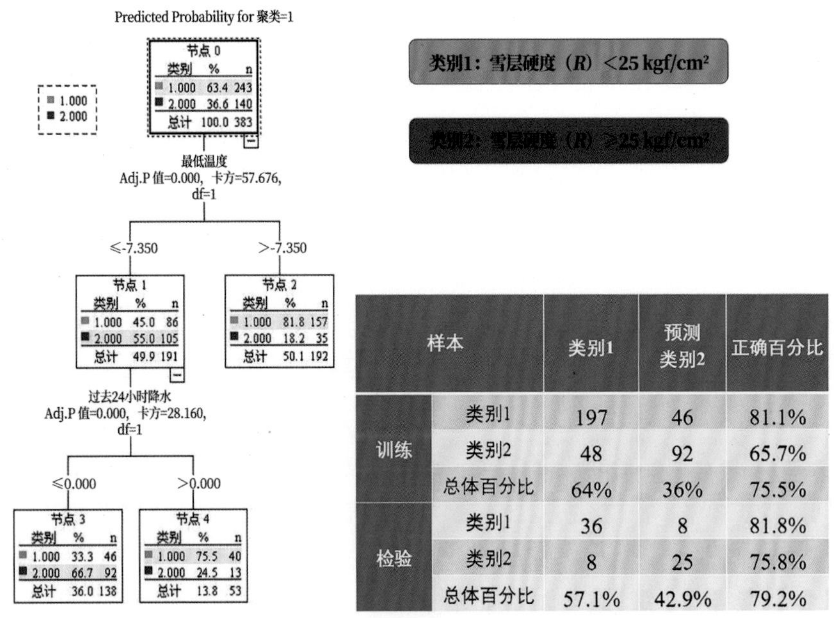

样本		类别1	预测类别2	正确百分比
训练	类别1	197	46	81.1%
	类别2	48	92	65.7%
	总体百分比	64%	36%	75.5%
检验	类别1	36	8	81.8%
	类别2	8	25	75.8%
	总体百分比	57.1%	42.9%	79.2%

图6.29　雪层硬度无风险和风险(R<25 kgf/cm^2)判别决策树

6.2.5.2.2　赛道雪层质变低分险和中等风险判别指标

应用决策树分类法，从多个气象要素中，选取平均气温度(T_{mean})作为雪层有无质变中等风险和高风险判别指标。结果显示，当平均气温≤−4.48 ℃，则12.7 kgf/cm^2<R≤25 kgf/cm^2，赛道雪层处于质变低风险。当平均气温>−4.48 ℃，雪层硬度继续降低，具有变质中等或者高风险。根据该指标，雪层质变风险判别准确率为69.5%（图6.30）。

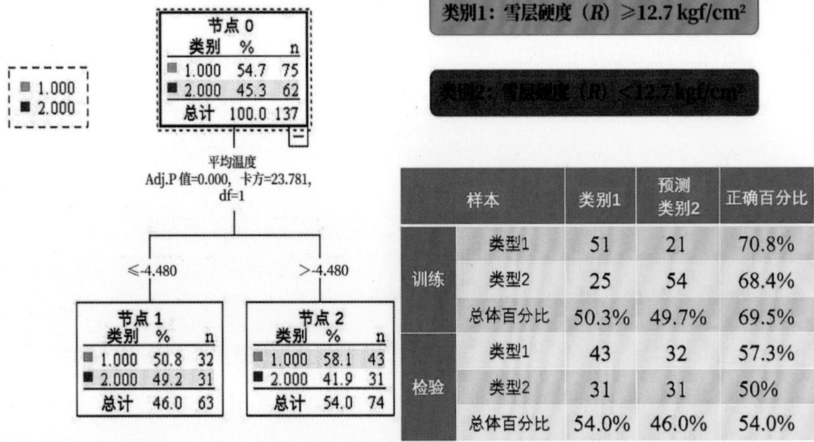

样本		类别1	预测类别2	正确百分比
训练	类型1	51	21	70.8%
	类型2	25	54	68.4%
	总体百分比	50.3%	49.7%	69.5%
检验	类型1	43	32	57.3%
	类型2	31	31	50%
	总体百分比	54.0%	46.0%	54.0%

图6.30　雪层硬度无风险和风险(R<12.7 kgf/cm^2)判别决策树

6.2.5.2.3 赛道雪层质变中等风险和高风险判别指标

当雪层硬度＜12.7 kgf/cm^2，处于中高风险时，根据雪层硬度和各气象因子的等值线图，选择露点温度和气温作为划分中等风险和高风险气象指标（图6.31）。由于观测误差等因素影响，当露点温度≥−3.3 ℃，部分观测雪层硬度>8.5 kgf/cm^2，但根据选择对雪层变质不利的原则，仍确定露点温度≥−3.3 ℃或者气温≥5.0 ℃作为雪层变质中等风险和高风险的判别指标（图6.32）。

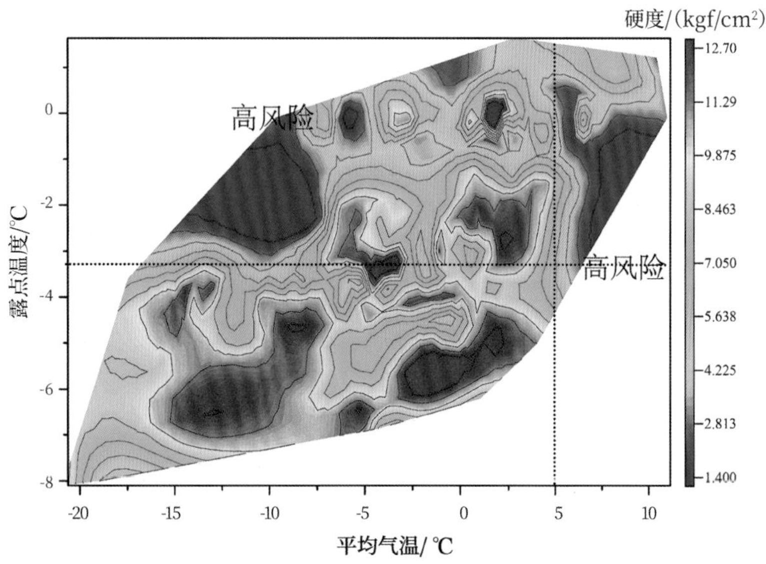

图6.31　赛道雪层变质中风险和高风险判别标准

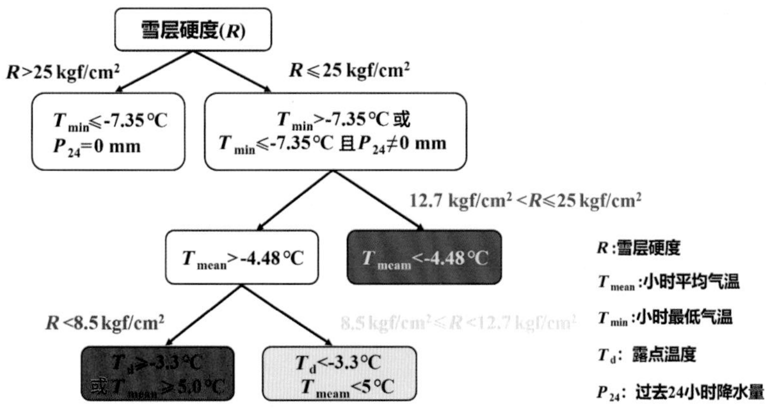

图6.32　赛道雪层变质风险判别指标

应用雪层硬度与平均气温、最高气温、最低气温、露点温度、风速、降水量、短波辐等多气象要素的等值线图，结合决策树分类法，确定赛道雪层风险预警指标：当小时最低气温≤−7.35 ℃，且过去24 h无降雪时，则雪层硬度>25 kgf/cm^2，赛道滑雪无风险。当最低气温>−7.35 ℃，或者小时最低气温≤−7.35 ℃，且过去24有降水时，雪层硬度降低，具有变质风险。其中当平均气温≤−4.48 ℃，雪层硬度范围为12.7～25.0 kgf/cm²时，雪层质变具有低风险；当小时平均气温＞−4.48 ℃时，雪层有中高指标风险；当露点温度＜−3.3 ℃，且平均气温小于<5.0 ℃时，雪层具有中度变质风险；当露点温度≥−3.3 ℃或平均气温≥5.0 ℃时，具有高度风险。

6.2.5.2.4 雪质风险预警指标

结果检验：降水和最低气温作为有无质变风险判别指标，雪层质变风险判别准确率为75.5%。平均气温作为中等或高风险风险判别指标，雪层质变风险判别准确率为69.5%。

6.2.5.3 雪层硬度预测

通过多元分析表明，应用平均气温(T_a)、露点温度(T_d)、雪面温度(T_s)、雪面累积反射辐射(S)、过去24 h累积降水量(P_{24})和雪层温度(T_{so})能较好地模拟雪层硬度(R)：

5 cm：$R=0.228T_a+0.325T_d-1.703T_s+0.003S+0.331P_{24}-1.796T_{so}+1.308$

$R^2=0.52$

10 cm：$R=0.091T_a+0.915T_d+0.291T_s+0.004S+0.695P_{24}-3.997T_{so}+5.307$

$R^2=0.63$

15 cm：$R=0.051T_a+0.702T_d+2.451T_s+0.002S+1.163P_{24}-5.366T_{so}+6.840$

$R^2=0.64$

在距雪表5 cm、10 cm和15 cm处，雪层硬度拟合的RMSE分别为7.80 kgf/cm²、10.19 kgf/cm²和11.81 kgf/cm²。通过通径分析表明，通常通径系数越大，相关参数对雪层硬度影响越大。在距雪层不同深度，雪层温度均是影响雪层硬度的最主要因素。在距雪表5 cm处，雪面温度和反射辐射累计值是影响雪层硬度的重要因素，露点温度也具有显著影响，平均气温和过去24 h降水量则无显著影响；在距雪表10 cm处，除雪层温度外，露点温度和反射辐射累计值是影响雪层硬度的重要因素，雪面温度、平均气温和过去24 h累计降水量则无显著影响；在距雪表15 cm处，除雪层温度外，雪面温度和露点温度则是影响雪层硬度的主要因素，其他影响则不显著。综上分析可知，雪层温度和露点温度是影响整个雪层硬度的主要因素。太阳辐射则主要影响距雪表10 cm雪层硬度。平均气温和过去24 h累计降水量影响则不显著。

2021年12月8日以来，通过雪层硬度模拟计算得到不同雪层的硬度值，5～10 cm的雪层硬度值用于融雪风险的判别可以得到较为直观的结果，其中10 cm的效果较为稳定，能够用于整个赛期（level1～level3为适于比赛的硬度标准）。

6.2.5.4 雪表温度预测

基于2020年12月至2021年3月张家口市崇礼区云顶4号站和云顶山腰站逐时气象观测数据，分析了云顶滑雪场雪面温度演变特征及其与气象因子的相关性，根据雪面的能量通量呈现一定日变化的特征，将气象因子建立的雪面温度预测模型分时段进行研究。

（1）崇礼云顶4号站和山腰站雪面温度的净辐射通量、感热通量以及潜热通量呈现的明显日变化特征与湿雪的特征较为一致。

（2）白天与夜间雪面温度与气象因子的相关性存在差异。白天，雪面温度与气温和短波辐射通量呈正相关，与相对湿度和风速呈负相关；夜间，雪面温度与气温、相对湿度、短波辐射通量的相关性都有所下降而与风速的关系有所提升。

（3）影响雪面温度的主要气象因子中，气温在直接、间接效应方面对雪面温度具有最大的影响力，其次是相对湿度。较白天而言，夜间气象因子通过相互影响对雪面温度产生作用，过程更为复杂，导致夜间气象因子与雪面温度的相关性有所变化。

（4）区分白天与夜间的分时段建模方案模拟效果较不分时段建模方案均有明显提高。

6.2.6 交通气象预报

交通气象预报涉及公路交通气象预报和直升机起降气象预报两方面内容。赛区周边高速公路包括G6京藏高速北京至河北境内路段、G95张承高速张家口至崇礼段、延崇高速、涞涞高速易县至涞源路段以及张石高速涞源至张家口路段。直升机起降点包括云顶滑雪场停机坪、古杨树停机坪、张家口保温机库和北医三院崇礼院区4个点位。

公路交通气象预报主要关注路面结冰、雾和大风。统计2016年1月至2020年12月期间的气象观测资料发现，延崇高速延庆段、涞涞高速易县段雾发生的频次较多，张家口境内各段日最小能见度低于500 m的大雾累年日数均在25 d及以下。高速公路雾的预报，需要由预报员基于数值模式输出的能见度预报产品和其他基本气象要素产品结合主观经验给出预报预警结论。此外，还有基于各路段雾灾风险普查和雾灾风险区划结论，综合考虑行车、地形等综合因素而建立的雾灾风险等级预报产品。路面结冰主要取决于降水和路面温度。在发生有效降水的前提下，路面温度低于0 ℃时才有可能出现路面结冰。针对路面温度的预报方法有两种：一种是利用统计学方法，基于气温、相对湿度、风速等基本气象要素建立统计学预报模型；另一种是利用路面温度机理模型，将代表站的“人为热”参数逐一计算，再基于短时临近和短期预报时效的基本气象要素产品进行预报。大风对高速公路通行的影响一方面是侧风，尤其是山谷处，利用Meteodyn WT模型基于数值预报产品结合地形分布特征对风速进行订正；另一方面影响是可能产生坠物或路面散落杂物，这方面主要根据风力对司机和管理部门进行提示。

直升机起降气象预报主要关注起降点的风力和能见度，对于航路上的天气，参考数值模式输出的3 km及以下分层预报产品，另外，还研究了基于高空各层温度平流、涡度平流、垂直速度等物理量的航路颠簸指数和积冰指数，供直升机救援队参考。

6.2.7 气候预测

“科技冬奥”是2022年北京冬奥的主要特色，与冬奥相关的各项新技术都得到了测试和应用。在此次气候预测服务过程中，为满足北京冬奥会和冬残奥会期间张家口赛区对模式预报资料的丰富性需要、业务开展需求和智能化建设需求，采用了河北省气候中心研发的人工智能预测系统进行了预测服务。该系统基于气象大数据云平台和数值模式产品NCEP、ECMWF、CFSV2、DERF2.0，应用预报预测通用算法和大数据智能分析、机器学习等技术，建立了多模式多方法预测产品数据库，基于预测检验实现预测产品智能推荐（最优组合）。实现了延伸期（11～30 d）逐日气温、降水要素格点预报产品显示生成，以及月尺度客观化格点、站点要素产品生成，并自动化生成报文。在提升气候预测研究能力和气候预测业务智能化建设的同时，也为北京冬奥会和冬残奥会期间张家口赛区的气候预报预测业务提供能力支撑。

6.2.7.1 月尺度趋势预测

采用气候数理统计（均生函数、多元回归、最优子集回归、韵律、拟合误差）、AI智能算法（决策树、支持向量机、朴素贝叶斯、K-Means、主成分分析）进行本地化气温、降水月尺度（包含季节尺度）预测，提供月尺度网格化智能预测结果。根据冬奥张家口赛区预报的需要，预测结果将采用双线性插值的方法插值到崇礼站点，数据保存入库，实现网格化智能预测。利用DERF2.0、CFSV2逐日、逐月资料和ECMWF逐月资料等预报数据，基于智能化预测平台开展冬奥张家口赛区月预测服务。如图6.33所示，为冬残奥会期间3月份河北降水量的智能预报推荐的最优结果。

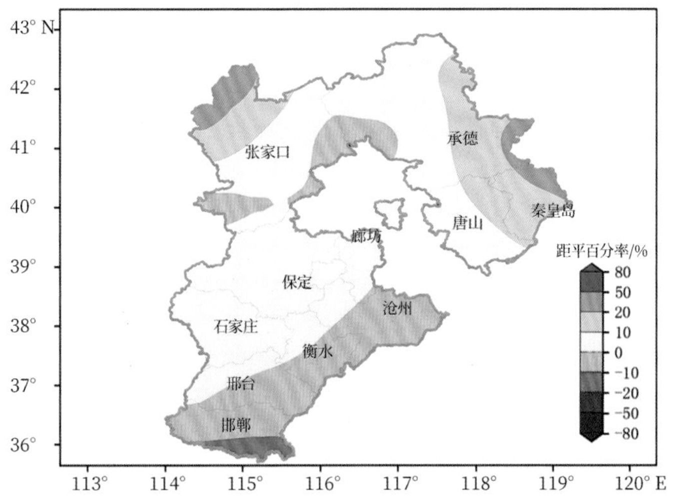

图6.33　2022年3月冬残奥会期间降水量距平百分率月预测产品

6.2.7.2　智能网格预测

以逐日滚动预测的DERF2.0格点预报为基础，采用双线性插值分析技术，逐日滚动制作冬奥张家口赛区未来11～30 d，最大分辨率为5 km×5 km的气温、降水要素预报。实现基于DERF2.0的张家口赛区月动力延伸期精细化网格预报功能。

6.2.7.3　延伸期天气过程智能化预测

针对冬奥张家口赛区冬季强降温、强降水等天气过程进行客观精细化预报，采用逐日起报的DERF2.0、CFSv2预测的未来50 d、45 d的气温、降水预报产品，利用决策树、支持向量机等机器学习方法，对模式资料进行了降尺度的解释应用，以匹配张家口赛区气候特征，再以释用后的预测结果进行天气过程的判定。天气过程种类包括延伸期强降温、高温和强降水等，并进行实时检验。图6.34为冬奥会期间崇礼站主要降温过程。

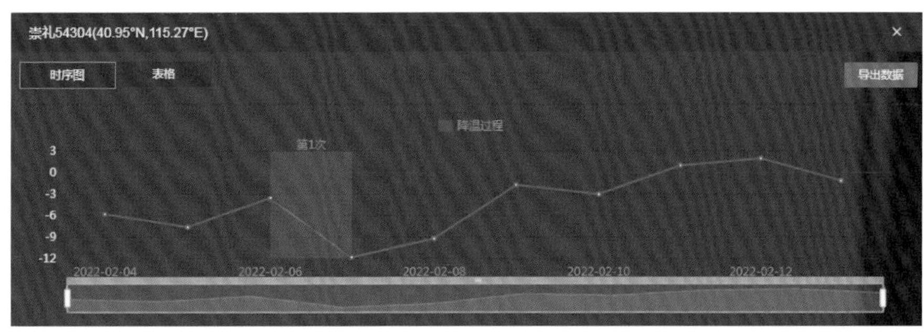

图6.34　冬奥会期间崇礼站降温过程预报（单位：℃）

6.2.7.4 预测产品的智能化制作

系统支持txt报文、Word产品、预测图的制作、调阅与下载功能，以满足冬奥张家口赛区对延伸期天气过程、月尺度、季尺度业务流程及滚动会商需要。主要服务产品为北京冬奥会和冬残奥会张家口赛区气候预测服务专报，逐候滚动发布。图6.35为北京冬残奥会张家口赛区气候预测服务专报。

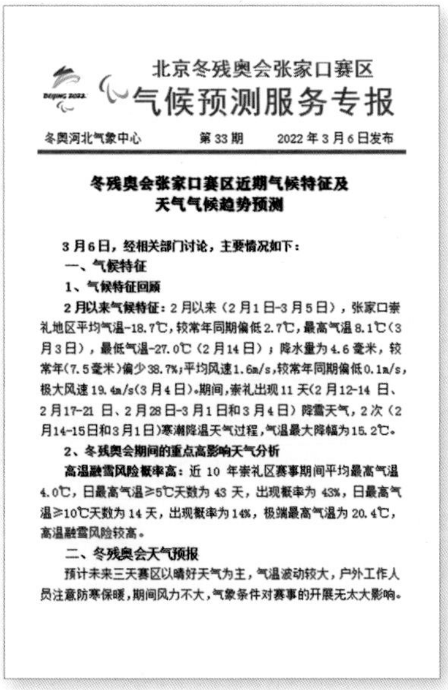

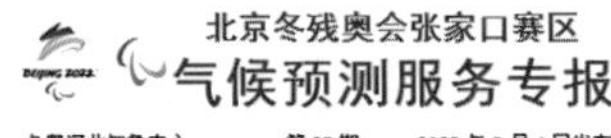

北京冬残奥会张家口赛区
气候预测服务专报

冬奥河北气象中心　第33期　2022年3月6日发布

冬残奥会张家口赛区近期气候特征及天气气候趋势预测

3月6日，经相关部门讨论，主要情况如下：

一、气候特征

1、气候特征回顾

2月以来气候特征： 2月以来（2月1日-3月5日），张家口崇礼地区平均气温-18.7℃，较常年同期偏低2.7℃，最高气温8.1℃（3月3日），最低气温-27.0℃（2月14日）；降水量为4.6毫米，较常年(7.5毫米)偏少38.7%；平均风速1.6m/s，较常年同期偏低0.1m/s，极大风速19.4m/s(3月4日)。期间，崇礼出现11天(2月12-14日、2月17-21日、2月28日-3月1日和3月4日)降雪天气，2次（2月14-15日和3月1日)寒潮降温天气过程，气温最大降幅为15.2℃。

2、冬残奥会期间的重点高影响天气分析

高温融雪风险概率高： 近10年崇礼区赛事期间平均最高气温4.0℃，日最高气温≥5℃天数为43天，出现概率为43%，日最高气温≥10℃天数为14天，出现概率为14%，极端最高气温为20.4℃，高温融雪风险较高。

二、冬残奥会天气预报

预计未来三天赛区以晴好天气为主，气温波动较大，户外工作人员注意防寒保暖，期间风力不大，气象条件对赛事的开展无太大影响。

图6.35　北京冬残奥会张家口赛区气候预测服务专报

6.2.7.5 预测产品的自动检验

表6.5为张家口赛区崇礼站2021年11月—2022年3月的要素预测情况，常年值采用1981—2010年。采用距平符号一致率的方法对张家口赛区崇礼站11月至次年3月的各月气温和降水的预测结果进行检验。结果显示，12月、1月、3月的气温和降水距平符号与实际结果完全一致，11月、2月的气温和降水距平符号与实际情况相反。

表6.5　张家口赛区崇礼站月要素预测检验

月份	降水/mm				气温/℃			
	常年值	实际值	预测值	趋势一致性(AS)	常年值	实际值	预测值	趋势一致性(AS)
11月	8.9	26.5	7~8	否	−4.6	−4.7	−4~−3	否
12月	5	0.1	4~5	是	−11.9	−10	−12~−11	是
1月	4.4	4.8	5~7	是	−14.3	−12.3	−14~−13	是
2月	5.7	4.6	6~8	否	−10	−13.5	−10	否
3月	12.1	33.3	13~15	是	−2.4	−0.7	−2~−1	是

6.3 保障技术

6.3.1 风传感器防冻

对自动站系统，根据崇礼地区冬季高湿、低温的现场环境，对可能造成的风传感器的冻结问题，河北省气象局制定了风传感器加热改造方案，用以在极端天气条件下保证风关键要素的数据保障。对张家口赛区核心区的所有机械风速风向传感器、超声风传感器改造，具备了自动控制加热功能，同时为降低用电功耗，基于热交换原理，对传感器的加热温度进行了精准控制，控制在一定的温差之内，既降低了功耗，又确保风传感器在−40 ℃的超低温情况下依然能保持稳定工作，有效解决了传感器冻结问题。

6.3.2 气象站供电

气象设备的稳定工作离不开电力的保障。为保障供电的稳定性，核心区设备采用了市电和太阳能双供电机制，确保设备稳定工作。但是由于设备在野外工作，市电线路会因造雪等被破坏或停止供电，导致设备供电不足。由于能见度、雪深等设备有独立的太阳能供电，为保证主采集器和通信的正常工作，把能见度、雪深的太阳能供电改造为同时给主采集器供电，能见度和雪深供电系统只能单向给主采集器供电，主采集器供电系统不给能见度和雪深系统供电，确保主采集器和通信系统工作，最大程度地保障气象数据采集传输能力。

6.3.3 高寒环境运行

为保障低温情况下设备的稳定运行，观测设备的电子元器件温度工作环境均要求低于−40 ℃，确保不会因为个别器件低温不工作导致整个设备无法正常运行。选用的传感器多以具备加热功能为主，如机械风加热、超声风加热、雪深加热等功能的传感器，确保不会出现因为低温导致观测数据不准确情况。为保证供电系统的稳定工作，选用了高质量和长使用寿命的胶体铅酸蓄电池替代普通液体电解质铅酸蓄电池。胶体电池具有低温启动性能好的特点，由于硫酸电解液存在于胶体中，胶体电解液的内阻在低温下变化不大，因此其低温启动性能良好。胶体电池工作温度范围非常宽，胶体电池可以在−40～65 ℃正常使用，有效解决了传统铅酸电池超低温无法工作的问题。同时使用安全，有利于环保。使用时无酸雾气体、电解液溢出，不燃烧、不爆炸、无污染，符合冬奥现场环境使用要求。由于电解液是固体，胶体电池即使在使用过程中意外破壳，也没有液体硫酸流出，仍然可以正常使用，较少应急维修情况。

6.3.4 第五代移动通信技术（5G）的应用

使用联通CPE N001 5G路由器及联通5G卡，构建基于5G技术的备份通信线路，在冬奥核心交换机上配置NQA检测，检测到河北省气象局冬奥专线路由器地址，如果检测发现到河北省气象局冬奥专线故障，采用NQA+TRACK联动配置，自动切换到5G备份通信线路。

开展多次通信线路应急演练，对通过5G备份通信线路及其承载的各项业务系统进行测试，例如：视频会商系统、政务邮办公系统、河北省气象局冬奥各预报服务系统进行全面测试，达到提供优质稳定网络环境的要求。

6.3.5 云视频

建设云视频系统，购置云视频终端15套、终端授权10个，通过互联网与北京市气象局、中国气象局进行实时天气会商。赛事期间，冬奥河北气象中心（崇礼）部署1台云视频终端，在核心赛区云顶场馆群和古杨树场馆群共部署4套云视频终端，在冬奥气象应急指挥车上部署1套云视频终端，对重点人员手机号进行授权，通过小鱼易连手机App直接登录进行会商，实现冬奥会赛时比赛现场气象服务人员与北京、河北两地气象指挥中心等多方实时会商、会议的组织。

6.4 人影技术

6.4.1 作业设计

根据冬奥会人影保障任务与需求，冬奥会保障期间主要开展张家口赛区景观增雪作业。人工增雪作业主要根据影响张家口赛区的降雪天气系统来向在作业目标区及其上游地区开展，根据人影作业催化剂扩散理论，催化剂扩散达到有效浓度的距离约150 km。以冬奥会张家口赛区为中心，170 km范围内的西北象限和西南象限设置为重点作业区，240 km范围内的西北象限和西南象限设置为外围作业区。

当天气系统为西北来向时，在作业目标区的西北象限开展飞机和地面增雪作业，见图6.36。

当天气系统为正西来向时，在作业目标区的正西方向开展飞机和地面增雪作业，见图6.37。

当天气系统为西南来向时，在作业目标区的西南象限开展飞机和地面增雪作业，见图6.38。

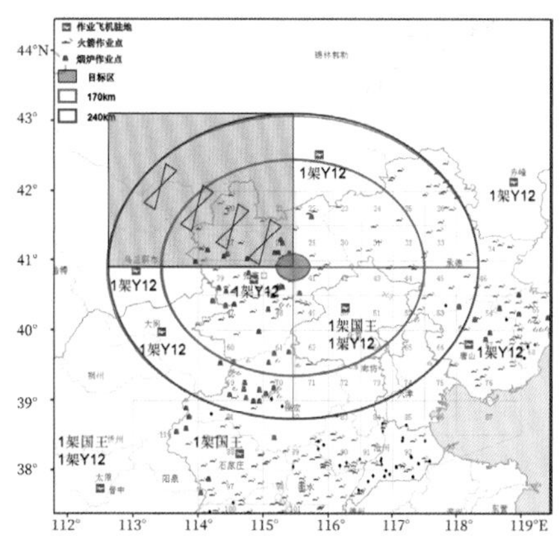

图6.36 西北方向作业布局示意图

（注：图中Y12指运12飞机；国王指"空中国王"飞机，下同）

6.4.1.1 冬季作业条件飞机观测技术

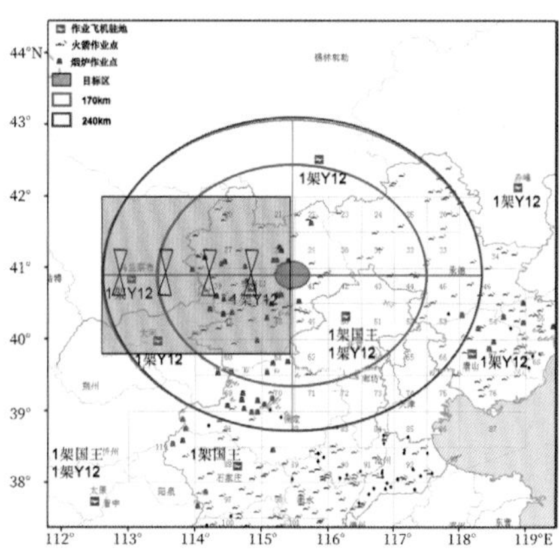

图6.37 正西方向作业布局示意图

根据作业方案，人影作业飞机起飞后，按照申报的飞行计划飞往作业区域先开展云结构探测，垂直探测位置最好位于地面综合观测站上空。在保证飞行安全的前提下，最小探测高度应低于云底，最大探测高度高于云顶，以获取完整云系的垂直结构特征。飞机探测结果可与地面观测数据相互对比印证，使对云系的观测更加科学准确。机载探测设备悬挂于机翼两侧，为减少飞机螺旋桨尾流对探测结果的影响，垂直探测盘旋飞行半径不宜过小，爬升或下降坡度不宜过大。建议飞行半径为5 km，爬升或下降速度不超过5 m/s。

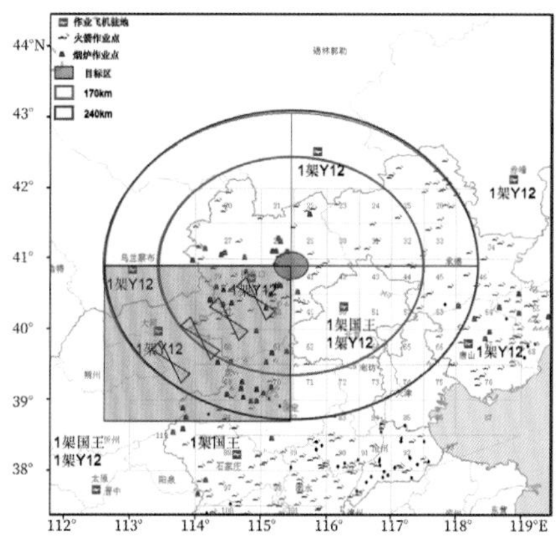

图6.38 西南方向作业布局示意图

垂直探测过程中需实时关注云系的过冷水条件与温度条件，初步确定具有较好人工催化作业潜力的高度层。催化层温度可根据飞机上实时温度探头获取，催化作业宜选取碘化银成核率较高的−20～−4 ℃。飞机搭载的AIMMS、CCP、FCDP、2DS、CIP、HVPS、PIP、CPI、Nevzorov含水量仪等探测设备可获取气象要素信息及云粒子的粒径分布、图像、液态含水量等特征，为作业条件的判断提供依据。CDP、FCDP探头可获取小云滴数浓度，2DS、CIP、HVPS、PIP、CPI探头可获取冰晶、降水粒子数浓度和图像。根据相关研究成果，利用飞机云物理观测识别云可播条件为：当平均云滴浓度＞20个/cm^3，平均冰晶浓度＜20个/L时，表明该区域具有较好的可播性。同时可结合2DS、CPI、HVPS和PIP等设备获取的粒子图像判断粒子相态，选择过冷液态水丰富的区域进行播撒作业（图6.39、图6.40）。

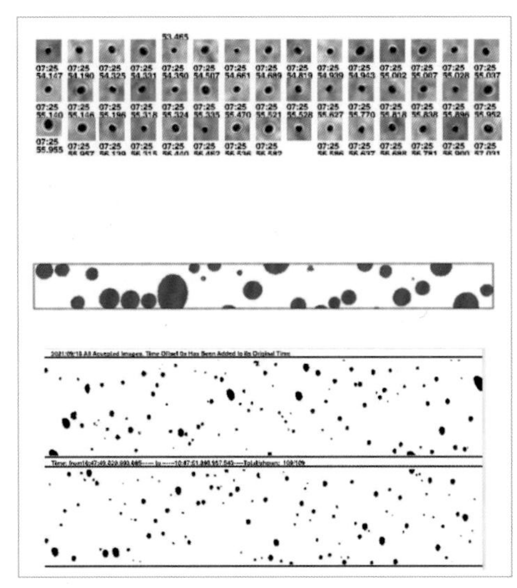

图6.39　不同机载设备观测的液态粒子图像

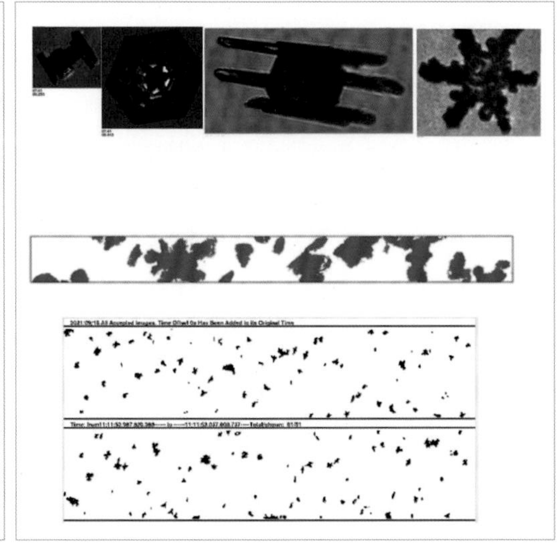

图6.40　不同机载设备观测的冰晶粒子图像

6.4.1.2　降雪云系预报技术

在冬奥会期间，依托河北省人工影响天气中心业务体系，利用云模式预报产品，滚动分析冬奥会张家口赛区云系发生发展的动力、热力等物理条件，制作发布人影作业条件预报。预报分析思路为：提前一周关注全球模式数值天气预报结果，分析冬奥赛区天气形势、降水、过冷水潜势等预报产品，对可能影响时段和区域进行提前关注和预判。提前72 h关注中尺度模式数值天气预报的结果，根据天气形势、环流背景等进行研判，分析影响冬奥赛区500 hPa、700 hPa、850 hPa的高度场、风场、相对湿度、水汽通量预报；地面气压场、温度、降水预报等产品，对降雪过程进行跟踪和分析，适时发布人影作业过程预报和作业计划。提前48 h关注人影云模式预报产品，分析影响赛区的云系演变趋势。云垂直宏微观结构和作业条件；云宏观特征预报需明确目标云系的分布区域、持续时间、云顶高度、云底高度、云系移向移速、作业层风向风速、云中温度层结、云系分层情况、云垂直结构

随时间的发展演变等指标；云内微物理特征分析作业目标区上游区域，明确人影催化潜力及潜力区时间、分布高度，为开展精准催化提供预设的参考条件，指导作业飞机开展固定目标区精准靶向作业；制作飞机作业预案，主要包括作业区域、作业时段、作业部位、催化方式等；制作地面作业预案，主要包括作业区域及高度、作业时段、作业方式和弹药准备等。适时发布人影作业条件潜力预报和作业预案。

降雪云系微观物理参量预报依托中国气象局人工影响天气中心高分辨率云降水显式预报模式（CMA-CPEFS-LAPS），该模式采用二重双向嵌套，水平分辨率最高为3 km，背景场采用CMA-GFS全球模式预报场。每日08时和20时起报2次，预报时效48 h。提供水平分辨率为3 km、时间分辨率为1 h的云宏观场、云微观场、热动力场和降水场等27个预报产品（表6.6）。微物理方案描述方面，采用CAMS复杂双参数冰相微物理方案，可以预报水汽、云水、雨、冰晶、雪和霰的比质量及雨、冰晶、雪和霰的比数浓度，并根据室内实验和飞机观测结果改进方案中的冰晶核化参数化过程。初始场改进方面，利用LAPS系统同化北京、天津、河北、山东、河南地区共9部雷达的基数据，与业务模式CMA-CPEFS相比，明显提高了对前6 h云和降雪的预报效果。

表6.6 CMA-CPEFS-LAPS数值模式数据产品列表

分类	模式垂直19层/hPa 1000,950,900,850,800,750,700,650,600,550,500, 450,400,350,300,250,200,150,100（共49个时次）		
	名称	物理意义	单位
三维预报量	U	水平风速u分量	m/s
	V	水平风速v分量	m/s
	W	垂直风速w分量	m/s
	qvapor	水汽混合比	kg/kg
	qcloud	云水比含水量	kg/kg
	qrain	雨水比含水量	kg/kg
	Qice	冰晶比含水量	kg/kg
	qsnow	雪比含水量	kg/kg
	qgraup	霰比含水量	kg/kg
	qnrain	雨滴数浓度	个/kg
	qnice	冰晶数浓度	个/kg
	qnsnow	雪数浓度	个/kg
	qngraupel	霰数浓度	个/kg
	Geopt	位势	m^2/s^2
	tc	温度	℃
	rh	相对湿度	%
	Dbz	雷达反射率	dBZ

（续表）

分类	名称	物理意义	单位
二维预报量	psfc	地面气压	Pa
	Hgt	地形高度	m
	rainnc	累积显式格点降水	mm
	Slp	海平面气压	hPa
	max_dbz	垂直最大反射率	dBZ
	Cband	云带（垂直积分总水量）	mm
	Vil	垂直积分液水	mm
	Visl	垂直积分过冷水	mm
	cloudtopt	云顶温度	℃
	cloudtoph	云顶高度	km

6.4.2 人影作业

6.4.2.1 飞机增雪作业技术

通过对冬奥会保障演练及试验案例分析表明，在选择实施催化作业的云条件时，最好选择处于发展或持续阶段的云系，云中有比较深厚的上升气流、云层厚度较大、过冷云层较厚、云底较低、云下蒸发较弱的云系。被催化的云层要较为均匀，作业区云中应有一定的过冷水含量，有较大的冰面过饱和度，同时，冰晶浓度较低条件下更有利于催化作业。登机作业人员在分析机载探测设备观测结果的同时，可结合目视进行实时判断，在过冷水较充沛的区域，机翼、探头臂尖端容易出现积冰现象。

人影作业飞机完成垂直探测结束后，飞往作业区域并调整飞行高度至垂直探测过程中具有较好作业条件的高度层。进入作业区后进行“S”形播撒作业，并根据云中过冷液态水分布情况确定播撒剂量和每次点燃的碘化银焰条数量。飞机播撒时，应垂直于作业层高空风向采取等间隔水平距离（3～6 km）播撒的方法进行。根据使用的冷云催化剂的成核率与温度关系，作业时应把催化剂直接播撒入适宜引入冰晶的部位。在云底或云内温度较高的部位催化，往往使成核率降低。因此，作业时催化剂播撒建议选取冷云云顶或云体中上部，对应温度应在碘化银成核率较高的−20～ −4 ℃。

人工催化作业结束后，为检验播云催化后可能的微物理响应，在催化作业后应设计回穿探测（图6.41）。根据风向、风速和播撒时间，确定播云催化后的可能影响区域，飞往播撒区域下游的影响区进行效果检验。到达下游效果检验区域后，首先在作业层高度进行平飞探测，之后下降300 m，再进行平飞探测。平飞探测过程

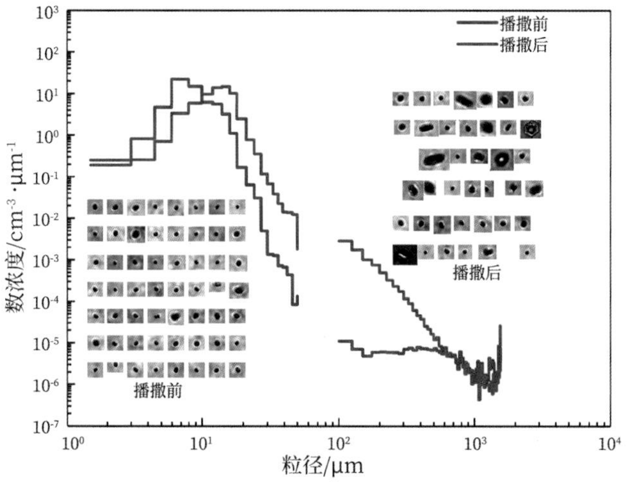

图6.41 播撒后云粒子谱特征及相态的响应

中需注意云粒子相态、粒径和浓度等特征的响应情况。检验结束后若安全飞行时间允许，可继续向下每300 m一层进行平飞探测，观察粒子下落情况，直至出云底后返航。对人工增雪催化前后层状云的宏、微观物理量进行对比分析时应注意，小云粒子数浓度和云液态水含量在催化后是否呈现减小趋势，注意粒子相态、冰晶粒子粒径、浓度和谱型是否发生变化，一般这些变化在播撒层下方较之播撒层更为显著。

6.4.2.2 火箭增雪作业技术

根据降雪云系结构的监测结果和作业装备性能，通过分析沿弹道轨迹的雷达剖面，结合卫星云图和雷达回波水平分布，预估地面人工雪作业效果，确定催化剂适宜播撒部位，调整作业仰角和方位角。例如针对2022年1月21日大范围人工增雪作业分析结果表明，由于云顶较低、作业仰角偏高，催化剂播撒位置可能高于云顶，存在一定的浪费，应降低作业仰角，使催化剂更充分地播撒在云中合适部位，以优化作业效果（图6.42）。

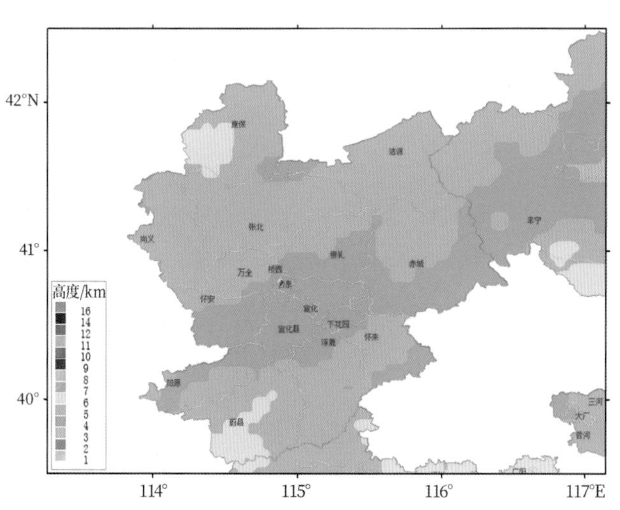

图6.42 2022年1月21日23时卫星反演云顶高度

6.4.2.3 技术作业弹药物联网信息化管理技术

河北省装备弹药物联网管理系统于2018年9月投入使用。利用物联网技术实现对人影作业装备和弹药全生命周期的监控和管理。该系统基于 Web、GIS 平台、GPS 技术，采用 B/S 与C/S 架构相结合的方式进行搭建，并根据用户权限提供差异化使用环境。该系统以气象业务内网和移动通信网络为依托，以弹药流转流向为脉络，以弹药安全管理为重点，具有对弹药监管业务多个环节信息的跟踪、查询和统计分析的综合管理等功能。该系统的功能模块主要包括：弹药采购计划管理、弹药订单管理、弹药信息管理、系统管理、终端管理、用户信息管理、基础配置等。基于物联网技术的人影弹药管理业务流程主要包括：弹药的采购、生产、运输、仓储、作业和回收等环节。为保障冬奥人影装备弹药的管理，参与冬奥保障的所有作业单位的装备弹药均纳入物联网系统的监管，312个弹药存储库均配备手持终端。

第7章　整装待发

——经验积累与赛前准备

随着张家口赛区各项业务建设项目的持续推进，各类气象保障装备设备与业务系统相继完成安装部署，核心技术攻关工作也依托国、省两级科技冬奥专项有序开展，与此同时，各领域人员队伍也同步组建就位，如何统筹整合张家口赛区全部软硬件与人员资源，发挥各类项目建设与科研攻关成果作用，切实形成赛区气象服务保障战斗力，是张家口赛区筹办期又一重要工作。

从2017年开始，围绕赛事核心预报服务保障任务，各项培训、实习、模拟以及业务流程建立优化工作相继开展。作为赛区气象保障的核心，预报服务团队开启了持续5年的全领域、立体式综合组训，先后参与了赴外实战观摩实习、山地气象学专题技术培训、赛区雪季综合驻训以及气象服务专项技能综合素质培训，累计培训时间近30个月，并参与了期间赛区举办的各类雪上项目赛事气象保障工作，圆满完成“相约北京”测试赛保障任务，实现了赛事预报服务经验从无到有，由浅入深的蜕变，摸索形成了适合张家口赛区气象保障工作实际的预报服务工作流程，明晰磨合了岗位设置和职责，并通过了实战测试检验。

2019年开始，随着业务建设项目的全部竣工，各类探测装备、信息网络设备的先后就位，装备保障团队和信息保障团队也先后开展赛区一线准备工作，调整优化设备，制定保障工作流程和应急处置方案，形成工作手册，并完成各类设备和网络系统的安装调试工作，确保全部硬件设备与软件系统以最佳状态迎接冬奥会正赛大考。

7.1 观摩实习

“千里之行，始于足下”，预报服务团队组建伊始，面临的最大问题就是缺乏雪上赛事保障经验，特别是缺少气象对赛事运行影响的直观认识，对工作需求和要求缺乏全面了解。为有效积累赛事预报服务工作经验，在北京冬奥组委的支持下，2018年至2019年冬季，张家口赛区预报服务团队先后派出5名同志随冬奥组委相关项目核心竞赛团队赴外开展赛事观摩实习，有效积累经验，加深了解和认识。

7.1.1 国际雪联越野滑雪世界杯瑞士达沃斯站

2018年12月8—18日，李江波随冬奥组委越野滑雪核心竞赛团队前往瑞士开展了为期10 d的“国际雪联越野滑雪世界杯瑞士达沃斯站”短期见习，全程跟踪学习了世界杯赛事的赛前筹备、赛中组织、赛后总结等工作，对越野滑雪竞赛的组织、规则、内容等诸多方面有了全面深入的了解，对该项赛事对气象服务的要求有了明确清晰的认识（图7.1）。

图7.1 李江波（右二）在2018年国际雪联越野滑雪世界杯瑞士达沃斯站短期见习合影

达沃斯位于瑞士东南部格劳宾登州格里松斯地区，坐落在一条17 km长东北—西南走向的山谷里，靠近奥地利边境，它是阿尔卑斯山系最高的小镇，海拔1529 m，因世界经济论坛在这里举行而闻名于世。特殊的地形使这里降水充沛，雪场众多，被称为“欧洲最大的高山滑雪场”。由于越野滑雪本身受天气因素影响较小，因此没有现场天气预报服务人员，赛场天气预报来自苏黎世气象部门，比赛前一天提供第二天3 h间隔的天气预报，预报要素包括天气现象和气温，该预报发布在每日的比赛日程手册中，同时在例行的领队会上详细介绍。组委会取得天气信息的另外渠道是通过手机上的各种天气App。

越野滑雪赛场没有设置气象观测站，但在越野滑雪终点计时设施旁边，看到了临时安装的测风仪器，该自动风速仪为德国制造，由计时团队安装，用于最终的成绩校正。在越野滑雪场地对面的山顶上建有一部天气雷达，在山腰的高山滑雪场地，建有一处气象观测站（图7.2）。

越野滑雪比赛中，滑板打蜡技术的好坏也是影响竞赛成绩的重要一环，这个也与一些气象条件密切相关，在赛事开始前一天，专业打蜡工作人员会对赛道雪面数据进行采集分析，打蜡师根据数据分析结果给滑板打蜡。

收获：对整个赛事的运维到各个流程的框架、赛事规则有了直观的认识，通过向领队、教练、裁判学习，对气象保障服务工作也有了深刻的了解。

与瑞士达沃斯较为适宜的气象条件相比，北京冬奥会雪上项目张家口崇礼赛区的气象条件则较为复杂，且张家口赛区在气象资料的积累上才刚刚开始，复杂地

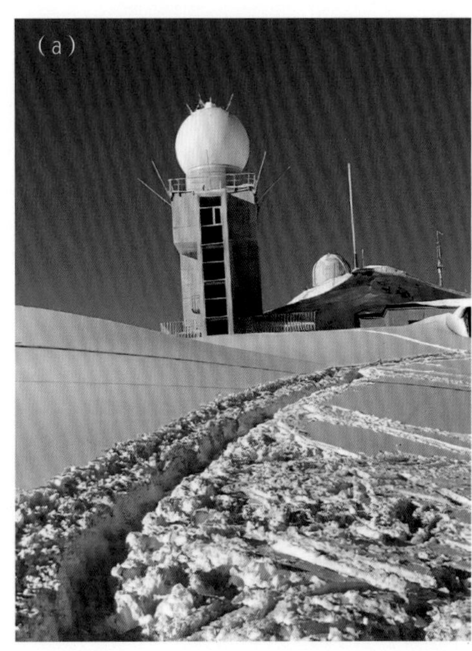

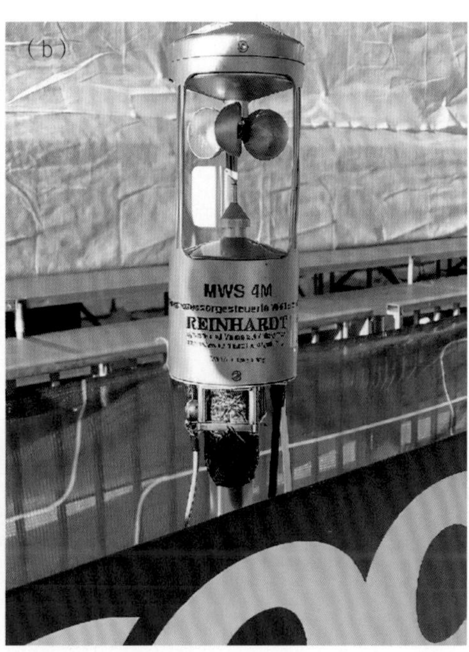

图7.2　山顶雷达（a）和测风仪（b）

形下局地小气候的研究也刚刚起步，因此低温、阵风及小概率的降水、低能见度、沙尘暴事件精细化预报有较大难度，需要加强这方面的研究，同时在实际预报服务中，增加预警、预案的服务方式，明确应急预案。

7.1.2　国际雪联北欧两项世界杯挪威利勒哈默尔站

2018年11月30日—12月13日，段宇辉随冬奥组委跳台滑雪核心竞赛团队赴挪威开展了为期14 d的“国际雪联北欧两项世界杯挪威利勒哈默尔站”短期见习，全程参与了跳台滑雪世界杯和洲际杯赛事的赛前筹备、赛中组织和赛后总结等工作（图7.3）。

赛事标准跳台是5+3的观测站网布局，大跳台是7+3观测站网布局，其中3为气象测站，而5和7分别为单超声测风仪器和测距仪器，超声测风仪器都为Z字形分布，与风向旗交叉对应，且有明确的规定要求。

领队会包含了组委会主席讲话、竞赛长工作汇报、介绍FIS官员仲裁裁判、竞赛日程安排、气象预报等14个方面的工作情况。竞赛长在介绍气象预报对赛事的影响时，语言要言简意赅，把主要影响比赛的气象要素表达清楚，例如：主要降雪时段、量级，风速大小，气温等方面，避免言语含糊不清。领队会上的气象预报是从Accu Weather（天气预报软件）中调取，为逐小时的风向风速、降雪、温度、阵

图7.3 段宇辉（右二）在2018年国际雪联北欧两项世界杯挪威利勒哈默尔站短期见习合影

风、能见度、相对湿度、云量等气象要素。

收获： 全程跟随团队见习了整个赛事中的气象观测与展示应用、预报服务的业务流程等工作，跟进了整个赛事的组织过程，细致了解了气象团队工作职责、工作点位和业务流程，明确了与相关业务领域气象服务衔接的定位、主要技术支撑和需求。

与利勒哈默尔温带海洋性气候相比，张家口赛区由于属于大陆性季风气候，2022年冬奥会赛事期间，温度较低，风力较大，对赛事期间的气象条件提出了更高的要求。

从预报结果看，整个比赛期间的降雪预报非常准确，在对场地轧雪、助滑道管理、场地管理等方面有较好的服务保障，且各国领队、技术官员对此预报有较高的信任度，良好的沟通会增加信任，更好地开展工作。

7.1.3 国际雪联单板滑雪平行大回转世界杯卡利萨和科尔蒂纳丹佩站

2018年12月10—17日，李宗涛随冬奥组委单板、自由式滑雪核心竞赛团队赴意大利开展了为期8 d的“国际雪联单板滑雪平行大回转世界杯卡利萨和科尔蒂纳丹佩站”短期见习。期间与国际滑雪联合会、赛事组委会官员会后共同对科尔蒂纳丹佩佐佛罗利亚雪场比赛赛道进行了考察。在卡利萨参加赛时竞赛组织工作，并观摩世界杯赛事。期间同罗马第三大学教授阿里桑德罗会面，讨论了科尔蒂纳气象服务工作的相关介绍（图7.4）。

收获：明晰了面临的气象风险，对比意大利两个世界杯举办地的天气气候条件，张家口赛区温度更低、风力明显偏大。因此需要开展风寒指数、风场精细化模拟、直升机救援、风对缆车影响等方面专项研究，尽早开展2022年冬奥会期间气候预测工作，形成各项工作预案。

尽快完成冬奥预报服务手册，在当时经过两年的培训，冬奥预报服务团队对赛事和山地专业知识有了一定的了解，但是同竞赛组织者、运动员、雪场运维均缺少交流，对赛场周边地形也认识不足。此行也促使团队奠定了“边研究、边应用、边改进”的工作基调，促使不断融入赛事，改进预报方法，丰富完善预报服务手册。

增进同国外相关机构的交流和学习。卡利萨世界杯工作人员同时用意大利语、德语、英语进行交流和服务给团队留下了深刻印象。流利清楚地表达是气象服务不可或缺的一环，英语学习应该更注重通过国外同行网站的学习和积累，并逐渐形成冬奥预报服务模板，为冬奥会现场服务打好基础。

图7.4　李宗涛（左）在2018年国际雪联单板滑雪平行大回转世界杯卡利萨和科尔蒂纳丹佩站与外国专家交流

7.1.4 冬季两项世界杯捷克诺夫梅斯托纳马瑞夫站

2018年12月16—25日，朱刚随冬奥组委冬季两项竞赛核心团队赴捷克开展了为期10 d的“冬季两项世界杯捷克诺夫梅斯托纳马瑞夫站”短期见习（图7.5）。

图7.5 朱刚在2018年冬季两项世界杯捷克诺夫梅斯托纳马瑞夫站短期见习

诺夫梅斯托纳马瑞夫距离捷克首都布拉格128 km左右，海拔高度为594 m，12月的平均降水量为44.3 mm，由于雪场附近海拔高度较高，附近河流湖泊丰富，故降水多，而且气温比布拉格低得多，积雪不易融化，这导致该地区有丰富的积雪储备。

在12月21日和22日两天，比赛经历了严峻的雨雪天气的考验。12月21日，下午比赛开始前出现强降雪，降雪强度大而且持续时间长，表面新增积雪厚度目测也超过了1 cm，但是比赛仍然照常进行，除了夜间采取了一次压雪措施外，白天并没有因为大雪而进行重新压雪或者将新雪吹走；22日下午出现了降雨，16时左右降雨突然加强，现场感受如倾盆大雨且持续了较长时间（半小时以上），后期还夹杂着如冰雹般的小冰粒，但是组委会并没有停止和延后比赛，而是让比赛按计划加紧进行，事后向体育部门的专家了解，原因是赛场雪道上的雪并不会因为这么一会儿的降水就融化到不能比赛的程度，反而拖得时间越长，雪质不能比赛的危险才越大。

这次比赛天气带给组织方很大的压力，降雪之后他们需要清理降雪，高温会使得存雪处存的雪有些融化，水会流下去并使得雪的湿度下降，进而导致雪黏度下降，可能会导致储雪不够密实。由于场地雪足够厚，这样的降水并不会使得雪场不能比赛，比较危险的还是低温和大风导致不能比赛。

收获：预报员面临的压力是非常大的，首先前一天就有必要预测第二天降水的强度和时长，是否会使得雪道不能比赛，其次是降水发生后，需要预测其持续的时间，让赛事组织方根据结论安排比赛。短时的赛场预报的订正，不能只靠模式和程序，而是极大地依赖于预报员的预报经验、订正能力和责任心。

气象部门的职责更多的是提前一天或者当天早晨对这一天天气的预报，需要预报当天的天气状况，温度、风等要素。当温度低于−15 ℃，体育团队就会参考风寒指数，根据现场的实际情况判断是不是能够继续比赛。

明确了崇礼冬季两项比赛所面临的挑战，使得之后的冬训准备工作更有针对性。另外，也与冬季两项体育部门的专家们建立了良好的合作关系，为后续的工作奠定了基础。

7.1.5 跳台滑雪和北欧两项挪威奥斯陆和利勒哈默尔站巡回赛

按照北京冬奥组委人员培训工作安排及体育筹办工作需要，经北京冬奥气象中心和河北省气象局推荐，段宇辉作为奥组委人员参加跳台滑雪挪威巡回赛境外短期见习项目工作团，于2019年3月5—14日赴挪威奥斯陆、利勒哈默尔两座城市进行实习考察。全团组成员共10人，其中7人分别来自奥组委秘书行政部、对外联络部、体育部、规划建设部、技术部、运动会服务部、张家口运行中心，同时还有2人是张家口奥体建设开发有限公司的委外成员（图7.6）。

经历零距离接触和跟踪学习世界级跳台滑雪赛事的赛前筹备、赛中组织、赛后总结等工作，体会到从一名办公室气象台预报员到赛场专职气象保障人员的转变，对跳台滑雪竞赛的组织、规则以及赛事现场气象服务需求和保障等诸多方面都有了全面而深入的认识和了解。

7.1.5.1 参与工作谋划，凝聚团队力量

自动员大会团队成立以后，就组织成立微信团队成员群，团组实行团长负责制，并详细制定了内部任务分工，设学习组、外联组、保障组。在人力资源部的指导下，各位成员发挥各自业务领域优势，按照分工开展学习准备工作，制订了团组学习计划，明确了出国见习期间的学习目标、学习重点以及问题清单。境外为期近10 d的见习过程中，大家在学习中注重沟通交流，认清个人在团队工作中的定位，明白气象服务保障工作和其他不同业务工作之间的联系和协同，为日后在崇礼地区举办冬奥会，组织协调团队工作打下良好基础。

图7.6　跳台滑雪挪威巡回赛境外短期见习项目工作团成员

7.1.5.2 聚焦赛事气象，提升服务保障

7.1.5.2.1 气候特征对比

挪威大部分地区属温带海洋性气候，由于受来自北大西洋的西南暖湿气流以及来自低纬的北大西洋暖流的影响，导致降水明显，但挪威的气候出乎意料地温和，不是想象中的那么冷。对比表7.1中的数据，挪威奥斯陆温度条件和降雪条件都非常适宜比赛，而张家口崇礼赛区，属于大陆性季风气候，整体温度明显较低，降雪量偏少。

表7.1 崇礼与挪威奥斯陆比赛期间平均温度和平均降水量对比

全年 月平均	1月		2月		3月	
	崇礼	奥斯陆	崇礼	奥斯陆	崇礼	奥斯陆
最高气温/℃	−6	−2	−2	−1	5	4
最低气温/℃	−21	−7	−17	−7	−9	−3
总降水量/mm	4	49	6	36	12	47

在见习期间，奥斯陆和利勒哈默尔赛场最大风速在3～4级，大部分时间在2级及以下。另外，据赛事官员介绍，但温度低于−20 ℃时，为了运动员的安全和成绩着想，就要考虑是否继续赛事了，而崇礼的温度较奥斯陆明显偏低，并最低温接近−20 ℃，加上5～6级的阵风影响，体感温度会达到−30 ℃左右。在降雪量充裕的挪威，赛事的用雪主要还是人造雪，据赛场官员介绍，奥斯陆霍尔门科伦滑雪大跳台赛场的赛事用雪，有80%是人造雪。所以就整体气象条件，崇礼冬奥会期间面临的最大气象风险是低温和大风，另外人造雪的需求量非常大，对人造雪的气象条件研究也提出了较高的要求。

7.1.5.2.2 挪威巡回赛期间天气

在巡回赛期间，两地均下着小到中雪，其中利勒哈默尔站在比赛期间还出现3～4级的阵风，赛前均发布了黄色驾驶条件预警（图7.7）。虽然两场赛事期间都出现了较大的风雪天气，而且较严重地影响了能见度，但整个比赛仍然正常进行，个别队员在阵风较大时有一定的起跳等待时间。据现场气象保障人员介绍，能见

图7.7 挪威巡回赛期间降雪天气实况和预报预警情况

度和较大的降雪对赛事的影响较小，现场气象服务保障人员主要给场馆主管和教练提供大形势的风场变化，教练主要根据赛道周围7个风速仪的风速来指挥运动员是否出发起跳。

7.1.5.2.3　赛前气象服务保障

由于这边的比赛均在中午或傍晚举行，在巡回赛期间，公告栏均在比赛当天上午贴出英文版天气预报，天气预报来自Yr天气预报公司（Yr是挪威气象研究所和挪威广播公司的联合在线气象服务。Yr提供挪威约100万个地点，全球1000万个地点的不同语种的天气预报，也有手机App可安装使用），公告栏每天上午更新一次。公告的内容较为简单明了，主要是未来48 h逐小时的天气预报，内容包括天气现象、降水量区间、温度曲线、风向风速等信息，比赛第一天会有未来7 d的逐日天气预报，并没有提供阵风的预报。对比几天公告栏预报，由于整体气象条件较为简单，预报整体对降水、温度以及风向风速的把握较好，调整较小，与实况也比较接近（图7.8）。

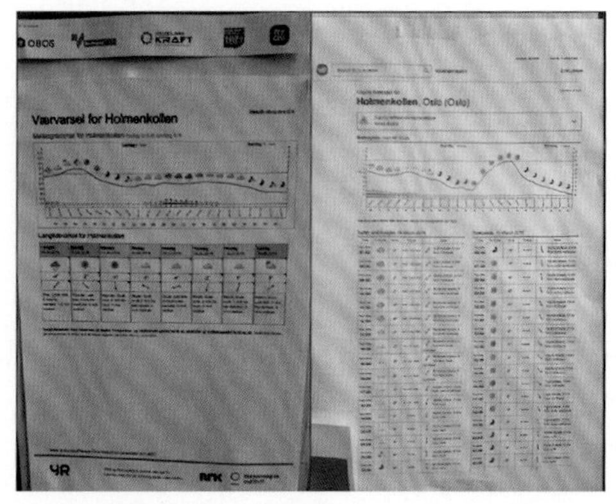

图7.8　天气预报公告栏

7.1.5.2.4　领队会

在本次挪威巡回赛（RAW AIR）的现场赛事官员的协商下，我们团队有幸全程参加了奥斯陆和利勒哈默尔的领队会。奥斯陆的领队会主要包含了组委会主席讲话、竞赛长工作汇报、点名、场馆介绍、竞赛日程安排、气象预报等14个方面的工作情况，其中天气预报汇报在第10项议程。奥斯陆站有两位预报员参与，利勒哈默尔站只有1名预报员参与。领队会上给出整个比赛期间的主要影响天气，主要是风向风速和降雪情况，尤其被提及的是阵风、顺风和逆风（顺风和逆风对运动员成绩有影响），语言可以简单涉及气象专业词汇。

7.1.5.2.5　赛时气象服务保障

在跳台滑雪的赛道两旁，Z字形布局7个测风仪器，以及对应的风向指示彩旗。在跳台滑雪中，运动员最后的得分计算中，有一项叫windpoint，与起跳时的现场风向风速密切相关，通过winwind软件计算得到，其中SWISS TIMING团队负责7个测风仪器数据的检测，FIS（国际雪联）负责计算windpoint。从赛事主管办公室可以看到相关监视仪器，软件左侧界面显示分布在现场赛道旁的7个测风仪器传回的秒级风向风速数据，软件右侧界面从上到下分别为1号和2号测风仪器传回的风速实况曲线、1～4号测风仪器计算出的切向风速权重，以及4号到7号测风仪器计算出的切向风速权重，权重系数为1.67（没有从国际雪联问到windpoint的具体计算公式）。软件具有实时报警功能，分为声音报警和颜色报警两种。

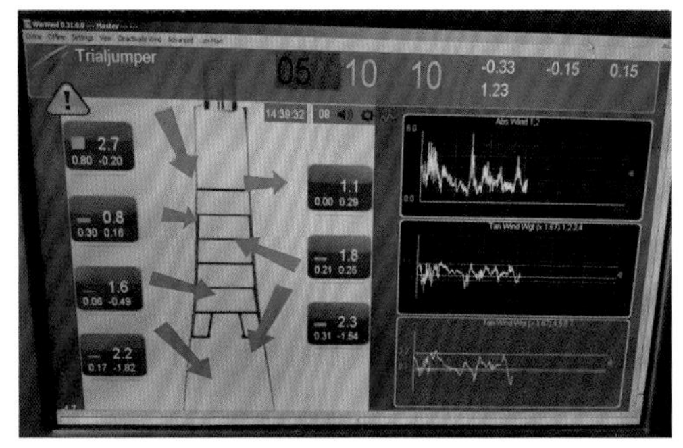

图7.9　winwind软件界面

其中风速大于3 m/s时，软件左侧界面风向标志会变成黄色，当风速达到4 m/s及以上时，软件左侧界面风向标志会变成红色，并发出声音警报。另外风向切变太大时，超出对应限制红线值时，软件右侧界面对应曲线方框会变成红色，并发出声音警报（图7.9）。

赛事主管办公室位于赛场赛道旁边中间的裁判塔上，塔内除了赛事主管办公室外，还有赛事秘书处、法官、控制室、赛事裁判及国王看台，气象服务保障人员就在主管办公室与裁判室相邻，方便比赛期间提供及时的气象应急服务。

7.1.5.3　开展问题研究，促进提升发展

经过近10 d的挪威巡回赛见习，收获颇丰，从赛前的准备到赛事的保障服务框架，都有一个感性的认识，也对气象服务保障工作和冬奥气象筹备工作有以下几点思考：

（1）与挪威适宜比赛的气象条件相比较，张家口崇礼赛区的气象条件要复杂得多，特别是气温和阵风问题。而对崇礼赛区精细化的气象资料也才刚刚开始，以及崇礼复杂地形下的距地小气候研究也才刚刚起步，还需要投入更多的时间以及更加系统性、针对性地学习和研究。

（2）挪威作为雪上城市，举办过不计其数的大大小小的雪上比赛，包括冬季奥运会比赛。各种服务团队有关雪上比赛的经验丰富，以及团队与团队之间的合作默契。遇见突发情况能稳重处理，所有赛场安排有条不紊。而崇礼赛区在这方面的团队建设才刚刚起步，2022年冬奥会的气象服务保障团队还需要从测试赛、洲际杯等大型赛事中总结办赛经验，积累大赛的气象预报保障服务经验，以赛代练，促进团队之间的磨合。

（3）冬奥会是一个世界级的大舞台，语言问题、沟通交流问题是存在于团队建设和磨合中的一个重要问题，需要在以后的工作中加强英语学习，提高外语口语水平。

7.2 理论知识培训

张家口赛区由于全部赛事均为户外雪上项目，受天气影响大，精准预报服务要求高。面对山地天气预报，国内技术储备明显不足，预报员经验少，尤其是冬季山地预报服务业务基本是空白。为此，预报服务团队于2017年开始组织全体队员进行“山地气象学”自学，依托互联网，整理学习资料，开展自学、互学。同时，借鉴温哥华和平昌冬奥会气象保障经验，在中国气象局、北京市气象局的联合组织和支持下，参加了由美国COMET组织提供的冬奥山地天气预报技术培训。

7.2.1 山地气象学理论自学

为加深对赛区天气的认识，张家口赛区冬奥现场气象服务团队组建伊始，就组织开展山地气象学自学。一是全体队员全面了解山地气象学教程，并分章节进行学习成果交流；二是理论联系实际学习，开展系留气艇观测、山谷风观测、山坡温度观测，从观测事实验证山地气象学理论。山地气象学的自学为赴美参加COMET起到了很好的预热和铺垫作用。

7.2.2 赴美参加COMET

除了了解温哥华和平昌冬奥会的气象保障经验之外，预报员经验的快速积累和能力的提升很大程度受益于COMET提供的冬奥山地天气预报技术培训。COMET组织设计课程，着重于如何将当前冬季天气和山地气象学的理论及概念应用于日常业务预报。课程包括气象理论知识讲座和野外实习，为预报员提供应用实践的机会。从2010年温哥华冬奥会到2022年北京冬奥会，冬季天气和山地气象学培训对冬奥会预报员十分必要。

教学领域侧重于地形对天气的影响、观测技术、在复杂地形中的雷达应用、高分辨率和集合数值预报系统、降水微物理和降水相态预报等。本课程让天气预报员能够快速理解山区冬季天气预报的现代理论和实践概念。教学方法上，包括传统的理论讲座和基于案例的、以应用为导向的实验练习。这些课程由美国和加拿大具有天气预报经验丰富的预报员、来自大学的教授以及COMET专职职员等来负责。COMET教学设计人员与授课老师一起工作，审查授课讲义；全程跟进课堂教学和野外实践以及预报训练等。

在全面了解情况后，冬奥气象中心考虑把预报员送出去学习很是必要。经过中国气象局国际合作司、北京市气象局和河北省气象局等领导的努力沟通与协调，并得到国家外专局、中国气象局气象干部培训学院等支持，于2018年、2019年和2021年，冬奥现场预报服务团队的预报服务人员分3个批次参加了COMET项目——北京冬奥天气预报培训课程。按照培训计划，主要课程安排为：

（1）热力驱动和动力风环流；

（2）复杂地形下数值模式应用；

（3）边界层分析；

（4）双偏振雷达分析与应用；

（5）地形降水；

（6）降水相态

（7）野外观测；

（8）温哥华冬奥会预报员经验分享；

（9）气象对滑雪运动的影响；

（10）天气简报训练。

其中第一、第二批赴美国博尔德学习，COMET提供相关设施、讲师、演示和实验室讲义文件，以及实验室计算机，以满足学员培训需求，培训住宿与授课在美国科罗拉多州博尔德市。第三批受全球新冠肺炎疫情影响，由2020年赴美学习改为2021年在国内通过Zoom视频会议软件由COMET提供进行远程培训，由中国气象局干部培训学院提供教学环境，如教室、计算机以及网络环境等。

2018年11月25日—12月9日，中国气象局冬奥现场气象服务团队一行15人赴美国博尔德执行COMET冬奥山地天气预报技术培训任务，其中张家口赛区预报服务团队10人（图7.10）。

图7.10 2018年12月7日，第一批次15名学员与授课老师在结业仪式上合影留念

2019年9月22日—10月6日，中国气象局冬奥现场气象服务团队一行20人赴美国博尔德执行COMET冬奥山地天气预报技术培训任务，其中张家口赛区预报服务团队10人（图7.11）。

2021年4月25日—5月8日，中国气象局冬奥现场气象服务团队20人在中国气象局气象干部培训学院参加线上培训，执行COMET第三期北京冬奥天气预报技术培训任务，其中张家口赛区预报服务团队16人。考虑到中美两地时差，授课方式以上午直播连线上课和下午到晚上学习录播视频相结合的方式进行。学员提前2～3 d预习录播视频课程内容，收集的问题提前发给老师，直播课上集中解答（图7.12）。

图7.11　2019年10月4日，第二批次20名学员学习期间参观美国国家大气研究中心时合影留念

图7.12　2021年4月28日，第三批次20名学员在中国气象局干部培训学院教学楼前合影留念

通过连续3年的学习，冬奥预报团队越发深入体会到COMET冬奥山地天气预报技术培训的作用，主要概括为以下几点：

一是释疑解惑，重点突出。在培训中，很多困扰和难题得到了解答或者指明了思路。雨雪相态的讲授解释了长久以来的一些困惑，有助于后期预报产品的开发和预报技术的积累。通过培训使预报团队第一次较为全面地学习和掌握了双偏振雷达的原理和应用，行星边界层（PBL）的机理认识进一步加深，热力和地形强迫风环流的理解进一步深入，天气简报（weather briefing）的报告方法初步掌握。

二是内容质量高，保证了培训效果。在培训中，几乎每一个课程内容都是在该领域有深入细致研究的专家授课。老师不但对基本概念和原理有清晰的认识和理解，可以做到融会贯通和举一反三，讲解深入浅出，而且都有相关的更具体和细致的研究及实验。每一个理论都有翔实的数据和个例进行支撑及演示，以便于学员的理解和吸收。

三是理论与观测紧密结合，强化理解和应用。在几乎每一项课程中，每一个理论的讲解之后，老师都会尽量做到在实际中让学员去应用相关知识，或者是通过假设一个状况，让学员来应用；且在可能的情况下，会尽量运用实际状况。

四是培训目标明确，紧紧围绕目标开展课程。此次培训目标非常明确，就是针对复杂地形条件下的冬奥气象预报服务，围绕这一目标开展各项课程和培训科目的设置，尽量做到目标集中和全方位。班主任不但对冬奥气象和预报服务有深入的理解及知识储备，而且全程与学员在一起。培训的班主任是整个课程的具体策划者，而负责人也是一个气象学家，对山地气象、背风波、山谷风和天气简报等方面有较深入的理解，会结合美国博尔德的天空状况，给学员介绍背风波的特征。同时，班主任全程在课堂和学员在一起，可以随时掌握学员和课程情况，做出及时的调整和补充，非常值得国内培训时学习和借鉴。

7.3 赛区驻训

为有效提升预报员理论知识水平，逐步了解冬奥会气象服务需求，全面理解和掌握赛区复杂地形条件下冬季天气特征，不断积累赛道预报经验，提升赛区预报准确率，2017—2022年，张家口赛区气象服务团队在崇礼赛区一线连续5年开展冬季驻训工作，累计驻训时间超过22个月。驻训工作重点针对预报经验积累、赛区野外观测试验、新装备新资料应用、重大赛事实战模拟等方面开展，制订了8个方面、40个小项的详细工作任务计划，明确任务牵头人、具体责任人、时间进度和考核指标等，有条不紊开展驻训。

针对冬奥赛场预报方法支撑薄弱问题，团队将预报方法研发作为工作重点之一，组织开发能力较强的队员集中研发各种预报方法，并针对冬奥同期重要天气建立了冬奥天气个例库。每天两次制作精细至赛道的气象服务产品，包括各赛道未来24 h内的逐小时预报、48～72 h的逐3 h预报以及4～10 d的天气展望等，并对预报进行检验分析。

针对新型观测资料应用问题，团队成立了新资料应用小组，聘请冬奥河北气象中心特聘专家开展一线讲座和技术指导，就数据集的梳理、检验分析和相关应用开展相关工作，提升新型观测设备和资料的应用能力。通过新资料的有效应用，团队进一步认识了冬奥赛区不同天气形势下的风场、温度特征及其发展变化规律，有效探索了其影响机制，为改进和提高精细化预报模式、预报方法和预报指标提供科学的数据支撑。

针对赛事实战经验积累不足问题，团队专门开展重大赛事实战模拟，先后为10余项在张家口赛区举办的重要雪上赛事提供气象服务，其中既包括了国际雪联世界杯级别的顶级赛事，也包含了多项亚洲杯、远东杯以及全国冬运会等赛事。每次赛事团队都以冬奥会正赛标准认真对待，制发产品，提供贴身服务，相关工作得到历次组委会、赛场运维人员的普遍认可。把有效实战经验融入赛事运行团队。

针对赛场大气环流特征问题，团队专门组织野外观测试验，强化局地天气规律认知，利用应急观测车、显微镜等对降雪过程进行了野外观测，对降雪云物理特征、场馆冷池现象以及赛场风流场特征进行了深入研究，为摸清赛场大气环流与小气候特点、精准提供降雪相态与雪深预报、精准掌握温度变化趋势、精准预报赛道风向风速变化提供重要支撑。

7.3.1 初探摸索阶段（2017—2018年冬季）

2017年6月，张家口赛区预报服务团队正式组建，第一批18名队员到位，第一阶段驻训工作时间为2017年11月至2018年3月。本阶段驻训工作主要目的是摸索一线预报训练经验和组织经验，确认赛区驻训工作的必要性，为后期预报服务团队培训工作打基础。

在此期间，团队成员主要通过自学冬季山地天气理论知识、登山熟悉赛区地形地貌、赛道所在山坡的坡向和陡度等增加知识和现场感受。每日观测与天气预报实战训练，沿赛道体验并检验天气预报，初步摸索总结赛区预报经验；进行高影响天气个例分析，分析赛区已建站观测资料，逐步了解赛道气象要素特征；承接驻训期间赛区赛事预报服务工作，熟悉赛事服务流程；学习赛事规则，进行滑雪训练，强化体育气象专业英语水平；搜集整理冬奥所有项目与气象条件的关系。此期间正好是平昌冬奥会举办期，团队模拟分析了此期间张家口赛区同步进行冬奥比赛，气象条件对赛程的可能影响。

这个冬季的驻地训练成果，充分说明到赛区进行实战训练是有必要的，且实战训练模式是可行的。为此，根据平昌冬奥会的预报员规模，初步预估了张家口赛区预报员规模，为提出北京冬奥会现场预报团队组成建议、固化冬训模式达成一致意见。实践证明，现场训练有助于保证冬训工作效率，强化学习和快速积累预报经验，推进冬奥预报制作平台的开发和科技成果业务化的落地，促进预报服务团队的快速成长。

7.3.2 积累提升阶段（2018—2019年冬季）

随着中国气象局于2018年9月正式组建冬奥现场预报服务团队，张家口赛区预报服务团队36名队员全部到位，2018年至2019年冬季也是团队第一次全员开始冬训。本次冬训，张家口赛区团队新增了来自国家气象中心及内蒙古、黑龙江、吉林和河北省（区）气象局的21名预报员。团队首先在中国气象局干部培训学院保定分院进行驻训前培训，内容包括驻训前动员，对前期工作与培训内容进行复习、回顾，强化知识和相关技能，COMET培训成果交流等内容。全体队员每12人一组，轮换进驻河北省气象台、张家口市气象局和崇礼区气象局开展相关工作。驻河北省气象台（石家庄）团队主要任务包括总结赛区预报经验，改进要素预报方法，完善冬奥业务系统；驻张家口市气象局团队主要任务包括模拟场馆预报中心工作职责，承担驻训期间赛区举办的各类赛事天气预报产品制作与发布；驻崇礼区气象局团队主要任务包括每日定期赴赛场实地观察主要气象要素变化特征，结合当日驻张家口市气象局团队制作的相关预报，总结分析预报与实况误差，承担“科技冬奥”崇礼赛区雪季观测试验相关任务，模拟场馆现场服务，为驻训期间赛区举办的各类赛事提供现场服务保障。

经过这个冬训，张家口赛区预报服务团队对观测和气象要素的客观预报方法等提出了建议和意见，进一步加密观测或调整观测，强化冬奥气象服务精细客观技术支撑（图7.13）。

图7.13 2019年1月张家口赛区冬奥现场服务团队队员在进行系留汽艇观测试验

7.3.3 成熟精进阶段（2019—2020年冬季）

经过上一个冬季，张家口赛区预报服务团队所有队员熟悉了各自赛区所在的地形地貌特征，了解了赛区场馆地形特点，分析了不同天气类型下沿赛道气象要素变化特征。并结合山地气象理论知识，进一步归纳了场馆典型天气特点。

2019年至2020年冬季的驻训目标是提升场馆预报准确率，并结合测试赛的实战服务来积累赛事服务经验。为此，在统筹考虑工作量和人员力量的基础上，12月安排了6 d全天气候情景模拟，以便查漏补缺，为迎战2020年2—3月份各项国际赛事做好准备。但遗憾的是，因全球新冠肺炎，2—3月测试赛全部取消。庆幸的是，2019年12月，张家口赛区举办了一场赛事，团队队员们抓住难得的、检验自己能力的机会，严阵以待、初试锋芒，取得了很好的预报服务效果，树立了信心，也赢得了冬奥组委领导和国际雪联专家对气象服务的认可和信任。

本阶段驻训，预报服务团队任务主要包括总结赛区预报经验，改进要素预报方法，应用完善冬奥业务系统，强化英语综合能力；参照冬奥会标准模拟制作各场馆预报点预报；承担驻训期间赛区举办的各类赛事天气预报产品制作工作，为驻训期间赛区举办的各类赛事提供现场服务保障；开展分赛事的气象风险评估研究，细化赛事阈值研究；每日实地观察主要气象要素变化特征，总结分析预报与实况误差；前后方联动推进“科技冬奥”各项目研究与成果试用工作；开展新型气象探测设备的应用，加强数据分析使用能力；定期开展月预报技术交流研讨、山地天气预报技术培训交流研讨、冬奥科技成果介绍、赛事境外培训和冬训工作总结暨预报技术交流。

与前两个雪季驻训相比，本阶段由于加入了科技部“科技冬奥”攻关项目的支持，因此科技冬奥项目研发、应用、改进成为贯穿后面各阶段的一条工作主线，一线驻训预报员与后方科研人员逐步建立起积极交流和反馈机制，有效推进了冬奥科技成果的改进和应用。

7.3.4 就绪测试阶段（2020—2021年冬季）

36名团队队员信心满满地进入到第4个冬季训练阶段。常态化疫情防控和冬奥气象保障工作共同推进，在努力克服新冠肺炎疫情带来的不利影响的同时，扎实做好就绪阶段冬奥气象工作，凝心聚力，开拓创新，积累经验，为北京冬奥会和冬残奥会的正式服务奠定基础。在就绪阶段，充分利用2021年2月雪上项目测试赛机遇，预报服务团队根据冬奥组委体育业务领域人员初步安排，开展场馆专项预报服务训练。在日常预报训练的基础上，以“相约北京”系列冬季体育赛事为主线，以赛促训，以服务效果来检验冬奥综合观测、信息系统、科技支撑到预报服务的全流程就绪情况。

本次驻训任务，以圆满完成2021年测试赛气象服务保障任务为核心目标，强化基础技能培训，强化冬奥业务服务系统磨合应用，强化科技冬奥技术成果实战应用，强化实战工作能力提升。主要任务是完成英语、滑雪等专项技能培训；开展赛区山地气象探测试验，提升赛场预报服务能力；熟悉应用冬奥气象服务相关业务系统，配合做好系统功能改进与升级工作，确定人员岗位分工；开展日常冬奥气象预报服务模拟工作；完成2021年度测试赛各项保障任务，磨合赛事运行保障机制流程；做好2020—2021年驻训工作与技术总结。

与前3个雪季驻训相比，本阶段加入了测试活动气象保障任务，实战任务代替实训任务首次成为驻训主角，圆满完成了张家口赛区“相约北京”系列冬季体育赛事气象服务任务，进一步提升了对赛区局地小气候特征的认识掌握水平，优化改善了预报技术方法，提升了赛场赛道核心气象要素预报准确率，熟悉和了解了现场服务机制及流程，熟练应用冬奥业务服务系统，推进科技冬奥技术成果实战应用；在全面总结测试赛运行经验的基础上，进一步改善工作流程，优化岗位设置，全面提升了冬奥现场服务能力。

7.3.5 赛前冲刺阶段（2021—2022年冬季）

这是从测试赛转换到冬奥会正式气象服务的最后一个冬季，是决战决胜阶段。张家口赛区预报服务团队于2021年10月11日进驻崇礼，开始测试赛相关气象服务，无缝隙地过渡到北京冬奥会和冬残奥会气象服务。通过3项国际赛事、1项国际训练周的气象服务，进一步磨合各项工作方案、指挥机制、支撑体系、业务系统、服务流程和队伍状态。团队以饱满的热情、周密的举措，投入到北京冬奥会和冬残奥会的成功举办中。

与前4个雪季驻训相比，本阶段特点是驻训与正赛保障紧密相连，主要特征是“前期测试赛”+“后期正赛”的全程赛事安排，驻训工作也呈现以赛代练特征，3个赛区预报团队通过密集的赛事实战模拟，有效磨合了机制、调整了心态、调动了状态。北京冬奥会和冬残奥会气象服务期间，经历了寒潮、大风、暴雪、天气过暖、沙尘和复杂降水相态等复杂天气。但精准的预报和精细的服务，助力赛事方抓住了各项赛事的比赛窗口期，13个场次比赛日程进行了调整，所有项目全部完赛，得到了竞赛组织方和各级领导的充分肯定和表扬。通过正赛保障情况可以看出，本阶段驻训前期的高强度驻场磨合起到了很好的效果。“宝剑锋从磨砺出，梅花香自

图7.14　2021年11月19日冬奥张家口赛区现场预报服务团队队员在进行设备维护和现场观测

苦寒来”。不负5年的持续努力和奋斗，冬奥现场预报服务团队从预报技术、工作流程、系统应用、服务经验等各方面为冬奥会正式服务做好了全面准备（图7.14）。

7.4　综合素质培训

张家口赛区冬奥现场气象服务团队是直接面向竞赛组织运行领域提供气象服务的核心团队。根据北京冬奥组委对气象预报服务团队人员的相关技能要求，需要熟练使用英语参与日常工作，掌握必要的滑雪技能，同时还需要直面一线新闻媒体，完成各级安排的参访任务。在赛事保障过程中，将承担繁重的工作任务和心理压力，需要较强的综合技术能力与心理承受能力。为此，气象部门在筹办期，专门组织了面向一线工作需求的综合素质培训，切实有效提升预报服务团队的综合素质水平。

7.4.1　专业英语培训

冬奥气象保障既要展示“百米级、分钟级”的预报技术和产品，还要通过顺畅的英语交流和沟通，体现精细服务的价值。张家口赛区冬奥现场气象服务团队队员英语基础各异，从多数队员缺乏自信、不敢开口交流到全体队员熟练掌握专业英语沟通技巧、自如应对咨询和提问，得益于连续3年的集中培训和持续至赛前的自主学习训练。

一是参加集中培训。从2018年开始，中国气象局将冬奥气象服务英语培训列入重点培训项目，河北省气象局组织服务团队全体队员全程参加连续3年的集中培训，即使受疫情影响无法组织线下培训，队员们依然守在电脑前，全身心、高质量完成了远程培训课程。培训期间，队员们通过冬奥气象综合英语、高级视听说、基础听力、中/外教口语等课程全方位、多角度进行听说技能强化，跟着老师一遍遍纠正发音，实现了从“不敢说”到“敢说、想说、会说”的转变。

二是坚持自主学习。集中培训强化效果明显，但要想熟练掌握一门语言需要不断地练习，“学在日常”同样重要。团队队员在业余时间，利用友邻优课App、芝士英语公众号等英语资源，坚持每天打卡自主学习。在赛区驻训期间，团队定期组织场景化模拟练习，开展天气简报练习，整理学习天气用语和服务用语。河北省气象局和张家口市气象局还利用业余时间，聘请专业英语老师，组织开展英语角学习。

培训效果：在北京冬奥会和冬残奥会气象服务期间，张家口赛区场馆现场服务团队队员使用英语与外方竞赛管理者、技术专家沟通顺畅自如，在气象联动会商、领队会等会议上用英语做天气简报，准确完成英文天气文字综述，表述清晰、简洁、自信，圆满完成了气象服务任务。

7.4.2 新闻素养培训

冬奥气象保障服务不仅是一次前所未有的重大活动保障任务，还是一次向全国人民以及世界各国展示气象现代化建设成果的难得机会，如何面对国内外媒体采访，准确传递气象信息、展现气象人风采，整体提升现场气象服务团队新闻素养至关重要。

一是举办素养培训。河北省气象局联合中国气象局气象宣传与科普中心，共同举办冬奥现场气象服务团队新闻素养培训班，培训内容包括气象业务新闻发言人实践与体会、新闻发言人培训、新闻发布会，并进行了实战演练。

二是积累受访经验。从北京冬奥会和冬残奥会申办成功以来，气象条件对赛事的影响、冬奥气象预报服务技术进步、冬奥综合观测系统建设就广受各级各类媒体关注。河北省气象部门参与冬奥气象服务保障人员，特别是张家口赛区现场气象服务团队队员接受中央媒体、地方媒体和行业媒体采访人次不可胜计。在采访过程中，队员们积累了经验，与媒体记者建立了良好的合作关系，面对摄像镜头表现自然大方，回答问题精准客观。

培训效果：在冬奥会筹办、举办过程中，团队队员展现了积极的形象、经得起考验的新闻素养，全面展示了冬奥气象工程的建设成果、预报技术的跨越式发展，既做好了服务者，又当好了形象宣传大使。

7.4.3 滑雪技能培训

滑雪是北京冬奥组委对现场气象预报服务人员提出的必备技能之一。河北省气象局将滑雪技能培训纳入冬季冬奥现场服务团队工作及培训计划，组织全体冬奥张家口赛区冬奥现场气象服务团队以及部分装备保障队员，分别于2018年、2019年和2020年开展3次滑雪技能训练。训练依托张家口崇礼高原训练基地，聘请专业滑雪教练，累计培训日数达15 d，所有参训队员均达到滑雪技能要求。

培训效果：张家口赛区冬奥现场气象服务团队所有队员均熟练掌握滑雪技能，达到北京冬奥组委的要求。部分队员将滑雪从工作需要转变成个人爱好，坚持参加滑雪运动，成为民间的滑雪高手，成为3亿人上冰雪的坚定支持者和参与者（图7.17）。

图7.17　冬奥张家口赛区现场预报服务团队队员滑雪技能培训

7.4.4 心理素质培训

面对前所未有的服务任务，面对前所未有的高标准要求，面对世界各国的关注，随着北京2022年冬奥会和冬残奥会举办日期的日益临近，张家口赛区冬奥现场气象服务团队队员普遍反映心理压力较大。为稳定队员心态，以最佳状态迎接冬奥服务挑战，“压力管理与情绪调节”刻不容缓。

聘请名师。聘请中国气象局气象干部培训学院韩锦老师作为心理辅导老师。韩老师了解气象预报服务业务，心理辅导和咨询专业水平高，曾为河北省气象局进行心理健康科普讲座，为预报员提供一对一专业心理服务，是心理素质培训老师的不二选择。

线上调查。面向所有队员发放《心理健康知识技能培训需求调查》，从感觉、情感、思维、意识、行为直至生活习惯、人际关系、饮食睡眠等方面来了解队员心理健康程度。收回有效问卷30份，参评率85.7%。

数据分析。通过调查数据分析，团队队员心理健康风险较高，心理亚健康症状普遍存在，但整体症状并不严重和频繁，未影响冬奥气象服务保障工作的正常进行。推测赛时在高强度下长时间开展工作，出现职业倦怠等心理健康的风险较高，采取相应措施进行干预很有必要。

前期辅导。2021年12月8日，韩锦老师基于数据分析，精心设计了辅导内容，为张家口赛区现场气象服务团队提供远程心理辅导，引导队员从认知上改变对压力的看法，正确认识压力、理性看待压力，讲授心理健康、保健知识以及排解压力、舒缓情绪的方法，帮助队员缓解心理压力，保持良好心态，以更积极健康的心理状态投入到冬奥气象服务保障工作中。

赛前巩固。2022年1月21日，邀请韩锦老师再次为队员提供远程心理辅导及一对一咨询，为一线气象服务人员“减压增力”，巩固前期心理辅导成效。

培训效果：所有队员能够正确认识压力、看待压力，通过学习到的舒缓情绪的方法，积极调整心态，在冬奥会和冬残奥会举办的26 d里，卸下包袱、扛起责任，以饱满的精神状态，圆满完成冬奥气象保障任务。跳台滑雪中心3名预报人员与确诊新冠肺炎技术官员在裁判塔密闭空间近距离接触，全程佩戴N95口罩，长时间不能饮水和用餐，经受住了面对预报服务和新冠肺炎的双重考验，最终获得了“一流气象服务”称赞。

7.5 装备保障准备

历届完备程度最高的赛场观测系统建成并正式业务化运行，为确保赛时各类设备安全稳定运行、监测数据准时精准采集上传，装备保障团队全方位做好保障策略、保障机制、保障物资等各项准备工作。

7.5.1 精准信息获取

核心赛区气象观测设备分不同批次、不同时间建设，最早可追溯至2014年，直至赛前每年都有不等数量的站点建成并投入运行；按照北京冬奥组委和国际奥委会要求，还对部分站点进行了迁站、升级和维修，造成44套观测设备型号、批次、接口等千差百异（图7.18）。同时受赛场造雪、赛道塑形、赛道防护等因素影响，站

图7.18　云顶2号站现场维护

点精确位置、巡检维修路线也会随之改变。为提高观测设备的健壮性和维护维修的精准性，从2021年10月中旬开始，装备保障团队针对核心赛区所有站点开展巡检维护和信息采集，记录每个关键器件并拍照留档，经过10多天不懈努力，完成了赛区44个站点的设备类型、通信方式、接口方式、参数信息、周围照片和进场路线等信息收集，编制了核心区逐站详细信息表（图7.19）。

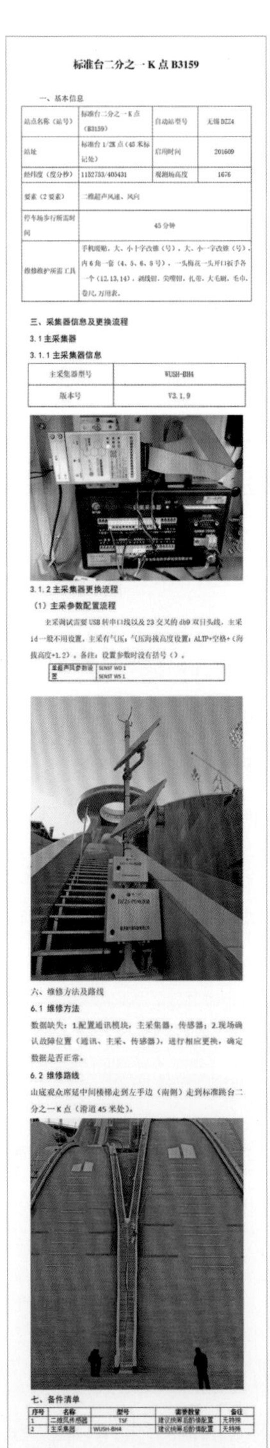

标准台二分之一K点 B3159

一、基本信息

站点名称（站号）	标准台二分之一K点（B3159）	自动站型号	无锡DZZ4
站址	标准台1/2K点（45米标记处）	启用时间	201609
经纬度（度分秒）	1152753/405431	观测场高度	1676
要素（2要素）	二维超声风速、风向		
停车场步行所需时间	45分钟		
维修维护所需工具	手机观贴，大、小十字改锥（号），大、小一字改锥（号），内6角一套（4、5、6、8号），一头梅花一头开口扳手各一个（12.13.14），剥线钳，尖嘴钳，扎带，大毛刷，毛巾，卷尺，万用表。		

三、采集器信息及更换流程

3.1 主采集器

3.1.1 主采集器信息

主采集器型号	WUSH-BH4
版本号	V3.1.9

3.1.2 主采集器更换流程

（1）主采参数配置流程

主采调试需要USB转串口线以及23交叉的db9双母头线，主采1d一般不用设置，主采有气压：气压海拔高度设置：ALTP+空格+（海拔高度+1.2），备注：设置参数时没有括号（）。

单超声风参数设置	SENST WD 1 SENST WS 1

六、维修方法及路线

6.1 维修方法

数据缺失：1.配置通讯模块，主采集器，传感器；2.现场确认故障位置（通讯、主采、传感器），进行相应更换，确定数据是否正常。

6.2 维修路线

山底观众席延中间楼梯走到左手边（南侧）走到标准跳台二分之一K点（滑道45米处）。

七、备件清单

序号	名称	型号	需要数量	备注
1	二维风传感器	TSF	建议核算后酌情配置	无特殊
2	主采集器	WUSH-BH4	建议核算后酌情配置	无特殊

图7.19　逐站详细信息表（标准台二分之一K点 B3159）

7.5.2　主防简修原则

根据测试赛期间装备保障实际情况分析，赛时观测装备保障可能存在维修环境恶劣、设备无法拆卸、进场管控等各种困难，直接影响观测设备维护和故障排除时效。经装备保障团队研究讨论，确定了“主预防、简维修”的保障原则，赛前尽可能解决所有的故障隐患和风险，最大限度降低故障发生率，最大程度提高维修效率。主要采取5条保障措施：一是赛前更换使用时间较长、存在故障隐患的设备；二是调整部分设备的安装方式及位置，便于恶劣环境下快速维修或更换；三是在重点保障站点位置提前布设备站；四是将具备供电条件的站点改造为“市电+太阳能”双供电方式；五是在中心站建立快速切换备站机制。

7.5.3 一站一策方案

在精准信息获取的基础上，装备保障团队经过逐站分析和统计，制定了44个核心赛区“一站一策”保障方案，包括站点基本信息、设备型号和位置、更换流程、维修方法、路线等各类文字和图像信息。另外，完善了通用类和特殊类维护维修方案。赛区装备保障方案包含154个文档和资料，容量1.3 GB，其中图片信息1000多张。

7.5.4 备站替换机制

根据赛事实况服务、预报服务需求和装备保障原则，装备保障团队梳理了重要站点、维修困难站点及便于替代站点，形成了备站建设列表。团队克服赛道无法固定设备、供电稳定性差等难题，科学安排施工顺序和安装工序，最终完成了12套备站安装调试。同时建立备站替换原则，所有备站实行热备份，与原站保持同步观测，确保能够快速、稳定替代原站点。

7.5.5 科学配备物资

一是备足备品备站。为确保设备维修效率，根据赛区观测设备种类和数量，确定了3:1的备件和备站配备标准。河北省气象局与设备厂商建立了备件快速供应机制，200余件备件备站在赛前全部到位，同时根据备件使用情况，可随时进行快速备件补充，确保备件充足可用。装备保障团队还与云顶和古杨树场馆内住宿酒店联系，调换面积更大、带有阳台的住宿房间，便于备件存贮和取用。

二是定制维修和安全防护工具。张家口赛区山高、坡陡、路远、雪滑，很多站点巡检维护路线道路难行，甚至无路可走。装备保障团队野外工作，需要携带足够的备件、工具以及安全防护用具。经过综合分析和多次演练及现场实战，最终确定在野外单兵背负式工具包内，配备多用性维修工具、5号电池万用表、应急医药包、工兵铲等维修装备，以及安全绳、登山杖和冰爪等防护工具。

7.5.6 运行评估机制

为及时、准确掌握赛区气象观测设备运行情况，建立赛区气象观测设备运行健康评估机制。从开幕式前10 d开始，针对设备电压变化、通信状况、观测数据等方面，每天对赛区所有设备开展运行情况分析评估，及时发现观测设备可能存在的隐患和风险，尽量减少赛时设备故障发生概率，将故障消灭在发生之前。

7.5.7 雷达巡检维护

2021年10月，联合雷达厂家完成了全省6部新一代天气雷达（承德、张北、秦皇岛、沧州、邯郸、石家庄）年度维护工作，排除故障隐患和存在的问题，同时全面测试雷达技术性能指标，按照技术规定要求调整部分性能参数。同步检查了雷达站UPS、发电机和空调等配套附属设施，确保了所有新一代天气雷达稳定运行（图7.20）。

图7.20 康保S波段天气雷达巡检维护

7.6 信息网络准备

气象信息是气象业务的中枢，是保障冬奥气象保障服务的重要基础。网信安保团队通过提升网络安全防护能力、强化基础设施运维管理以及保障冬奥观测数据质量等措施，全面做好信息网络准备工作。

7.6.1 提升网络安全防护能力

一是构建全省立体化网络安全防护体系。网信安保团队根据张家口赛区冬奥气象中心网络安全防护要求，结合以往重大活动保障网络安全防护经验，合理安排人员布局，形成以河北省气象信息中心、张家口市气象探测中心、前方网信安保组为主的核心网络安全防护力量，构建全省立体化防护体系。建立24 h值守制度，密切监视态势感知平台，发现问题及时处理；同时通过云值守方式24 h监控外网攻击，发现网络攻击时第一时间通知值班员，针对性地提出最优的封堵措施；每日制作《网络安全日报告》，填写网络值班日志，做好阶段性网络安全事件及处置情况总结。

二是加强大数据安全分析。依靠网络安全感知平台作为安全大脑，开展集检测、预警、响应处置为一体的大数据安全分析，通过威胁探针感知各种网络行为，统一分析发现风险与隐患。建立安全感知平台与防火墙、上网行为管理、杀毒软件等网络安全设备的智能联动规则，第一时间封锁攻击IP地址、处置病毒文件，做到“及时发现、及时处置、及时溯源”。

三是强化互联网安全管理。逐一梳理互联网对外服务网站、互联网NAT及安全规则，进行全网漏洞扫描检测，优化加固网络安全策略。关闭非必要的访问端口、对外NAT策略，采用黑名单禁止境外及指定互联网IP地址访问内部系统和应用，对实施互联网攻击的IP地址进行双向封禁；同时建立白名单制度，保障冬奥气象保障服务业务系统和终端通过互联网对内网的访问需求。

四是加强内部网络安全管理。每周定时对服务网站、业务系统、主机进行漏扫和弱口令检查，及时处置失陷主机，避免病毒扩散。升级省局VPN设备，增加双因素认证，由单一的密码认证升级为密码和手机短信验证码同时认证，加强了VPN访问的安全性。优化崇礼互联网结构，增加身份认证功能。对张家口赛区冬奥气象中心各工作平面进行分区管理，增加入网身份认证功能，根据各分区内人员的工作性质制定相应的区域网络访问安全策略。

五是强化预报业务终端管理。业务终端纳入统一管理，全部安装EDR杀毒软件并定时查杀，对终端上应用软件进行权限控制，禁止远程控制软件应用，限制与工作无关的软件（P2P流媒体、在线视频软件），加强对时延敏感型应用的带宽保障，提高对网络流量的精细化控制能力和监视能力。

7.6.2 强化基础设施运维管理

一是加强值守，强化冬奥数据中心巡检。按照冬奥气象保障服务网信安保业务规程，安排8名工作人员，分4班24 h值守，每天定时巡查通信网络、高性能计算机、基础设施资源池和网络安全设备，优化策略配置，确保设备始终处于良好的工作状态，发现问题及时处理，认真填写值班日志，实行面对面交接。

二是加强监控，提高通信网络保障能力。定期巡检通信网络设备和通信线路，查看运行状态，备份配置文件；升级12台防火墙系统版本，增强设备稳定性；完成国—省态势感知系统对接和联调测试工作；规划张家口赛区4个场馆网络配置，实现赛区—省局专线互联，完成5G终端联网工作；细化访问策略，保证北京局特定终端访问河北局系统；细化气象服务中心外网NAT映射策略，在保证安全的前提下实现专业服务不中断。

三是优化策略，提升高性能计算机支撑能力。通过加强密码复杂度、禁止root账户ssh登录、禁止普通用户直接登录计算节点、使用Fail2ban防止暴力破解等方式加固集群系统安全；对集群进行停机全面维护，处理blade1管理网络掉线、ostor1节点IB网络掉线等问题，提高集群可用性；清理冗余定时任务，减轻集群负载。

四是细致检查，提高基础设施资源池应急保障能力。升级虚拟化管理系统版本，提高整体安全性；将虚拟机业务划分为核心业务和其他业务，并将核心业务部署在固定主机上运行，便于采取应急处置措施，保障关键业务运行。

7.6.3 保障冬奥观测数据质量

一是强化冬奥数据中心站和传输通道建设。自2019年开始，为保障冬奥气象观测数据的实时传输和观测数据质量，依托科技冬奥项目，专项研发冬奥观测数据传输及自动站观测资料质量控制系统，建立独立的冬奥自动站中心站，利用快速质控和自动指控技术，开展自动站观测数据质量控制，搭建满足冬奥数据及产品高速、稳定传输的气象信息网络及数据支撑环境，确保了对北京、张家口冬奥专用信息系统所需的高质量、高频率的气象实况数据传输、处理、存储及分发。利用5G传输技术，建设了包括自动气象观测站、激光雷达等野外探测设备数据的无线传输通道，实现了数据传输双链路备份传输，确保数据传输的稳定性。

二是强化测试活动数据质控评估。2021年“相约北京”系列冬季体育赛事测试活动期间，开展冬奥自动站观测数据质量控制，系统优化了因人工造雪产生的错误降水数据的质控方法，同时对各类观测数据进行了质量评估，向冬奥气象中心提交了《2021年1月份冬奥赛区（张家口赛区）地面气象观测站运行情况报告》《2021年2月份冬奥赛区（张家口赛区）地面气象观测站运行情况报告》《2020年11月—2021年3月冬奥赛区赛道气象站分钟观测数据质量评估报告》。

三是强化赛前数据核查评估。冬奥会开幕前2个月，再次对张家口赛区核心区自动站开展逐站到报传输情况排查，对数据到报异常站点进行梳理和原因分析，就设备端供电不足这一主要原因，联合装备保障团队共同解决。对照最新的《冬奥会张家口赛区赛事核心区气象站统计表》，全面核查核心区气象站观测设备和观测要素，组织协调河北冬奥无锡中心站厂家、各涉奥运维技术开发公司的一线技术人员，利用一周左右时间，严格按照核心区站点要素表，对中心站要素字段、资料质控、数据接口、替代备份、逻辑规则、内外网差异展示等进行上下游联动修改和完善。根据服务需求，在冬奥中心站和冬奥自动站观测资料质量控制系统中增加了颁奖广场气象站（B0000），解决了翻斗降水和称重降水、机械风和超声风、铂电阻雪温和红外雪温等“一个要素两种观测方式”造成的一系列问题，从源头上确保了数据对外发布的权威性、及时性和稳定性。对数据监控及质量控制再次进行了评估分析，40个核心区观测站数据传输到报率99.4%，及时率99.3%，数据可用率99.6%，有35个站的数据可用率达100%。对数据访问接口进行了系统测试和优化，通过接口实时为气象预报服务人员提供张家口赛区所有气象站点相关信息。

四是强化数据质控监控培训。举办冬奥数据保障技术培训，确保所有参与人员熟练掌握监控、质控系统的操作流程和数据处理技术。制定了冬奥期间特殊工作状态排班表，实行全天候24 h值班值守，指派专人负责上报监控质控运行情况。

7.7 宣传预热

7.7.1 渠道投放

2015年7月31日，申冬奥成功之后在《中国气象报》头版头条刊登《迈过冬奥服务第一步——河北张家口气象服务申办2022年冬奥会纪实》。截至2022年2月冬奥会开幕前夕，在《人民日报》、新华网、央视网、《工人日报》《中国日报》《经济日报》等高影响力媒体刊登稿件40篇次，在《河北日报》等地方主流媒体刊登稿件102篇次，在《中国气象报》、中国气象局网站等行业媒体刊登稿件215篇次。

2021年2月1—26日，在冬奥会测试活动开始之前，积极联动《中国气象报》《河北日报》等媒体刊登稿件22篇，营造良好的舆论氛围。2月9日之后，按照冬奥组委统一宣传口径的要求和安排，在《中国气象报》刊稿1篇，《河北日报》刊稿3篇，CCTV5视频采访宣传报道1次。归纳收集冬奥会测试活动期间各组工作照片、视频、工作日志，排版制作《冬奥会测试活动气象保障工作画册》。

7.7.2 专题活动

2019年1月23—24日，河北省气象局联合中国气象局气象宣传与科普中心组织央视网、央广网、《经济日报》《科技日报》《工人日报》《中国气象报》、长城新媒体等媒体开展新春媒体走基层冬奥行活动。媒体团对张家口冬奥会筹办气象服务保障工作给予了充分肯定，并纷纷表示日后加强联系，共同做好冬奥宣传工作。

2020年1月5—6日，河北省气象局联合中国气象局气象宣传与科普中心开展新春媒体走基层冬奥行活动。《人民日报》《光明日报》《中国日报》《工人日报》《中国气象报》等媒体记者到张家口崇礼，就冬奥会筹办气象服务保障工作情况展开采访。媒体团先后对冬奥赛区综合观测系统建设、冬奥观测试验、冬奥气象服务团队工作进行了采访。

7.8 后勤保障准备

7.8.1 住宿酒店准备

北京冬奥会和冬残奥会期间，大量参与筹办工作的工作人员和志愿者将在崇礼区住宿，造成酒店床位极度紧张，张家口市冬奥会城市运行和环境建设管理指挥部统筹所有崇礼区酒店床位资源。为确保冬奥气象保障服务工作顺利展开，后勤保障组未雨绸缪，从2021年上半年测试活动结束后，就开始着手冬奥会和冬残奥会期间住宿酒店的遴选工作，通过酒店位置、食宿条件和价格、内外环境等方面比对，最终确定崇礼宏洋冰雪奇缘假日酒店为住宿酒店。该酒店距离崇礼区气象局不到10 min车程，有43间房间、77个床位，与前方工作组进驻人员数量匹配；独门独院，便于封闭式管理和车辆停放；除酒店部分外，建有二层配房，可用于会议室、活动室、洗衣房和餐厅等功能区改造。

经过经费测算，并经河北省气象局党组会研究决定，采用整体租赁的方式入住。这种方式具有以下优点：一是整体租赁性价比高，所有人员报销差旅经费支出大幅降低；二是酒店规模适中，既满足住宿需求，也不浪费床位资源；三是考虑安全和防疫因素，整体租赁便于管理。住宿酒店确定后，后勤保障组立即与酒店签订了租赁合同，明确了住宿房间、会议室、餐厅、活动室、洗衣间装修标准以及时限要求，期间，后勤保障组定期赴酒店进行实地考察和督促，2021年10月7日完成所有房屋装修改造和设备购置，确保按时达到入住使用标准。同时，11月15日完成了冬奥会张家口赛区气象中心（崇礼区气象局）宿舍、食堂装修，宿舍用品及食堂餐厨具的购置，达到了应急值班使用条件。

7.8.2 保障车辆准备

根据冬奥气象保障服务需求，后勤保障组统筹河北省气象局、张家口市气象局和崇礼区气象局共计16辆各类车辆和司机，用于保障各领域业务工作和省、市、县三级冬奥筹办指挥机构办公需要。其中在云顶场馆群、古杨树场馆群各安排3辆装备保障用车，在赛场及周边区域布设4辆应急观测车，在张家口市和崇礼区安排9辆通勤车以及公务用车。制定《车辆管理办法》，科学安排车辆和司机调度（图7.21）。

图7.21 气象雷达监测车

7.8.3 野外作业装备准备

崇礼冬季极端最低气温−32.4 ℃，极大风速为18.3 m/s，加之赛区造雪后路滑难行，为保障预报人员野外试验、装备保障人员野外作业安全以及保暖防风需要，综合协调组联系北京冬奥会和冬残奥会官方合作伙伴——安踏集团，于2019年为赛事服务团队购置36套雪服、雪地靴以及帽子和手套，用于野外观测和试验（图7.22）；于2021年为装备保障团队购置16套雪服和雪地靴、5套安全绳、16支雪仗和16副冰爪。

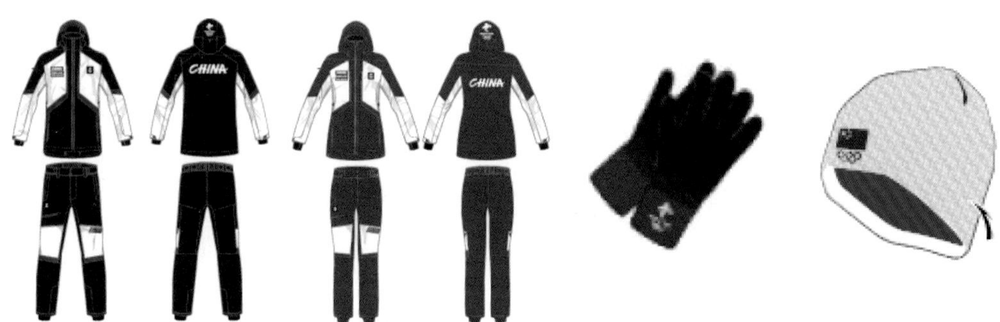

图7.22 张家口赛区冬奥现场服务团队队员野外工作防护服装

7.8.4 疫情应对准备

一是足量储备防疫物资。为确保冬奥会和冬残奥会期间防疫物资充足，后勤保障组按照河北省冬奥会运行保障指挥部医疗防疫分指挥部关于防疫物资配备要求，根据前方工作组进驻张家口市、崇礼区以及云顶和古杨树场馆群的人数、工作天数，认真测算各类防疫物资需求数量。2021年10月9日，后勤保障组参加张家口市新冠肺炎疫情常用卫生防疫物资配备培训会，再次测算核对防疫物资需求总量，按时上报市卫健委。后期加强与市卫健委沟通，领取无感测温设施2套、医用口罩（48 180个）、N95口罩（8940个）、防护眼镜（745副）等各类防疫物资22种（94 170个）。

二是严格落实防疫措施。在住宿酒店和崇礼区气象局入口安装无感测温设施，在各楼层配置测温枪、消毒喷雾器等防疫物资，按照工作区域、人员数量以及防疫物资配备标准，将防疫物资分批发放到人。与崇礼区卫健委联系，建立定期上门核酸检测机制，并根据工作实际情况，确定午饭时间进行核酸检测采样，确保所有人员应检尽检，同时确定与崇礼区气象局距离最近的北京大学第三医院崇礼院区，作为临时核酸检测采样点。建立“点对点”交通制度，所有前方工作组驻张家口和崇礼的人员，实行“办公地点—酒店”两点一线，不乘坐公共交通工具，统一乘坐保障车辆出行。建立定期消杀制度，对张家口市气象局和崇礼区气象局所有工作区域进行全面细致的消毒作业。建立进出入制度，住宿酒店和崇礼区气象局赛时实行封闭式管理，除工作人员外，严禁其他人员进入。

7.9 应急准备

7.9.1 舆情应对

为进一步规范北京2022年冬季奥运会期间张家口赛区气象服务保障媒体采访接待和服务工作，保证气象新闻宣传的科学性、真实性、及时性、有效性，促进信息公开、政务公开，根据《中国气象局新闻媒体采访管理规定》，结合河北省气象新闻宣传工作实际，制定媒体采访程序：①省局领导专访。根据媒体采访需求和提纲，报信息宣传组并经局领导同意后，遵照《中国气象局新闻发布制度》，做好协调和组织工作。②日常采访。根据媒体采访需求和提纲，信息宣传组负责联系安排媒体新闻官接受国家、省级媒体记者采访。③港、澳、台及国外新闻媒体采访。信息宣传组负责核实媒体及其记者身份，将身份材料连同带有公章或标识的采访提纲一起报冬奥气象服务工作领导小组审批。

7.9.1.1 新闻稿审核流程

一般性新闻信息，由信息宣传组组织新闻通稿，提供给媒体。需要采访媒体新闻官时，信息宣传组负责对接媒体，与媒体新闻官沟通，落实采访具体事宜。媒体形成稿件，需经信息宣传组和媒体新闻官审核把关后再发布。报送省委、省政府及中国气象局的决策气象服务材料、内部资料，不得随意提供给媒体，确有需要的，须报信息宣传组审批。

7.9.1.2 舆情监测

信息宣传组应对新闻发布后的社会媒体舆情进行监测，必要时形成舆情监测报告报省局党组，以提高新闻发布工作的针对性和舆论引导的有效性。准备冬奥会及冬季体育赛事新闻口径（张家口），涵盖冬奥与气象、气象观测、信息网络、预报与团队、赛事气象服务、科技与人才、舆情应对、宣传与科普、防灾减灾9方面的问题。

7.9.2 应急演练

为检验预案、完善准备、锻炼队伍、磨合机制，前方工作组各专项工作组根据《北京2022年冬奥会和冬残奥会张家口赛区气象风险应急预案》以及分领域风险应对台账和工作规程，全面开展应急演练，特别是针对网络安全、装备保障和疫情防控等重要支撑环节，多轮次进行应急处置演练。

7.9.2.1 网络安全应急演练

制定防守策略和防守方案。总结分析历次攻防演练，实时关注国家互联网应急中心发布的最新境外网络攻击行为，制定“外防扫描、内防横移”的网络安全防守策略和防守方案，采用边界防护、暴露资产、端口梳理、网站漏洞扫描、白名单、封禁恶意IP、增加隔离手段、限制访问区域和加强态势感知监控等措施对黑客的攻击进行防守。

参加河北省网络安全攻防演练。2021年12月27—28日，联合省委网信办组织开展以张家口市气象局为目标的攻防演习，对来自互联网的恶意攻击进行应急分析、溯源与排查，及时采取处置措施，形成2期演练分析报告，及时通报发现问题，同步进行彻底整改。

参加中国气象局网络攻防演练。2022年1月12日，中国气象局组织开展冬奥网络安全检查攻防演习，并与北京市气象信息中心联动，阻止攻击源IP地址访问北京市气象局业务系统。

7.9.2.2 装备保障应急演练

为强化赛时巡检维护和应急抢修能力，赛前装备保障团队全体成员开展赛时维护和维修应急演练。以指定站点设备突发故障为背景，检验相应场馆保障人员应急维护维修情况，其中包括维护维修措施制定是否合理、携带物品备件是否齐全、协调交通工作是否到位、现场维护维修方法是否标准等。演练结束后，全体成员开展应急演练研讨分析，总结分析好的做法，同时指出存在的问题和不足，提出意见和建议。

7.9.2.3 人影保障演练

围绕冬奥会人影保障服务中亟待解决的一系列关键科学技术问题，2017—2020年开展了一系列冬季外场试验。根据试验结果，及时调整保障方案；锻炼人才队伍，熟悉保障流程；总结存在的不足和建议，完善组织协调机制。

测试赛期间，冬奥会张家口赛区共开展了7次人影保障演练、1次人影保障桌面推演。联合演练作业的同时助力张家口赛区景观降雪，也为增加山区土壤墒情、降低森林火险、保护生态、净化空气等起到积极作用。通过演练，锻炼了队伍和完善了流程，进一步优化了方案。

2022年2月28日，人影保障组利用冬奥会、冬残奥会转换期，在张家口赛区成功开展了实战演练，通过演练查找问题、优化流程，实现飞行方案科学高效、作业指令下达通畅、保障成效有据可循的目标，为完成冬残奥会期间人影保障任务做足了准备。

7.9.2.4 疫情防控应急演练

在前方工作组进驻前，以驻地酒店发现疑似病例为背景，结合冬奥防疫政策要求，开展通报信息、配合隔离就医、场所和保障车辆消毒等环节演练。同时各专项工作组分领域制定了省局备张家口、张家口备崇礼、崇礼备场馆的人员备份方案。

7.10 准备期气象服务

北京冬奥会、冬残奥会准备期由2014年开始至2021年结束，跨越申办、筹办两个阶段。在近8年的时间里，张家口赛区针对冬奥申办保障、场馆规划建设、赛程设计调整、专家领导考察踏勘、测试赛与高水平赛事保障等领域开展了一系列卓有成效的气象服务保障工作。

7.10.1 申奥迎评气象保障

河北省气象局在2013年申奥初期即介入相关工作，为申奥提供了张家口地区气候特征、崇礼气候特征及滑雪场适宜性分析、冬奥会期间高影响天气事件风险分析等技术报告。与国家气候中心、北京市气象局联合编制了《2022年冬奥会申办地北京延庆、河北崇礼气候条件分析》，于2014年11月报送党中央、国务院以及北京市委、市政府，河北省委、省政府，国家体育总局。联合北京市气象局，修改完善了《北京2022年冬季奥林匹克运动会和残奥会申办报告》气象章节。根据国际奥委会考察团相关需求，配合北京市气象局共同做好考察团质询备答及国际奥委会问题清单回答工作。

7.10.2 冬奥筹备期气象服务

2017年，京、冀两地气象服务团队启动“冬奥会场地气象条件年度分析报告”编制工作，使我国成为最早向国际奥委会提交该报告的主办国。《北京2022年冬奥会和冬残奥会场地气象条件年度分析报告》《平昌冬奥会期间崇礼赛区与平昌赛区气象条件对比分析报告》以及《冬奥会和冬残奥会时段气候风险分析》，为冬奥组委与国际雪联专家调整赛区场馆布局规划提供了科学依据，“张家口赛区室外场馆精细化风模拟研究成果”为场馆挡风墙工程措施分析提供基础支撑。

气象预报服务团队制作的赛区站点天气预报，为各级领导督导调研、外国专家现场踏勘等提供专项气象保障。

省市气象部门全力以赴做好场馆核心建设区防汛气象服务工作，应用冬奥技术研发成果，为场馆建设寻找气象“窗口期”，有力保障赛区科学安全抢抓工期，加快推进项目建设进度。

完成张家口赛区承办的国际雪联单项世界杯赛事气象服务保障，参与内蒙古自治区第十四届全国冬运会部分雪上项目保障任务。

7.10.3 张家口赛区测试赛气象服务保障

“相约北京”系列冬季体育赛事张家口赛区测试赛是冬奥会正赛前于2021年组织举行的全领域综合测试活动，是最终磨合队伍、流程、装备的实战演练。按照计划，共分为上半年国内测试活动和下半年国际测试赛两部分进行。通过测试赛磨合，张家口赛区气象保障各领域人员、流程、装备全部进入最佳状态，测试赛期间精准的气象预报确保了全部赛程调整得科学准确，为正赛服务开了好头，相关赛程调整情况详见表7.2 。

通过测试赛全面检验，及时发现了气象保障中存在的一些实际问题，比如在疫情防控形势下，场馆一线服务保障力量不足，核心区人员难以跨场地统筹调用；在场馆部分气象站电力保障未纳入场馆统一管理的情况下，场馆赛道气象站电力保障可靠性不足，对站点数据采集传输造成一定风险；冬奥数据服务稳定性和可靠性还有隐患，缺测、延迟等故障还偶有发生。针对测试赛时发现的相关问题，在正赛开始前，全部及时进行了研究解决，确保了赛时气象保障的稳定、可靠。

表7.2　2021年“相约北京”系列冬季体育赛事张家口赛区测试赛赛程调整情况

	调整日期	调整项目
赛事调整（9项）	2月16日	受大风影响，雪上技巧男子和女子决赛
	2月16日	受大风影响，空中技巧混合团体决赛
	2月19日	受大风影响，自由式滑雪空中技巧预赛
	2月19日	受大风影响，单板滑雪U型场地预决赛
	2月20日	受高温融雪影响，冬季两项
	2月20日	受大风影响，跳台滑雪——混合团体决赛
	2月20日	受大风影响，自由式滑雪空中技巧预赛
	2月21日	受高温融雪影响，冬季两项
	12月5日	受大风影响，女子标准台决赛
训练调整（2项）	2月20日	受大风影响，北欧两项——男子个人标准台
	2月21日	受高温融雪影响，男子个人大跳台
训练取消（5项）	2月15日	受大风影响，自由式滑雪空中技巧和雪上技巧
	2月19日	受大风影响，北欧两项——越野滑雪
	2月19日	受大风影响，北欧两项——男子个人标准台
	2月21日	受大风和高温融雪共同影响，女子个人标准台
	2月23日	受降雪天气影响，女子个人标准台训

7.10.3.1　2021年上半年张家口赛区测试活动气象服务保障

“相约北京”系列冬季体育赛事雪上项目张家口赛区测试活动于2021年2月16—26日举行，云顶、古杨树两个场馆群共有15项赛事举行，前方工作组全领域投入气象服务保障，相关服务系统、装备系统、信息网络、运行机制、人员队伍接受了全面检验。期间，测试活动经历了大风、强降温、快速升温、沙尘等天气，对赛事运行指挥调度提出了严峻挑战。测试活动指挥部根据场馆气象预报，进行了10次赛事与官方训练改期、5次官方训练取消的调整。

河北省气象局遴选国、省、市、区四级精干人员124人，组建由8个专项组构成的气象服务保障前方工作组，于2月14—27日下沉进驻崇礼赛区一线，统筹做好城市运行和赛事运行气象保障服务工作。针对赛事安全运行要求，选派精干力量为竞赛主任提供贴身气象服务。2月15—27日，前方工作组每日3次为场馆运行团队和冬奥组委主运行中心（MOC）提供测试活动所需的各点位逐小时气象预报，开展赛道雪温观测，制作雪质分析专题气象报告。针对城市安全运行要求，2月1—26日，前方工作组选派3人进驻张家口冬奥城市运行指挥中心，每日3次提供赛区核心区与周边重点区域精细化天气预报与实况，针对交通安全运行关键点，每日3次向张家口市交通运行监测调度中心、河北省高速交警总队崇礼指挥中心提供重点道路与交通枢纽精细化天气预报与实况，针对森林防火安全需求组织实施人工增雪作业。

7.10.3.2　2021年下半年张家口赛区测试赛气象服务保障

2021年11月22—29日、12月2—6日，国际雪联单板和自由式滑雪障碍追逐世界杯、国际雪联跳台滑雪洲际杯、国际雪联北欧两项洲际杯4项国际测试赛在张家口赛区举行。受新冠疫情影响，此次4项测试赛是张家口赛区正赛开始前最后一次也是唯一一次有国外运动员、技术官员参加的测试活动，是全面检验赛区各领域运行就绪情况的一次阶段性考验，较年初举行的测试活动，面临的问题更复杂、面临的考验更全面。

国际测试赛训练以及预决赛期间，11月22日、29日，12月2日，赛区先后出现3次大风降温天气过程，由于正值赛事运动员抵离日，整体未对赛事正常举办造成显著影响，未出现低能见度、降雪等影响赛事安排和运行的不利天气，其间仅12月5日出现一次因天气原因导致的赛程调整。

河北省气象局分管负责同志亲自带队，由国、省、市、县四级气象部门保障人员以及气象设备厂家技术专家组成的8个专项工作组共111人在张家口及崇礼一线开展气象保障工作，其中15名预报员进入场馆一线，4名保障人员分别进驻省冬奥运行指挥中心、张家口市城市运行指挥中心集中办公。期间，预报服务团队负责人为冬奥组委体育部佟立新部长提供点对点连线服务，2名预报员以气象秘书身份为云顶场馆群场馆主任提供伴随式服务，跳台滑雪中心预报员进入裁判塔全程参与竞赛运行。赛事开始后，按照测试赛服务需求，参考冬奥赛事服务标准，每日07时、11时和17时定时发布与赛事相关的8个预报站点的中英文精细化气象预报。每日07时、17时定时发布中英文场馆通报。针对可能出现的赛事气象风险以及高影响天气等风险挑战，在冬奥气象中心的指导下完善固化张家口赛区天气会商机制，不定时组织各预报服务岗位人员进行天气会商，以确保预报服务结论的准确性、一致性和连续性。赛事期间，提前启动11月22日、29日以及12月2日3次大风降温天气过程服务，向测试赛指挥室报送了降雪、大风降温天气及其对场馆运行可能产生的影响，为场馆运行提供决策参考。针对测试赛期间城市运行保障指挥调度需求，11月21日、26日以及12月1日，冬奥河北气象中心制发《北京冬奥会和残奥会张家口赛区气候预测服务专报》3期，为省运行保障指挥部综合办公室、竞赛服务分指挥部、项目和配套设施建设分指挥部以及张家口市冬奥会城市运行和环境建设管理指挥部提供1～30 d的要素与主要天气过程预报以及冬奥会赛时气候趋势展望、人影作业气象条件等服务。11月22日起，每日07时、11时、17时3次滚动发布城市运行气象服务专报，每日17时制发交通气象服务专报，不定期发布灾害天气预警提示。根据医疗救援保障需求，11月24日起，每日10时制作发布直升机救援气象服务专报。抓住11月29日降雪天气过程有利时机，避开运动员撤离时间，有序组织开展以冬奥会张家口赛区为目标区域的空地联合增雪作业，有效增加赛区景观降雪。

第8章　决胜千里

—— 冬奥会和冬残奥会正赛保障工作运行情况

8.1 组织协调

8.1.1 党建引领

8.1.1.1 一线指挥

河北省气象局坚持党建引领、党组负责。北京2022年冬奥会和冬残奥会期间，党组书记、局长张晶同志亲自指挥调度，在开闭幕式、重大天气过程、中国气象局和省委、省政府领导调研期间，坐镇张家口赛区冬奥气象中心，组织召开特别工作状态会议、前方工作组日调度会、张家口赛区冬奥气象服务保障总结会，指挥调度冬奥气象服务保障工作。党组成员、分管副局长郭树军同志，1月28日进驻崇礼，全程一线指挥，每天研究部署重点工作，协调解决存在的问题，指挥各领域按照运行方案和工作计划开展服务保障工作。

8.1.1.2 党组织生活

冬奥正赛期间，4个临时党支部与承担冬奥气象服务保障任务的各单位党支部构成了“4+N”冬奥气象服务基层党组织保障体系，实现了党的组织全覆盖、工作全覆盖，凝聚了强大工作合力，所有党员顶着新冠肺炎造成的不利影响，在预报服务、设备维护等工作中冲锋在前，圆满完成了冬奥气象服务保障任务。

2021年9月下旬，按照张家口市委《关于冬奥会筹办（赛时）加强党的建设和做好人力资源保障工作的意见》文件要求，张家口市气象局领导班子召开专题会议进行研究部署，经中共张家口市气象局机关委员会审批同意，于9月22日成立冬奥气象服务临时党支部，冬奥会外围气象服务保障的党员和非党员一共92人全部纳入临时党支部统一管理，卢建立局长任支部书记。为强化党建与业务深度融合，支部按照工作性质划分为气象预报服务、气象装备保障、人工影响天气保障和后勤保障与信息收集4个党小组。党小组成为党建和业务融合的网络单元，实现“工作任务相互关联、研究问题同频共振、推进工作思路一致”，有效解决了党建和业务“两张皮”的问题，将支部党建与冬奥气象服务保障工作深度融合，做到同部署、同谋划、同推进、同考核。

一是加强制度建设，建立日常考核制度。制定了《冬奥气象服务临时党支部人员日常考核办法》，对成员的日常工作表现和业绩进行考核，采取日积月累支部周小结的形式，结合气象服务保障不同岗位的工作性质，围绕“德能勤绩廉”5项内容开展基础考核，将“随手拍”任务作为加分项纳入考核中。以党小组为单位成立考核组，负责组内人员的考核工作，考核结果由临时党支部委员会汇总排队每月报党建人力办公室，引导临时党支部成员在业务领域中认真履职，按照职责分工保质保量完成各项工作任务。结合“冬奥先锋”行动，建立“随手拍”制度，以照片和视频的形式晾晒工作实绩。临时党支部成员结合日常冬奥气象服务保障工作，晾晒工作照片和视频，营造浓厚的工作氛围。临时党支部成立以来共收集了30余份优秀“随手拍”作品，其中13份被“随手拍活动”公众号推广，作品《用人工增雪为冬奥添彩》由央视新闻客户端刊发，《冬奥公众观赛气象服务上线》由中国气象报社和长城网冀云客户端刊发。

二是抓好组织生活。临时党支部结合实际认真落实“三会一课”、谈心谈话、主题党日活动等，确保组织生活经常、认真、严肃，发挥战斗堡垒作用。深化学习教育，筑牢思想之基，组织形式多样的学习。强化政治理论学习，临时党支部通过支部党员大会学习、党小组学习等多种形式，组织学习党的十九届六中全会精神、习近平总书记冬奥会筹办有关讲话精神、习近平总书记关于“人民至上、生命至上”及防灾减灾救灾工作的系列重要指示、庄国泰局长在北京冬奥会气象服务协调小组第二次全体会议上的讲话、武卫东书记在中国共产党张家口市第十二次代表大会上的讲话等一系列学习内容。强化业务学习，各党小组开展冬奥气象保障任务研讨，明确各自的工作任务、工作流程及协调配合方面的具体措施。根据气象业务工作实际，针对冬奥气象服务保障工作，各党小组多次组织气象服务技术交流，熟练掌握冬奥气象服务业务系统与平台、气象观测系统应急保障技术、人工影响天气作业技术和规范等。强化线上学习，用好线上平台，做好自学管理，组建冬奥气象服务临时党支部微信群，通过微信群“云参观”了崇礼·冬奥气象科普馆，发布学习资料督促支部党员加强自学。充分利用学习强国、气象远程教育网等网上平台，以学促做，以做践学。积极组织支部活动，根据工作安排，结合党史教育，制定临时党支部工作方案，明确党支部、党小组学习计划，规定每月第一个星期五为“党员活动日”，围绕冬奥和党史学习教育，开展主题党日活动，组织支部成员集中学习、过组织生活，如遇特殊情况适当调整。

2021年10月27日，各党小组以“2022年北京冬奥会倒计时100天”为主题，开展主题党日活动，后勤保障与信息收集工作党小组组织党小组成员重温了入党誓词，并进行了庄严宣誓。全体成员集体学习了《庄国泰局长在北京冬奥会气象服务协调小组第二次全体会议上的讲话》，党小组组长向大家介绍了近一年冬奥气象服务工作进展，冬奥党建、后勤保障与信息宣传方面的相关责任人分别通报了前期工作进展及下一步工作计划。气象预报服务党小组组织气象台、服务中心的组员，策划并录制了“又迎奥林匹克火种”朗诵视频。人工影响天气保障工作党小组组织各县、区的分小组分别进行了形式多样的主题党日活动，包括集体学习、观看宣传片和安装烟炉的焰条等。

2021年11月6—7日，人工影响天气工作党小组以实战形式开展主题党日活动。党支部书记卢建立带领崇礼、宣化、万全和赤城4个县（区）人影队员在崇礼联合增雪作业，有效增加冬奥会张家口赛区景观降雪，营造良好赛事氛围。

开展重温入党誓词、录制“又迎奥林匹克火种”朗诵视频、支部书记带队在崇礼开展联合增雪作业等一系列主题党日活动，强化了党员的主体意识和党性观念，发挥了临时党支部的战斗堡垒作用和党员模范带头作用，做到“监测精密、预报精准、服务精细”，高质量保障冬奥会的成功举办。

召开组织生活会。会前经过认真组织学习研讨，广泛征求意见，深入开展谈心谈话，于2021年10月14日召开了“感恩奋进 决战决胜”专题组织生活会。会上党员围绕“是否做到坚持解放思想，破除惯性束缚，创新方式方法，以全新的思维理念研究新情况、探索新途径、解决新问题；是否做到坚持担当负责，在其位、谋其职、尽其责，事不避难、志不求易，顶起自己该顶的那片天；是否做到坚持勤勉务实，一刻也不停、一步也不错、一天也不误，夙兴夜寐，激情工作，只争朝夕把各项工作往前赶、做扎实；是否做到坚持一心为民，走好新时代群众路线，深入基层一线察民情、访民意、解民忧，真正把工作做到人民群众的心坎上；是否做到坚持较真碰硬，发扬斗争精神，增强斗争本领，面对问题不回避、遇到矛盾不畏难，召之即来、来之能战、战之必胜；是否做到坚持清正廉洁，始终把党的纪律规矩挺在前面，认真落实中央八项规定及其实施细则精神，干干净净干事、清清白白做人”进行对照检查，开展严肃的批评与自我批评并做出整改承诺。

三是发挥先锋作用。各党小组密切配合，完成张家口赛区测试赛第一次实战演练。2021年11月12—13日冬奥气象服务临时党支部协调后勤保障和信息宣传工作党小组、预报服务工作党小组、装备保障工作党小组参加了张家口赛区测试赛第一次实战演练。预报服务人员制发赛事（场馆）及城市运行、交通气象服务专报，发布灾害性天气提示信息（大风蓝色预警）；赛事核心区装备保障人员模拟抢修设备故障；网信安保人员维护信息网络系统；综合协调和后勤保障人员精心组织协调，保障演练任务按计划圆满完成。

制作张家口赛区测试赛气象领域日运行计划。将2021年11月22日—12月31日各小组工作任务细化分解至具体时间节点，明确责任人和责任领导。排除非确定因素的干扰，确保每项保障任务保质保量按时完成。

毫不松懈抓好新冠肺炎疫情防控工作。疫情防控作为做好冬奥气象服务保障工作的首要前提，冬奥气象服务临时党支部制定了《气象领域新冠肺炎疫情防控工作方案》。为全体涉奥人员备足口罩、消毒液、消毒洗手液等防疫物品，做好单位的日常消毒工作和职工日常测体温和登记工作；组织督促全程接种灭活疫苗满6个月人员接种加强针；每周一组织全局人员进行核酸检测，毫不放松抓紧抓实抓细疫情防控各项措施。

保障场馆内工作人员后勤工作。闭环前4 d的调度会上，场馆内冬奥气象服务保障人员提出了对生活、防疫等物资的需求。张晶局长了解情况后表示：要全力保障闭环内人员各项物资，确保闭环前全部到位。2022年1月20日中午，古杨树赛区预报团队提前闭环的通知让后勤保障工作措手不及，时间紧、任务重，张家口市气象局冬奥气象服务临时党支部信息宣传与后勤保障党小组立刻着手采购剩余物资，闭环前2 h，预报服务团队需要的食品、药品、炊具等全部送达到位。气象装备保障团队住宿条件较差，七八个人同时住在一个由商铺改建的房屋中，生活用品、食品、药品、防疫用品都极度短缺，考虑周全成为了物资准备工作中的重中之重。在最后的物资清单中，锅碗瓢盆、调料、电磁炉、插线板、被褥、洗衣盆、衣架、食品、药品等一应俱全。在争取防疫物资的过程中，卫健委运送医疗物资的车辆和人员紧缺，负责同志多次与卫健委相关部门联系沟通，经过多方不懈努力，在闭环前顺利将防疫物资送达。气象部门的物资率先抵达大大鼓舞了环内气象人的士气，让冬奥气象服务保障工作免除后顾之忧。

其他一线党员组织生活情况如下。

一是在坚持政治方向上用力。各党支部严格落实“三会一课”制度，及时跟进学习习近平总书记系列重要讲话精神，教育引导全体队员心怀“国之大者”，将冬奥气象服务保障工作作为党和人民交办的重大政治任务，不折不扣落实落细。2021年党史学习教育期间，坚持做到党史学习教育不间断，把高标准完成冬奥气象服务保障任务作为学史力行的生动实践。

2021年党史学习教育期间，张家口市气象局党组把总结冬奥测试赛气象服务保障经验，完善运行机制，高标准、高质量完成冬奥各项气象服务保障任务作为“我为群众办实事”实践活动任务清单一项重要内容，总结冬奥测试赛气象服务保障经验，完善运行机制，高标准、高质量做好冬奥各项气象服务保障任务；召开冬奥现场气象服务系统、多维度冬奥预报业务平台、冬奥气象综合可视化系统等学习会等；11月起，每周组织一次筹备冬奥测试赛例会。

2021年1月20日，冬奥张家口赛区气象服务团队3个临时党支部，在驻训地崇礼区气象局联合开展“攻坚克难 砥砺前行”主题党日活动。团队党员围绕“读懂总书记考察冬奥的几层深意”“习近平总书记对气象工作的重要指示精神”和“疫情防控彰显党领导和制度的显著优势”3个方面，气象助力冬奥的8项主要任务，开展讲党课活动。各支部党员结合冬奥气象服务实际工作畅谈理解和感受，分享经验和收获。通过活动，团队党员进一步强化党性认识和觉悟，充分认识冬奥会气象保障的政治重要性。在疫情防控的特殊形势下，将充分发挥支部战斗堡垒和党员先锋模范作用，以最高标准、最严要求做好气象服务保障工作，为即将到来的冬奥测试活动和冬奥会的成功举办保驾护航。

2021年10月27日，北京2022年冬奥会和冬残奥会张家口赛区气象预报服务团队开展“精心备战、务求完胜”主题党日活动，并在国家跳台滑雪中心前重温入党誓词。 通过主题党日活动，全体队员更加坚定理想信念，将以更饱满的状态为北京冬奥会成功举办贡献力量。

二是在抓实思想动员上用心。各党支部时刻关心关注党员的思想状况，把谈心谈话融入工作生活日常、落实到具体行动。通过亮身份、展形象、分享晾晒工作成绩、组建红色突击队等有效手段，激励党员发挥先锋模范作用，凝聚合力。重视队员思想健康，在冬奥气象服务保障决战阶段，为团队成员进行远程心理辅导。河北宣传团队同步跟进，加入中国气象局宣传工作专项小组，纳入省冬奥筹办宣传工作总体布局，大力宣传冬奥气象服务典型事迹、模范人物，形成强大精神感召。

为营造浓厚的“我为冬奥做贡献”和喜迎冬奥会的氛围，充分发挥党支部的战斗堡垒和党员队伍先锋模范作用，凝聚感恩奋进、决战决胜力量，从2021年11月下旬开始，2022年3月底结束，张家口气象部门各党支部和党员队伍开展“相约冬奥——扛红旗、当先锋”专项行动，张家口市气象局机关党委制定《关于开展“相约冬奥——扛红旗、当先锋”专项行动工作方案》。各党支部迅速行动，制订计划，按照“一支部一特色，一周一主题，一周一行动”的要求，扎实推进工作。第四党支部获得张家口“相约冬奥——扛红旗、当先锋”专项行动先锋集体荣誉称号。11月1日上午，张家口市气象局开展“相约冬奥——扛红旗、当先锋”专项行动誓师大会。在大会现场全体党员就宣讲冬奥知识、城乡环境清理、安全防疫等内容开展清洁道路垃圾杂物、防疫消杀、深入社区为公众讲解冬奥气象科普知识、发放《冬奥之旅——气象科普涂色卡片》等活动，市民不仅可以通过涂色了解冬奥气象“黑科技”，还可以通过手机AR互动体验气象因素对北京冬奥会比赛产生的重要影响。市气象局大院张贴冬奥宣传标语，持续营造浓厚“感恩奋进、决战决胜、冬奥有我、请党放心”的氛围。

河北省张家口市崇礼区气象局党员干部职工兴起学习宣传贯彻习近平总书记“七一”重要讲话精神热潮，该局青年理论小组组织开展学习研讨交流活动。大家表示，将把学习成果与当前冬奥筹办气象保障服务等重点工作相结合，为推动气象事业高质量发展做出更大贡献。

8.1.1.3 冬奥会、冬残奥会特别工作状态

河北省气象局按照中国气象局的统一安排，分别于1月27日09时至2月21日17时和2月28日09时至3月14日17时进入北京2022年冬奥会、冬残奥会气象服务特别工作状态。

除进驻一线张家口赛区气象服务保障前方工作组以外，河北省气象局办公室、减灾处、观测处、预报处、气象台、气候中心、灾防和环境中心、信息中心、装备中心、气象服务中心、科研所、人影中心、后勤中心以及各市气象局、雄安新区气象局进入特别工作状态。特别工作状态期间，相关单位主要负责人24 h在岗领班，明确专人值班，保证全天通信畅通，同时根据天气演变情况，做好特别工作状态期间的加密观测、专题会商、滚动预报、跟进服务。每天12时前，各单位将特别工作状态上报前方工作组信息宣传组，形成每日工作简报；每天16时向冬奥气象中心报告当天工作情况。两次特别工作状态期间，冬奥气象服务保障工作开展顺利，未发生影响气象业务的突发事件。

8.1.2 日运行机制

8.1.2.1 “午餐”碰头会

综合协调组从2022年1月25日开始，利用每天午餐时间，召集组员开碰头会，收集省运行保障指挥部综合办公室、省冬奥调度指挥中心、张家口赛区城市运行和环境建设管理指挥部、冬奥气象中心、云顶滑雪公园、云顶场馆群闭环外指挥室、跳台滑雪中心、冬季两项中心、越野滑雪中心、竞赛服务分指挥部、项目和配套设施建设分指挥部、赛区外围运行保障指挥部等各级冬奥决策指挥机构对工作运行的安排和需求，协调设备进场转场、人员入场及隔离和撤出、队员就医以及落实新的服务需求等工作。综合协调组共召开45次碰头会，形成会议纪要45期，确保了信息收集及时、上传下达高效、协调联动高效，真正发挥了参谋部和情报处的作用。

8.1.2.2 每日调度会

从2022年2月2日开始，前方工作组启动定期调度会机制，每天下午17:00，组织8个专项组召开调度会，传达中国气象局，河北省委、省政府及指挥调度中心的工作要求，听取各单位当日工作汇报，研究解决存在的问题，安排部署第二天的重点工作。每日调度会有效打通了各专项工作组之间的联系，形成了上下游业务的有效支撑，确保了前方工作组内部运行规范高效。

8.1.2.3 日运行图

为规范前方工作组运行，形成工作合力，确保重要赛事服务有力，综合协调组制作日运行图模板，汇总赛事安排、场馆天气、各组每日序时工作安排以及重要提醒事项等信息，由各专项工作组定时更新，综合协调组每天早晨校对打印，悬挂在张家口赛区冬奥气象中心三楼会议室，实现了所有冬奥赛事、赛会信息以及各组工作一目了然，为工作顺利开展提供了基础支撑。同时，综合协调组根据每天的赛事安排、天气阈值，开展气象风险研判，形成“无影响、关注、注意、警告”4个级别的风险提示信息，制作张家口赛区赛事运行气象风险图，每天早晨报送省冬奥调度指挥中心决策层，为赛事安排、赛会保障提供了科学的决策依据。

8.2 张家口赛区赛时气象服务的开展

张家口赛区赛事和赛会气象服务是赛时阶段各项工作的重心，具体任务由前方工作组赛事服务组和赛会服务组分别承担，省气象台负责后方技术与会商支援，按照《河北省气象局北京2022年冬奥会和冬残奥会气象服务保障运行方案（2021年第三版·正赛版）》《北京2022年冬奥会和冬残奥会张家口赛区气象服务保障前方工作组组建方案（2021年第三版）》等相关工作规程，开展各项服务任务。

8.2.1 赛事服务

赛事服务组工作岗位位于2022年冬奥会张家口赛区气象中心（崇礼区气象局）、云顶场馆群和古杨树场馆群，以多维度冬奥预报业务平台、冬奥现场气象服务系统、冬奥气象综合可视化系统和冬奥雪务气象预报预测系统等为支撑，具体负责赛时做好面向赛事与场馆运行的现场预报服务和雪务服务工作，每日工作安排详见表8.1。

表8.1 张家口赛区气象中心预报团队日工作流程

时间	工作内容
00:00—24:00	逐小时更新发布场馆站点预报
06:30	预报员到岗，检验前次预报性能，实时监视天气 首席组织班内早间天气会商
07:00	发布场馆通报
09:00	发布C49产品
09:40	首席组织班内上午天气会商
10:00	首席组织赛区天气会商（腾讯会议） 制作发布气象专报
11:00	发布场馆通报
15:00	发布C49产品
15:30	发布场馆气象简报（中文） 首席组织班内下午天气会商
16:00	参加张家口赛区竞赛团队体育－气象会商（瞩目会议）
16:30	向冬运中心微信群发送张家口赛区4个预报点位产品
17:00	发布场馆通报 发布颁奖广场站点预报
21:00	制作次日05时预报点位产品

8.2.1.1 张家口赛区天气会商

天气会商主要包括重大天气应急加密会商和赛区每日天气会商。每日天气会商时间为10:00，重大天气应急加密会商根据张家口赛区重大天气过程和赛事服务需求临时启动会商，与每日天气会商合并进行，时间一般为10:00。会商主会场在张家口赛区气象中心二楼会商室，分会场分别设在国家气象中心、北京市气象台、河北省气象台、内蒙古自治区气象台、张家口市气象台，会商以腾讯视频会议形式进行。

重大天气应急加密会商一般在判断赛区可能出现对赛事有较大影响的大风、强降温、强降水、低能见度、沙尘、高温融雪等重大天气过程时，或根据赛事组委会有气象高敏感赛事即将开赛时启动，启动前提前一天向需要参加协助会商的单位业务管理部门发送协助函，并于次日进行会商。

会商过程中，赛区首席或赛区副首席负责发言，场馆（副）首席、预报WFC岗、现场服务WIC岗参加，MOC、综合协调组、城市运行保障组（张家口市气象台）、人影保障组、装备保障组按需参加，其他协助单位自行安排会商人员参与会商并发言。

会商由值班赛区首席主持，明确当日会商重点，介绍会商参与人员，组织预报分歧讨论、重点把握关键影响系统发展的不确定性、总结提炼主要预报结论及服务重点。发言时，中短期预报重点聚焦赛事时段内的天气对赛事的影响，尤其是转折性、高影响、突发性天气对赛事的影响；短期72 h内直接说结论，结论无分歧可不说理由或只由总首席简单说理由，结论有分歧分别阐述理由，只说有分歧部分，最后达成一致，并以总首席意见为准；4～10 d重点阐述高影响天气，其他简单概括。短临预报重点针对未来12 h内，尤其是3 h内的不同场馆、不同赛事时间段的天气对赛事影响；短临预报结论是各场馆值班员会商后的结论。协助单位发言预报时效主要为1～10 d，有特殊需求临时调整，重点聚焦在赛事时段内的天气对赛事的影响，尤其是转折性、高影响、突发性天气对赛事的影响。驻场馆现场气象服务人员：提供赛事安排及调整情况、重点预报需求及天气预报意见。

8.2.1.2　赛事服务材料

冬奥会和冬残奥会期间，赛事服务组对于云顶场馆群和古杨树场馆群的服务产品，可分为制式统一的服务产品和有针对性的特色场馆服务产品等两类，主要分为：场馆通报、天气高影响提示、天气预报、领队会汇报PPT、造雪气象条件服务材料和天气实况服务材料等。

天气预报：云顶场馆群冬奥会期间有4个预报站点，冬残奥会期间预报站点为2个；国家跳台滑雪中心有2个预报站点；国家越野滑雪中心有2个预报站点，国家冬季两项中心有1个预报站点。站点预报由天气预报中心预报员制作更新，现场气象服务团队会以公告栏、微信群等方式进行发布（图8.1）。

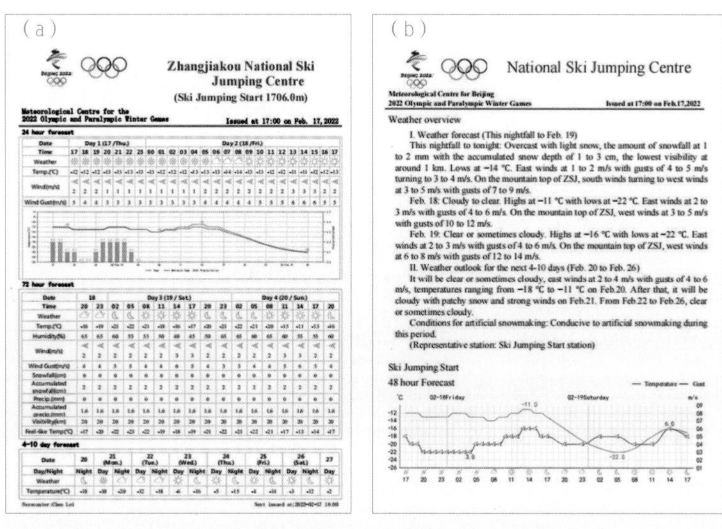

(a)

Zhangjiakou National Ski Jumping Centre
(Ski Jumping Start 1706.0m)

Meteorological Centre for the 2022 Olympic and Paralympic Winter Games　Issued at 17:00 on Feb. 17, 2022

24 hour forecast

72 hour forecast

4-10 day forecast

(b)

National Ski Jumping Centre

Meteorological Centre for Beijing 2022 Olympic and Paralympic Winter Games　Issued at 17:00 on Feb.17,2022

Weather overview

I. Weather forecast (This nightfall to Feb. 19)

This nightfall to tonight: Overcast with light snow, the amount of snowfall at 1 to 2 mm with the accumulated snow depth of 1 to 3 cm, the lowest visibility at around 1 km. Lows at −14 ℃. East winds at 1 to 2 m/s with gusts of 4 to 5 m/s turning to 3 to 4 m/s. On the mountain top of ZSJ, south winds turning to west winds at 3 to 5 m/s with gusts of 7 to 9 m/s.

Feb. 18: Cloudy to clear. Highs at −11 ℃ with lows at −22 ℃. East winds at 2 to 3 m/s with gusts of 4 to 6 m/s. On the mountain top of ZSJ, west winds at 3 to 5 m/s with gusts of 10 to 12 m/s.

Feb. 19: Clear or sometimes cloudy. Highs at −16 ℃ with lows at −22 ℃. East winds at 2 to 3 m/s with gusts of 4 to 6 m/s. On the mountain top of ZSJ, west winds at 6 to 8 m/s with gusts of 12 to 14 m/s.

II. Weather outlook for the next 4-10 days (Feb. 20 to Feb. 26)

It will be clear or sometimes cloudy, east winds at 2 to 4 m/s with gusts of 4 to 6 m/s, temperatures ranging from −18 ℃ to −11 ℃ on Feb.20. After that, it will be cloudy with patchy snow and strong winds on Feb.21. From Feb.22 to Feb.26, clear or sometimes cloudy.

Conditions for artificial snowmaking: Conducive to artificial snowmaking during this period.

(Representative station: Ski Jumping Start station)

Ski Jumping Start

48 hour Forecast

图8.1　场馆通报样例（a）及气象专报样例（b）

领队会汇报PPT： 气象服务团队2022年北京冬奥会、冬残奥会期间，在领队会以及山地运行会议上，预报结论和天气影响提示往往以幻灯片形式呈现。此外，国外专家也会提出一些个性化或者定制性的需求，往往以图片形式直接通过现场服务系统生成图片后发送。

天气高影响提示： 对高影响天气进行重点提示，包括对赛事影响和对场馆运行的影响，例如大风、降温、沙尘天气对场馆管理、临建设施的影响，提示服务保障人员防寒保暖、提前巡视供热供暖供电设备，及时做好维护等；降雪天气对交通影响，及时做好铲冰除雪等（图8.2）。

Weather High Impact Notice

天气高影响提示

云顶场馆群气象服务团队　第4期　2022年2月16日14时发布

2月17—19日云顶场馆群将先后出现降雪和大风降温天气

受冷空气影响，预计17日—19日，云顶场馆群将先后出现降雪和大风降温天气过程。

降雪： 累计降雪量为2～4毫米（小到中雪），新增积雪深度为3～6厘米。**降雪时段出现在17日上午至18日早晨。** 降雪期间，赛场能见度降低，最小能见度降至500米以下。

大风： 18日傍晚至19日，风力较大，有西北风4～6米/秒，阵风10～12米/秒。

降温： 17日至18日白天，气温有所回升。18日夜间，气温将再次明显下降，19日早晨，最低气温将降至-24℃左右。

20日，云顶场馆群以晴间多云天气为主，风力较大，有西风4～6米/秒，阵风10～13米/秒；气温有所回升，白天最高气温为-14～-13℃，夜间最低气温为-19～-18℃。

建议： 团队要提前部署，做好交通管理和扫雪铲冰等相关工作，同时还要防范低能见度天气的影响，驾驶人员要减速慢行，确保道路通畅和交通安全；降雪、低能见度和大风天气可能对训练和比赛带来一定的气象风险，竞赛团队要积极做好应对准备工作；运动员、工作人员、观众要注意防寒保暖，避免冻伤。

制作：孔凡超 姬雪帅 石文伯 张晓瑞 刘华悦 钱倩霞 张曦丹　签发：李宗涛

图8.2　天气高影响提示样例

造雪气象条件服务材料： 提供未来72 h场馆精细化气象要素预报产品，主要针对湿球温度进行分析，提供造雪气象条件预报技术支撑（图8.3）。

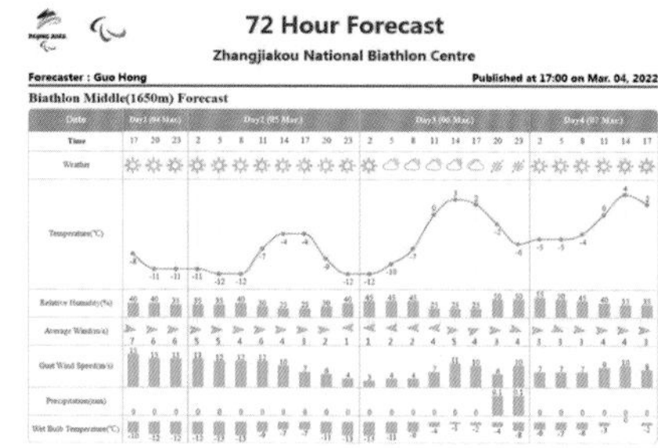

图8.3　造雪气象服务产品样例

天气实况服务材料： 提供气温、雪温、风向风速等气象实况，为赛事服务、体育播报做支撑。国家越野滑雪中心指挥室在竞赛办公室开放时间，逐30 min发布天气监测实况信息。国家越野滑雪中心指挥室赛时逐30 min发布雪温观测。

每日运行情况报告： 提供当日天气实况和第二天气象预报，并分析对赛事是否产生影响（图8.4）。

2022年2月8日冬季两项竞赛团队每日运行情况报告

日期/时间	2022年2月8日，18：20
报告人（竞赛主任或其授权P1人员）	田飞鹏
当日运行情况	
当日天气情况与影响	是否正常：正常
	主要影响：无影响
训练/比赛总体情况	是否正常：是
	日常变更情况：无
	完成的比赛项目和场次（按小项）：男子20公里个人赛
	完成的训练项目和场次（按小项）：11:30-13:00进行女子非官方训练（男运动员最后阶段可参加）
	参赛（训）运动员数量（按小项）：参训28国160人，参赛28国92人
	获奖运动员情况（按小项，前三名运动员国籍和姓名）：康坦·菲永·马耶（法国）、安东·斯莫利斯基（白俄罗斯）、约翰内斯·廷内斯·伯厄（挪威）
人员到岗和防疫情况	竞赛团队人员到岗人数：P类19人
	技术官员到岗人数：NTO到岗181人。
	防疫情况：正常
赛道情况	雪温：-16℃
	湿度：30%
	测温时间：17时
	雪道质量（请填"好、一般或差"）：好
	出现的问题：无
伤病情况	运动员：无
	竞赛团队、技术官员及竞赛组织其他工作人员：无
其他事项	中国队成绩：闫星元（39）、程方明（69）、朱朕宇（83）、张春雨（92）。今日捷克有1人携带1支枪入境。
第二天信息预告	
天气预测	明天白天多云间晴，气温为-15--5℃，平均风西风3-4m/s，最大阵风8-9m/s，相对湿度40%-60%，能见度>10km。
	对比赛运行的影响评估：无影响
竞赛信息预告	训练项目及时间（按小项）：14:30-15:00男子非官方训练，16:30-18:30女子短距离官方训练
	比赛项目及时间（按小项）：无
	领队会时间：IBU通知，取消本次领队会
场地准备情况	一般器材状况：正常
	造雪、压雪情况：正常
	安全防护设施状况：正常
	场地塑形和布置情况：正常
其他事项	无

图8.4　每日运行情况报告样例

8.2.2 赛会服务

赛会服务组工作岗位位于张家口市气象局三楼会商室，分为决策服务组与交通服务组，围绕张家口赛区的城市与赛会运行，具体负责冬奥气象服务保障期间，赛区及周边地区交通、电力、安保、环境等城市运行和赛会运行气象服务，承担面向赛区各级党政领导以及河北省冬奥调度指挥中心、张家口市城市运行和环境建设管理指挥部需求的各类决策气象服务保障工作。

8.2.2.1 赛会服务天气会商

每日10:00参加由赛事服务组组织的赛区天气会商，由首席发言，值班人员参加，会商方式为腾讯会议。每日10:30参加由河北省气象台组织的全省天气会商，由首席发言，值班人员参加，会商方式为会商系统。每日11:00参加由张家口市生态环境局主持的空气质量会商，由副班发言，值班人员参加，会商方式为微信群视频。每日15:30由决策服务组组织进行内部现场会商，首席发言，其他人员讨论。

8.2.2.2 决策服务

具体负责面向赛区各级党政领导以及河北省冬奥调度指挥中心、张家口市城市运行和环境建设管理指挥部需求的各类决策气象服务保障工作，主要包括城市运行保障专项气象服务、火炬传递气象服务、各项重大活动气象服务以及气候服务等任务，每日工作安排详见表8.2。

表8.2 决策服务保障团队日工作流程

开始时间	结束时间	运行任务	负责人
05:00	07:00	制作发布张家口市区、崇礼城区、冬奥村城市运行气象专报	首席、领班、主班
08:30	09:00	气象预报员对设备与系统进行例行检查	主班
10:30	11:00	气象预报员参加省市天气会商	首席、领班、主班、副班、气候
09:50	10:00	气象预报员制作提交决策服务组日报告	副班
09:00	11:00	制作发布张家口市区、崇礼城区、冬奥村城市运行气象专报	首席、领班、主班
11:00	11:10	气象预报员参加环境会商	首席、环境
11:00	13:30	气象预报员在岗监视天气变化	主班、副班
13:30	15:00	首席与赛事服务组进行天气会商并组织内部天气会商	首席、领班、主班
15:00	17:00	制作发布张家口市区、崇礼城区、冬奥村城市运行气象专报	首席、领班、主班
17:00	17:30	气象预报员归纳总结今日工作	主班
17:30	次日08:30	气象预报员在岗监视天气变化	副班
全天		每月1日、6日、11日、16日、21日、26日，每5天制作发布张家口赛区气候预测与延伸期天气过程预测	气候
全天		不定期参加国家气候中心气候趋势会商	气候
全天		当有降雪发生时，逐小时统计发布赛区点位降雪量	气候

8.2.2.3 交通及其他行业服务

具体负责赛区及周边地区交通、电力、安保等城市运行和赛会运行气象服务，主要包括交通气象服务、直升机救援气象服务、电力、安保气象服务等任务，保障冬奥气象服务官方网站交通板块各类数据产品的生成与传输，做好张家口市气象局到张家口市交通局服务专线和数据传输的畅通等任务，每日工作安排详见表8.3。

表8.3 张家口赛区交通服务保障团队日工作流程

开始时间	结束时间	运行任务	负责人
05:00	07:00	有高影响天气加密需求时，制作发布张家口赛区测试赛交通气象服务专报	主班、副班、审核
08:30	09:00	检查产品数据稳定情况、各系统平台运行情况等	副班、系统运维
09:00	10:00	制作发布张家口赛区测试赛直升机救援气象服务专报	主班、副班、审核
09:00	11:00	有高影响天气加密需求时，制作发布张家口赛区测试赛交通气象服务专报	主班、副班、审核
10:00	14:00	按要求整理编制交通服务组日调度总结和赛会服务组日运行情况（金刚文档），分别上报至市局冬奥办和省局信息工作组	副班
10:30	11:00	参与河北省气象台天气会商	主班、副班、审核
13:30	14:30	交通关键点气象要素实况监测及天气形势分析	主班、副班、审核
14:30	15:00	参加场馆群、气象台天气会商	主班、副班、审核
15:00	17:00	制作发布张家口赛区测试赛交通气象服务专报	主班、副班、审核
17:00	17:30	值班人员总结当日工作	主班、副班、审核

8.2.2.4 后方技术与会商支援

河北省气象台在河北省气象局冬奥气象服务领导小组办公室统筹协调下，聚焦技术支撑开展工作，负责省委、省政府有关领导同志以及各有关部门涉及与冬奥会相关的各项公务活动气象服务；负责冬奥会火炬传递、开闭幕式重点时段及赛事期间重大天气过程的天气会商及气象服务保障工作等任务。

每日组织内部会商，确定中短期预报结论，首席代表河北省气象台参加视频会商，并不定时与中央气象台、北京市气象台、张家口市气象台和赛区预报团队等单位电话会商，并对火炬传递和开闭幕式期间张家口决策气象服务预报结论进行把关，做好冬奥科技支撑产品的运维保障。

8.2.2.5 赛会服务材料

气候预测服务专报。为河北省运行指挥部综合办公室、省纪委驻省政府办公厅纪检监察组、张家口市冬奥城市运行和环境建设管理指挥部和河北省公安厅交通管理局定期发布北京冬奥会和冬残奥会张家口赛区气候预测服务专报产品，根据冬奥会服务的临时性特殊需求，不定期制作和发布冬奥会气候预测专题产品。其中，1～30 d重要天气过程预测和后期气候趋势展望，服务时段为2021年9月11日—2022年3月11日，滚动频次为2021年11月1日前为每10 d滚动，每月的1日、11日、21日制作发布，2021年11月1日开始为每5 d滚动，每月的1日、6日、11日、16日、21日、26日制作发布，服务期为2021年9月至残奥会结束。

气象服务专报。为河北省委办公厅、张家口市冬奥城市运行和环境建设管理指挥部提供未来3 d天气预报及市区、崇礼、冬奥村未来24 h逐小时预报（天气现象、气温、风向、风速、降水）和服务建议，每日07时、11时、17时滚动制作发布，服务期为2021年11月至冬残奥会结束（图8.5）。

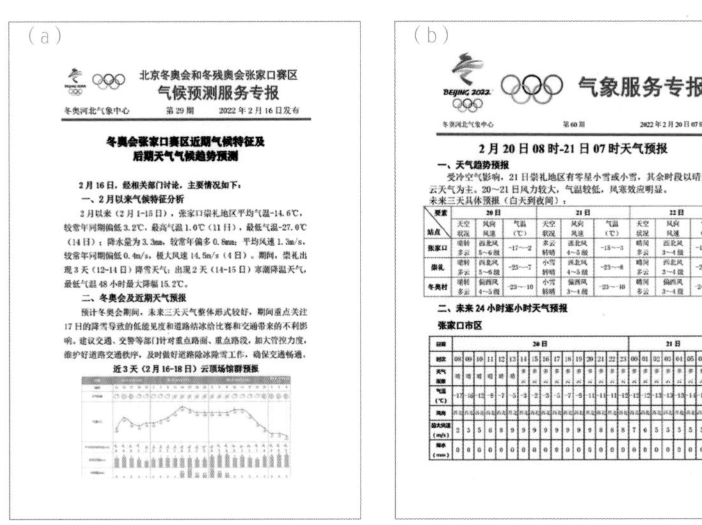

（a）

北京冬奥会和冬残奥会张家口赛区
气候预测服务专报

冬奥河北气象中心　第29期　2022年2月16日发布

冬奥会张家口赛区近期气候特征及后期天气气候趋势预测

2月16日，经相关部门讨论，主要情况如下：

一、2月以来气候特征分析

2月以来（2月1-15日），张家口崇礼地区平均气温-14.6℃，较常年同期偏低3.2℃，最高气温1.0℃（11日），最低气温-27.0℃（14日）；降水量为3.3mm，较常年偏多0.8mm；平均风速1.3m/s，较常年同期偏低0.4m/s，极大风速14.5m/s（4日）。期间，崇礼出现3天（12-14日）降雪天气；出现2天（14-15日）寒潮降温天气，最低气温48小时最大降幅15.2℃。

二、冬奥会及近期天气预报

预计冬奥会期间，未来三天天气整体形式较好，期间重点关注17日的降雪导致的低能见度和道路结冰给比赛和交通带来的不利影响。建议交通、交警等部门针对重点路面、重点路段，加大管控力度，维护好道路交通秩序，及时做好道路除冰除雪工作，确保交通畅通。

近3天（2月16-18日）云顶场馆群预报

（b）

气象服务专报

冬奥河北气象中心　第60期　2022年2月20日07时发布

2月20日08时-21日07时天气预报

一、天气趋势预报

受冷空气影响，21日崇礼地区有零星小雪或小雪，其余时段以晴到多云天气为主。20～21日风力较大，气温较低，风寒效应明显。

未来三天具体预报（白天到夜间）：

要素＼站点	20日			21日			22日		
	天空状况	风向风速	气温（℃）	天空状况	风向风速	气温（℃）	天空状况	风向风速	气温（℃）
张家口	晴转多云	西北风5～6级	-17～-2	多云转晴	西北风4～5级	-15～-3	晴间多云	西北风3～4级	-16～-3
崇礼	晴转多云	西北风5～6级	-23～-7	小雪转晴	西北风4～5级	-23～-8	晴间多云	西北风3～4级	-21～-8
冬奥村	晴转多云	偏西风4～5级	-23～-10	小雪转晴	偏西风3～4级	-23～-10	晴间多云	偏西风3～4级	-24～-11

二、未来24小时逐小时天气预报

张家口市区

日期	20日																21日							
时次	08	09	10	11	12	13	14	15	16	17	18	19	20	21	22	23	00	01	02	03	04	05	06	07
天气现象	晴	晴	晴	晴	晴	晴	多云	多云	多云	多云	多云	多云	多云	多云	多云	多云	多云	多云	多云	多云	多云	多云	多云	多云
气温（℃）	-17	-16	-12	-9	-7	-5	-3	-2	-3	-5	-7	-9	-11	-11	-11	-12	-12	-12	-13	-13	-13	-14	-14	-15
风向	[illegible]	[illegible]	[illegible]	[illegible]	[illegible]	[illegible]	[illegible]	[illegible]	[illegible]	[illegible]	[illegible]	[illegible]	[illegible]	[illegible]	[illegible]	[illegible]	[illegible]	[illegible]	[illegible]	[illegible]	[illegible]	[illegible]	[illegible]	[illegible]
最大风速（m/s）	2	3	5	6	8	9	9	9	9	9	9	9	9	8	8	8	7	6	5	5	5	5	5	6
降水（mm）	0	0	0	0	0	0	0	0	0	0	0	0	0	0	0	0	0	0	0	0	0	0	0	0

图8.5　气候预测专报样例（a）及气象服务专报样例（b）

交通气象服务专报。为交通综合运行协调与应急指挥中心、张家口市冬奥城市运行和环境建设管理指挥部提供涉奥高速公路沿线交通关键点分布图，11个交通关键点未来24 h天气现象预报及逐小时天气预报（降水、气温、风向、平均风速），交通沿线气象风险提示，每日17时制作，服务期为2021年11月至冬残奥会结束（图8.6 a）。

冬奥高速公路气象服务专报。为公安部交管局提供京藏、京新、京礼高速公路途经关键点未来24 h天气预报和高影响天气风险提示，每日17时制发，服务期为2022年1月至冬残奥会结束（图8.6 b）。

直升机救援服务专报。为张家口市冬奥城市运行和环境建设管理指挥部、北京市红十字会急诊抢救中心提供未来24 h相关区域天气预报及4个点位逐小时天气预报（天气现象、气温、相对湿度、能见度、风向、风速），每日18时制作发布，服务期为2021年11月至冬残奥会结束（图8.6 c）。

(a)

交通气象服务专报

02月22日18时~02月23日17时交通气象预报

一、高速公路沿线交通关键点分布

二、交通关键点未来24小时天气预报

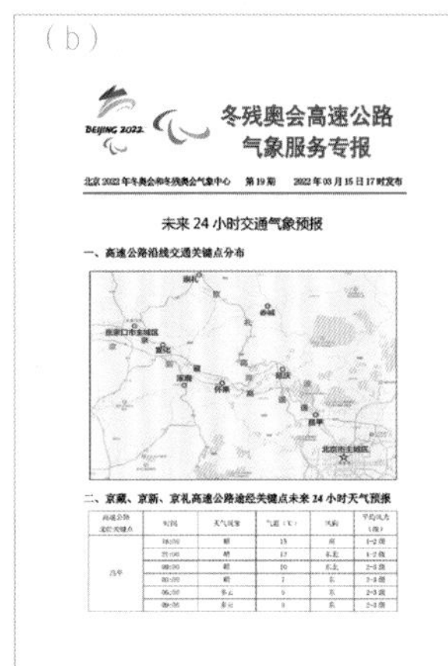
(b)

冬残奥会高速公路气象服务专报

未来24小时交通气象预报

一、高速公路沿线交通关键点分布

二、京藏、京新、京礼高速公路途经关键点未来24小时天气预报

(c)

直升机救援气象服务专报

未来24小时天气预报：

云顶滑雪场停机坪：

图8.6 交通气象服务专报样例（a）、冬奥高速公路气象服务专报样例（b）及直升机救援气象服务专报样例（c）

火炬传递气象服务专报。针对张家口赛区火炬传递活动，分别于2022年1月18日—2月3日、2022年2月15日—3月3日为张家口市冬奥城市运行和环境建设管理指挥部提供冬奥会火炬传递、冬残奥会火炬取火和传递气象服务，均提前一周制作服务产品（图8.7 a）。

系列文化活动气象服务专报。针对张家口赛区系列文化活动①，从2022年1月31日起根据需求，为张家口市冬奥城市运行和环境建设管理指挥部制作发布2个冬奥文化广场、4个示范社区、4个公共设施未来24 h活动地点的逐小时精细化预报（图8.7 b）。

(a)

火炬传递气象服务专报

第10期

张家口地区天气预报

一、天气综述

二、具体预报

1. 阳原泥河湾考古遗址公园

2. 张北德胜村

(b)

系列文化活动气象服务专报

第5期

冬奥会闭幕式张家口庆典活动天气预报

一、天气综述

二、张家口市民广场具体预报

三、服务提示

图8.7 火炬传递气象服务专报样例（a）和系列文化活动气象服务专报样例（b）

① 系列文化活动包括：2月3日19时，大境门庆典活动；2月4日10时，市民广场“冬奥有我”群众大联欢活动；2月4日21时，开幕式当天大境门广场庆典活动；2月5日10时，崇礼颁奖广场火炬台点燃仪式；2月20日，崇礼雪如意“未来更精彩”冬奥会闭幕式群众文体活动；2月3—20日赛时期间其他文化活动。

气象风险预警服务。为张家口市冬奥城市运行和环境建设管理指挥部提供高影响天气预警信息及防御指南，根据天气变化随时制作发布，服务期为2021年11月至冬残奥会结束（图8.8 a）。

崇礼城区一周天气。为省应急管理厅提供未来一周崇礼城区天气趋势预报，逐12 h天气预报和服务建议，每周五11时制发，服务期为2021年12月至冬残奥会结束（图8.8 b）。

非注册媒体气象服务专报。为张家口市冬奥会城市运行和环境建设管理指挥部提供未来3 d张家口区域天气趋势预报和分县区天气预报，每日16时制发，服务期为2022年1月至冬残奥会结束（图8.9 a）。

电力气象服务专报。为国网冀北电力有限公司张家口供电公司提供未来3 d逐12 h预报、分县区24 h预报、未来一周天气提示，每日17时制发，服务期为2021年12月至冬残奥会结束（图8.9 b）。

（a）

气象风险预警服务

北京2022年冬奥会和冬残奥会河北气象中心　第2期　2022年3月3日16时发布

大风蓝色预警信号

2022年3月3日16时10分发布大风蓝色预警信号：根据最新气象资料综合分析，预计今天后半夜到明天白天市辖区及崇礼区有西北风5-6级，阵风7-8级，局地可能伴有沙尘天气。请有关单位和人员做好防范准备。

服务建议：

请城市与赛会运行部门做好公用通信设施维护，加强大风影响区域高速公路管理、电力设施检查和电网运营监控以及临时性建筑安全检查，及时排除危险，提前做好故障排查抢修应急准备。

（b）

专题气象服务

冬奥河北气象中心　第2期　2022年2月11日11时发布

崇礼未来一周天气预报

一、天气趋势预报

预计未来一周多降雪天气过程，自12日凌晨降雪逐渐开始，过程主要降雪时段在12日后半夜到13日夜间，累积降雪量级可达中到大雪。

二、具体天气预报

日期	时段	天空状况	风向风速	气温（℃）
2月11日	夜间	小雪	偏南风2~3级	-13℃
2月12日	白天	小雪	偏南风3~4级	-3℃
	夜间	小雪	偏南风2~3级	-15℃
2月13日	白天	小雪	偏南风3~4级	-10℃
	夜间	小雪	偏南风2~3级	-19℃
2月14日	白天	零星小雪	偏南风2~3级	-11℃
	夜间	小雪	偏南风2~3级	-19℃
2月15日	白天	小雪转多云	偏南风2~3级	-9℃
	夜间	晴间多云	偏西风2~3级	-20℃
2月16日	白天	晴间多云	偏南风2~3级	-8℃
	夜间	零星小雪	偏南风2~3级	-16℃
2月17日	白天	小雪	偏南风3~4级	-8℃
	夜间	小雪	偏南风2~3级	-12℃
2月18日	白天	多云	偏南风2~3级	-4℃

三、服务建议

未来一周崇礼有降雪天气，雪后道路湿滑，请相关部门及时清扫道路积雪，保持道路畅通，并注意做好防寒保暖工作。

图8.8　气象风险预警服务样例（a）和崇礼城区一周天气样例（b）

（a）

专题气象服务

冬奥河北气象中心　第19期　2022年2月21日16时发布

一、天气趋势预报

二、具体天气预报（夜间到白天）

（b）

张家口电力气象服务专报

一、全市天气形势分析及预报

图8.9　非注册媒体气象服务专报样例（a）和电力气象服务专报样例（b）

8.2.2.5.1　城市运行气象保障服务

北京2022年冬奥会和冬残奥会比赛时段正是张家口赛区低温、寒潮、大风、沙尘、暴雪等高影响天气频繁出现的时段，高影响天气的出现势必会对城市运行气象保障服务带来重大挑战。根据北京冬奥会张家口城市运行和环境建设管理指挥部对城市运行气象保障服务提出的诸多需求，赛会服务组按照决策气象服务和交通、电力气象服务进行分工并制定了相应的岗位职责及工作流程。决策服务组提供的各类产品包括：城市运行气象服务专报：每天滚动3次提供未来24 h内逐小时张家口市区、崇礼城区及冬奥村的天气趋势预报、气象要素预报（包括天气现象、降水、气温、风向、风速）及风险提示，当预报有高影响天气出现时，逐2 h加密滚动提供气

象专报；气象风险预警服务：针对张家口赛区可能出现的重大天气或灾害性天气进行提示；专题气象报告：根据各相关单位提出的具体需求提供相应的天气预报；另外，根据其他服务需求，提供了降雪、安保、环保等服务专报。交通电力服务组需要做到能够随时了解崇礼奥运赛场及其周围输电线路杆塔、变电站气象要素实况、预报及灾害预警；还有供暖、供水等一些与老百姓生活密切相关的气象服务。复杂的天气加上更高的服务需求，对赛会服务组气象预报服务工作而言，所面临的挑战是巨大的。

冬奥会和冬残奥会期间，张家口市经历了2月4—5日、12—13日、14—15日、17—18日、19—20日和3月3—4日、7—10日、11—12日等多次降雪、降温、大风、沙尘、显著回暖、降雨等高影响天气过程，制作发布城市运行气象专报等服务材料共计407期，各类气象信息及时融入城市运行各领域，为铲冰除雪、交通、电力、通信、安保、供暖、供气、供水、临建设施安全防护、群众观赛等方方面面提供了精准的预报服务，将气象风险降到最低，有力保障了冬奥会和冬残奥会顺利平稳运行，取得显著服务效益。

8.2.2.5.2 火炬接力

为做好冬奥会张家口市赛区火炬接力气象服务保障工作，赛会服务组统筹部署安排，编制了《张家口赛区冬奥会和冬残奥会火炬接力气象服务方案》和《北京2022年冬奥会和冬残奥会火炬接力期间重污染天气应急预案》，开展历史同期高影响天气背景分析，分析了张家口赛区11个火炬接力点位的气象历史实况数据，对可能发生的高影响天气给出风险概率和服务提示。赛会服务组自2021年11月—2022年1月针对冬奥会和冬残奥会火种采集和火炬传递点位进行预报模拟和检验，不断完善预报技术，最终确定了基于EC细网格、GRAPES、RMAPS-IN等模式的逐3 h预报资料和线性插值方法，对冬奥会火炬传递点位进行逐小时插值预报，再对比智能网格预报和人工订正方法作修正的预报技术路线。

2022年1月23日—2月2日每日17时，针对2月2—4日冬奥会张家口赛区火炬接力点位（阳原泥河湾考古遗址公园、张北德胜村、张家口工业文化主题公园、崇礼富龙滑雪场、张家口大境门遗址）的天气趋势预测及要素预报，制作《火炬传递气象服务专报》共11期。2022年2月23日—3月2日每日17时针对3月2—4日冬残奥会张家口赛区火炬采集和接力点位（桥东区创坝工业园区、涿鹿皇帝城、经开区市民广场、崇礼太舞滑雪场、蔚县暖泉古镇、怀来官厅湿地公园）制作《火炬传递气象服务专报》共8期。所有服务产品及时通过微信等方式向张家口市委市政府、火炬传递组委会、张家口市冬奥会城市运行和环境建设管理指挥部宣传媒体及文化组发送，通过政务邮箱向中国气象局及北京市气象局发送。冬奥会火炬传递结束后，赛会服务组及时对预报进行了检验，检验结果得知实况与预报非常吻合，精准预报服务保障了火炬传递圆满完成。并在第一时间获得了张家口赛区火炬传递组委会的反馈：精准的气象服务为火炬传递圆满成功提供了有力指导和支持。冬残奥会火炬接力6个点位活动时段气象要素预报准确，温度预报平均误差仅0.8 ℃，精准的预报服务成功保障了冬残奥会圣火采集和火炬传递的圆满完成。

1月23—26日制作：2月2–4日河北专项活动地区的预报，包括天气形势，最低气温、最高气温、关注与建议。

1月27—31日制作：2月2日、3日、4日河北专项活动地区的逐12 h预报（包括天气形势、天气状况、气温、平均风向风速、阵风风速、相对湿度和能见度）。

2月1—2日根据5个专项活动地点具体活动时间制作前后共7 h的逐小时天气预报（包括天气形势、天气状况、气温、平均风向风速、阵风风速、相对湿度和能见度）。

2月23—28日制作：3月2日、3日、4日河北专项活动地区的逐12 h预报（包括天气形势、天气状况、气温、平均风向风速、阵风风速、相对湿度和能见度）。

3月1—2日根据6个专项活动地点具体活动时间制作前后共7 h的逐小时天气预报（包括天气形势、天气状况、气温、平均风向风速、阵风风速、相对湿度和能见度）。

8.2.2.5.3 系列文化活动

为切实做好2022年2月1—20日系列活动的气象保障服务，确保各项活动顺利开展，根据冬奥会组委会、中国气象局、河北省气象局和张家口市委市政府对保障工作的要求，赛会服务组对各县局天气预报服务工作进行技术指导；为系列活动有关部门制作“冬奥庆典文化活动”“冬奥有我”庆典活动、火炬台点燃仪式等系列活动的服务信息，其中冬奥会举办期间制作《系列文化活动气象服务专报》共5期，冬残奥会举办期间制作《系列文化活动气象服务专报》共9期；遇有重大影响天气过程时，及时进行天气会商，并组织制作《重要气象信息专报》，上报张家口市委、市政府及相关部门。

针对2022年2月4日张家口大境门广场冬奥会开幕式庆典活动，2月3日17时、2月4日15时分别制作《系列文化活动气象服务专报》各1期，对2月4日活动举办地进行了逐小时预报，包括天气状况、气温、平均风向风速、阵风风速、相对湿度和能见度、体感温度等预报。

2月18日17时、2月19日17时、2月20日17时分别针对2022年2月20日张家口赛区如意广场冬奥会闭幕式庆典活动，制作《系列文化活动气象服务专报》各1期，对2月4日活动举办地进行了逐小时预报，包括天气状况、气温、平均风向风速、阵风风速、相对湿度和能见度、体感温度等预报。

2月23—28日每日17时，针对火炬接力启动仪式制作3月2日、3日、4日河北专项活动地区的逐12 h预报。

3月1日17时针对火炬接力启动仪式制作河北专项活动地区的逐3 h预报。

3月2日17时针对火炬接力启动仪式制作河北专项活动地区的逐小时预报。

8.2.2.5.4 直升机救援

北京市红十字会急诊抢救中心对冬奥会直升机医疗救援的气象保障提出了以下需求：冬奥赛时赛区未来24 h天气预报，包括天空状况、温度、湿度、风速、风向、能见度。遇有高影响天气时不定时加密发布天气预报。

赛会服务组主要承担张家口赛区直升机救援气象保障服务，每日17时制作发布1次《张家口赛区直升机救援气象服务专报》，内容涵盖云顶滑雪场停机坪、古杨树滑雪场停机坪、张家口保温机库、北京大学第三医院崇礼院区4个直升机停降关键点未来24 h逐小时天气要素预报，专报产品均通过专项微信群发布。冬奥航空气象服务系统在专报制作过程中发挥了重要作用，为圆满完成直升机救援气象保障工作提供了重要支撑。赛事期间共制发《张家口赛区直升机救援气象服务专报》82期，其中测试赛期间39期、大闭环4期、冬奥会22期、冬残奥会17期（表8.4）。

表8.4 赛会服务组产品清单

序号	产品名称	包含内容	时空分辨率	服务对象	总期数	服务渠道	服务频次
1	气象服务专报	未来3 d天气预报，市区、崇礼、冬奥村未来24 h预报及逐小时精细化预报（气象要素：天气现象、气温、风向、最大风速、降水）和服务建议	24~72 h，逐小时，站点预报	河北省冬奥运行保障指挥部、张家口市冬奥会城市运行和环境建设管理指挥部、河北省省委办公厅	冬奥会: 66期 冬残奥会: 46期	微信	07时、11时、17时（高影响天气逐2 h加密）
2	气象风险预警服务	重要天气信息提示、灾害性天气预警及防御指南	根据需求	河北省冬奥运行保障指挥部、张家口市冬奥会城市运行和环境建设管理指挥部	冬奥会: 1期 冬残奥会: 8期	微信	不定时
3	降雪服务专报	张家口全市范围雪量统计	24 h，12 h，1 h	河北省冬奥运行保障指挥部、张家口市冬奥会城市运行和环境建设管理指挥部	冬奥会: 20期	微信	非定时（根据需求加密）
4	安全保卫任务气象信息专报	张家口市区、崇礼区未来3 d天气趋势、影响和逐日精细化预报（气象要素：天气现象、气温、风向、风速、空气质量）	72 h，逐24 h预报	国家气象中心气象服务室，中国气象局减灾司应急减灾处	冬奥会: 13期	政务邮	2月8—20日14时

（续表）

序号	产品名称	包含内容	时空分辨率	服务对象	总期数	服务渠道	服务频次
5	专题气象服务	根据服务对象需求提供天气趋势预报、要素预报及风险提示	根据需求确定	根据需求确定：①河北省应急管理厅；②张家口市应急局；③张家口市冬奥会城市运行和环境建设管理指挥部宣传媒体及文化组等	冬奥会：42期 冬残奥会：37期	微信、邮箱	非定时
6	张家口市空气质量一周预报	张家口市和崇礼区未来7 d空气质量等级及$PM_{2.5}$浓度预报结果	7 d，逐24 h	中国气象局环境气象中心	冬奥会：21期 冬残奥会：13期	政务邮	11时
7	火炬传递气象服务专报	火炬传递期间张家口赛区天气预报、交通气象、火炬传递点位详细预报	逐12 h、逐小时；站点预报	国家气象局减灾司、张家口市冬奥会城市运行和环境建设管理指挥部宣传媒体及文化组	冬奥会：11期 冬残奥会：8期	微信、政务邮	17时
8	系列文化活动专题气象服务专报	系列文化活动期间天气概述，逐小时精细化预报（气象要素：天气现象、气温、风向、最大风速、降水）和服务建议	逐小时	张家口市火炬接力后勤保障组；市委宣传部	冬奥会：5期 冬残奥会：9期	微信	不定时
9	张家口赛区直升机救援气象服务专报	云顶滑雪场停机坪、古杨树滑雪场停机坪、张家口保温机库、北京大学第三医院崇礼院区未来24 h逐小时天气要素预报（包括天空状况、温度、湿度、风速、风向、能见度）	逐小时	张家口赛区城市运行和环境建设管理指挥部、北京市红十字会急诊抢救中心、北京市气象服务中心	测试赛：39期 大闭环：4期 冬奥会：22期 冬残奥会：17期	微信	17时
10	交通气象服务专报	张家口境内涉奥高速、机场、高铁站等交通关键点未来24 h天气预报及风险提示	逐小时	张家口赛区城市运行和环境建设管理指挥部、交通综合运行协调与应急指挥中心	小闭环：21期 大闭环：11期 冬奥会：29期 冬残奥会：21期	微信	17时（高影响天气根据需求加密）
11	冬奥高速公路气象服务专报	京藏、京新、京礼高速公路北京段和张家口段关键点未来24 h天气预报及风险提示	逐3 h	公安部交管局、中国气象局减灾司专业服务处	冬奥会：36期 冬残奥会：19期	政务邮	17时
12	电力气象服务专报	张家口市区及各县区未来24 h天气形势分析及预报，未来一周天气展望和风险提示	逐12 h；站点预报	张家口市冬奥会城市运行和环境建设管理指挥部、国网冀北电力有限公司张家口供电公司	小闭环：21期 大闭环：11期 冬奥会：22期 冬残奥会：21期	微信	17时
13	气候预测服务专报	本月以来崇礼区的气候特征和未来1~30 d的气候趋势预测	站点预报	运行指挥部综合办公室、竞赛服务分指挥部、项目和配套设施建设分指挥部，张家口市冬奥会城市运行和环境建设管理指挥部，冬奥气象中心，省纪委驻省政府办公厅纪检监察组	测试赛：20期 冬奥会：10期 冬残奥会：3期	微信、邮箱	5 d
14	雪情气象服务专报	降雪日崇礼区、云顶场馆群、古杨树场馆群、太子城冬奥村和颁奖广场的降雪量和雪深	站点预报	冬奥气象中心	冬奥会：13期 冬残奥会：1期	微信	不定期

8.3 运行保障

观测装备保障、信息网络保障和后勤保障是冬奥气象保障服务最重要的基础支撑，由装备保障组、网信安保组、后勤保障组分别承担。北京冬奥会和冬残奥会期间，3个团队按照组建方案、工作流程、日工作计划开展工作，观测系统和信息网络系统稳定运行，全面支撑了冬奥气象预报服务业务；食宿、交通和疫情防控等方面保障有力，确保了吃得好、睡得香、行得稳、防得住。

8.3.1 观测装备保障

8.3.1.1 设备运行评估分析

装备保障团队分别进入云顶和古杨树场馆封闭区域后，按照日工作计划，每日开展核心区所有观测设备运行情况分析，每天专人分析观测设备运行情况，集中研讨交流观测设备运行隐患和风险情况，形成设备运行分析记录200余份。驻崇礼区、康保县等外围装备保障团队，对崇礼激光测风雷达、风廓线雷达、康保S波段天气雷达以及张家口周边交通站、7要素区域自动气象站开展运行情况分析，24 h监控设备运行情况。

8.3.1.2 设备定期巡检维护

核心区内装备保障团队根据观测设备运行分析结果和场馆比赛管控要求，有序开展野外巡检维护60多站次、110多人次、340余工时，排除风险点6处，维修故障隐患点4处，确保了北京冬奥会和冬残奥会赛时期间未出现设备故障情况。非赛时仅发现1次站点数据延时故障，气象装备保障人员快速出击，20 min内完成设备抢修，确保观测设备稳定运行（图8.10）。

8.3.1.3 组建装备保障预备队

装备团队进入场馆后至冬奥会开幕前，2人出现发热症状，造成发热本人单独隔离、团队集中隔离，后经查确诊为普通感冒后解除隔离。前方工作组启动应急响应措施，在积极配合隔离、诊治的基础上，建立2套备份团队。一是将4名网信安保队员作为装备保障第一预备队，可以根据实际需要随时进入场馆开展工作；二是从全省装备保障人员中遴选10名后备队员，开展装备保障技术培训，同时实行定期核酸检测等相关防疫措施，作为第二预备队做好进驻准备。

图8.10 装备保障团队赛时设备巡检

8.3.2 信息网络保障

8.3.2.1 会商会议系统运行

网信安保组承担冬奥气象服务中心及指挥部的视频会商（会议）系统运行和维护。根据《2022北京冬奥会和冬残奥会气象保障会商排期表》制订排班计划，合理安排人员，做好24 h会商服务。每次会商会议均提前调试，以保证会商会议的正常进行。

定期进行会商会议系统维护检查。会商系统的日常巡检维护包括音频终端、视频系统、双流系统、显示系统、控制系统、网络系统、电源系统。小鱼易连日常巡检包括网络连接、电源系统。

做好会议系统调试保障。接到会议通知后，确定会商时间和地点，开启设备，与会议组织部门或单位进行视频会商系统的准备和调试，检查终端设备、网络信道和视频会商系统，确保正常，使系统进入预备状态。全程跟踪保障会商，结束后做会商记录。北京冬奥会和冬残奥会期间，会商会议系统稳定运行，共保障各类会商（会议）115次，其中冬奥专题会商62次，冬奥工作会议53次。

8.3.2.2 气象服务数据传输

利用多种传输手段，多路径保障数据传输。利用地面宽带双线路备份、4G、5G 等多种传输通信手段，与北京市气象局、崇礼区气象局、场馆内装备保障团队建立实时通信，保障冬奥核心区观测站及微波辐射计、激光雷达等特种观测设备数据的上传和共享，为冬奥气象预报和服务保障团队提供通信支撑。

紧盯数据，满足冬奥预报服务数据需求。全员实行 24 h 值班值守，专人负责冬奥数据传输监控，发现数据问题及时通知前方装备保障团队，逐日定时上报数据传输质量。据统计，北京冬奥会和冬残奥会期间，40 个核心区观测站平均数据传输到报率达 99.8%，及时率达 99.3%，数据可用率达 99.7%。

8.3.2.3 信息网络安全

24 h无缝隙轮流值守。北京冬奥会和冬残奥会期间，网信安保组在省气象信息中心安排8名人员分4班24 h值守，面对面交接；在崇礼一线安排6名值守人员24 h轮班并明确值班员的具体职责和任务，6名人员分为A、B两组，3人一组，组内按照一主一副一应急的岗位分配值班人员。A、B两队人员互为备份，以便处理突发情况。值班人员24 h不间断定时对上网行为管理、冬奥互联网防火墙、安全感知平台、终端检测响应平台进行巡查，确保网络安全设备始终处于良好工作状态。紧盯态势感知平台，发现问题及时处理。

完善上下联动机制。建立河北省冬奥气象网络保障团队及河北气象网管微信群，强化上下联动，在冬奥服务期间执行信息网络安全“零报告”制度。同时关注国家气象信息中心网络安全微信群的预警通告，及时组织漏洞排查。另外，针对冬奥网络安全建立了冬奥网络安全沟通群（主要成员是河北省气象局、北京市气象局、张家口市气象局、崇礼区气象局的信息网络人员），发现问题及时在微信群通报，提醒各单位关注，防止病毒攻击及在内网传播。

及时处置网络安全事件。赛事期间，网信安保组共处理感染病毒主机268台次，发现并处理漏洞122个，处理高危事件5起，拒绝非法访问8万余次，封禁非法IP地址791个，全程未出现1次网络攻击破防事件、未出现1台计算机因病毒感染影响预报服务。

8.3.2.4 预报服务系统运行

构建分钟级预报服务系统运行监控平台，对9个系统进行Web服务监控，其中包含4个北京和河北数据及业务系统备份系统（冬奥气象综合可视化系统、优云、冬奥多维度预报制作系统、冬奥现场气象服务系统）和5个省局预报服务系统（冬奥赛场观测运行监控平台、冬奥雪务专项气象预报预测系统、冬奥预报精细化显示系统、冬奥雪务专项气象风险评估系统、河北省人影产品发布和信息管理系统）。

8.3.3 后勤保障

8.3.3.1 疫情防控

按照崇礼区防控政策要求，对所有来崇返崇人员实行严格报备制度，不符合规定人员一律严禁进入工作和住宿场所。2022年1月30日前，组织驻崇人员每周至少开展1次核酸检测；从2022年1月30日开始，实行每天核酸检测。赛事期间，每3 d安排保障人员对驻地酒店和崇礼局进行1次全面消杀。为防止疫情发生时出现食物短缺，协调酒店提前储备蔬菜、肉类以及大米、食用油等食材（图8.11）。

8.3.3.2 食宿保障

组建食堂报饭微信群，每日前方工作组各专项工作组按时上报用餐人数，食堂按人备餐，确保吃得好、不浪费。上午报中午、晚上吃饭人数，便于合理安排。实行房间动态管理，每日登记住宿人数，根据入驻人员情况实时调整房间安排，同时督促酒店服务人员按时打扫房间卫生和更换清洗床单被罩。定期了解工作人员用餐意见，及时调整改进。

8.3.3.3 安全管理

严格执行住宿酒店管理规定，实行进出入登记制度，严禁无关人员进入酒店；每天巡查水电及暖气运转情况，发现问题及时修理。每日检查厨房和餐厅卫生和食材新鲜度，保证饮食安全。

NZX7FU
前方工作组工作平面
住宿酒店食堂

图8.11 工作场所全面消杀

8.4 人影作业

为营造张家口赛区银装素裹的美丽景观，同时缓解森林草原火险等级持续偏高的严峻形势，人影保障工作组聚焦冬奥会气象服务保障需求，科学作业、精准作业、安全作业，全力以赴做好冬奥会人工影响天气保障服务工作。人影保障工作组根据云系预报和发展演变情况，科学研判作业时机和催化影响区域，实时分析云结构条件，滚动修订作业方案，积极协调民航等空管部门，空地配合，穿插作业。2021年10月1日—2022年3月14日，共开展飞机作业37架次，飞行121 h 4 min，组织地面214点次，发射火箭弹577枚，燃烧碘化银烟条1088根，估算增加降水量7590万t，有效增加了景观降雪（表8.5）。

表8.5 人工增雪作业情况

序号	日期	飞机作业	地面作业	服务情况简述
1	2021年10月5—9日	2架次	开展地面作业3点次，发射火箭弹30枚	2021年10月冬奥会人影工作组进入服务实战状态，重点开展作业保障流程演练
2	2021年10月13日	2架次	开展地面作业3点次，发射火箭弹14枚，燃烧碘化银烟条28根	利用10月中旬的弱降水过程演练流程，优化保障方案
3	2021年10月28日	1架次	无	云系主要为低云，开展1架次飞机作业，个别地面站点出现0.1 mm降水量
4	2021年10月30日	1架次	无	云系主要为低云，开展1架次飞机作业，个别地面站点出现0.1 mm降水量
5	2021年11月2日	1架次	开展地面作业11点次，燃烧碘化银烟条70根	实施飞机和地面碘化银烟炉作业，张家口地区出现较大范围小雪天气，降水量0.1～1.0 mm
6	2021年11月5—7日	5架次	开展地面作业48点次，发射火箭弹225枚，燃烧碘化银烟条302根	组织开展了大规模空–地增雪作业，张家口地区出现大雪或暴雪，部分站点降水量达30 mm以上
7	2021年11月21日	1架次	无	实施飞机作业1架次，张家口地区出现小雪天气，降水量在0.1～2.0 mm
8	2021年11月29日	2架次	开展地面作业22点次，发射火箭弹42枚，燃烧碘化银烟条116根	组织开展了空–地增雪作业，张家口地区普降小雪，降水量在0.1～2.0 mm
9	2021年12月8—9日	1架次	开展地面作业5点次，发射火箭弹6枚，燃烧碘化银烟条21根	组织开展了空–地增雪作业，降雪分布较为零散，部分站点出现0.1～0.2 mm降雪
10	2021年12月16日	2架次	开展地面作业1点次，发射火箭弹6枚	组织开展了空–地增雪作业，降雪分布较为零散，部分站点出现0.1～0.5 mm降雪
11	2021年12月23日	1架次	无	开展飞机作业1架次，云系较弱，地面站点未观测到降雪量
12	2022年1月11—12日	2架次	开展地面作业5点次，发射火箭弹18枚，燃烧碘化银烟条10根	组织开展了空–地增雪作业，张家口地区普降小雪，降水量在0.1～0.9 mm
13	2022年1月16日	1架次	无	开展飞机作业1架次，地面个别站点出现0.1 mm降雪
14	2022年1月20—24日	8架次	开展地面作业74点次，发射火箭弹179枚，燃烧碘化银烟条359根	组织开展了大规模空–地增雪作业，张家口地区普降小到中雪，地面大部分站点降水量1～4 mm
15	2022年1月30—31日	2架次	开展地面作业22点次，发射火箭弹57枚，燃烧碘化银烟条89根	组织开展了空–地增雪作业，张家口地区普降小雪，降水量在0.1～2.0 mm
16	2022年2月28日	2架次	开展地面作业20点次，燃烧碘化银烟条93根	针对可能出现的不利天气条件，开展冬残奥会开幕式人影服务保障演练
17	2022年3月11—13日	3架次	无	针对可能出现的不利天气条件，开展冬残奥会闭幕式人影服务保障演练和实战
合计		开展飞机作业37架次，地面作业214点次，发射火箭弹577枚，燃烧碘化银烟条1088根		

8.5 信息宣传与科普

北京冬奥盛会世界瞩目，气象条件作为赛事顺利举办的重要条件之一，广受各级媒体和社会公众关注。信息宣传组负责张家口赛区冬奥气象保障服务的信息宣传与科普工作，通过中央、地方以及气象行业媒体渠道，全面真实展现了冬奥气象保障工作和冬奥气象工作者风采。

8.5.1 采访报道情况

中央媒体线上采访。2021年12月29日，河北省气象局联合中国气象局科普宣传中心组织《人民日报》《科技日报》《中国日报》及新华社等10余家中央媒体开展线上座谈采访，了解张家口赛区冬奥气象服务筹备情况以及后奥运时代成果利用设想等内容。采访过程中，李崴、王宗敏、李宗涛、樊武、段宇辉、郭宏等相关负责人及预报员分别针对“气象部门保障冬奥会做了哪些工作？”“气象部门冬奥保障的成果将在‘后冬奥’时期发挥什么样的作用？”“现代冬奥需要怎样的气象保障？”“为此气象人开展了怎样的科技攻关？取得了怎样的成绩？”“实现‘百米级、分钟级’精准预测，这对赛事有何帮助和影响？”等有关气象科技、气象保障、赛事保障的内容进行了介绍，并与媒体记者进行线上互动问答。

人民日报 17 绿色

深度观察

精细气象服务 助力精彩冬奥

记者手记

优质气象服务满足美好生活需要

图8.12 《精细气象服务 助力精彩冬奥》（《人民日报》）

本次采访活动后，在冬奥会开幕倒计时30 d之际，陆续推出了《精细气象服务 助力精彩冬奥》（《人民日报》深度观察，图8.12）、《一问到底·气象与冬奥到底啥关系？天越冷越有利于冬奥会举办吗？》（央视网）、《冬奥史上最高气象预报要求有多高，看郭宏团队一种模式全搞定！》《冬奥会——科技冬奥》（凤凰卫视）、《冬奥气象服务“北京卷”开考！这帮“学霸”出手了！》（《科技日报》）等高影响力稿件。

张家口市气象局成为采访报道重点。北京冬奥会和冬残奥会期间，张家口市气象局参加新闻发布会1次，接受媒体采访48人次；在《人民日报》《中国纪检监察报》《中国妇女报》、世界气象组织官网等高影响力媒体刊登稿件10篇次，在《河北日报》等地方主流媒体刊登稿件15篇次，在《中国气象报》、中国气象局网站等行业媒体刊登稿件18篇次。

媒体关注冬奥会赛前阶段气象保障服务。《张家口日报》报道"'冬奥公众观赛气象服务'上线"，河北新闻网刊发"聚焦北京冬奥会筹办丨张家口赛区气象装备保障团队除夕维修记"。2022年2月3—4日，北京冬奥会火炬分别在延庆、张家口、北京等点位进行传递。河北省气象部门石立新、王宗敏2位同志作为火炬手参加火炬传递。石立新在接受河北广播电视台冀时客户端采访时表示，作为一名科技工作者，在今后要充分贯彻奥运发展理念，提供更高水平的保障。

比赛阶段冬奥气象保障服务受广泛关注。一是关注冬奥会赛事因降雪天气推迟，气象部门精准预报。原定于2022年2月13日10时举行的自由式滑雪女子坡面障碍技巧资格赛，由于降雪天气被迫推迟至2月14日。13日上午，张家口市气象局接受中新社、《中国妇女报》、四川广播电视台、海南广播电视台、《羊城晚报》《南方日报》等13家非注册媒体采访，河北省张家口市气象局副局长苗志成、气象台台长黄山江、气象服务中心主任胡雪分别介绍了冬奥会气象服务保障赛会服务运行情况、决策气象服务及专业气象服务产品制作与服务情况，并就相关问题答记者问。2月13日，《张家口日报》、澎湃新闻、封面新闻、青瞳视角、羊城派等媒体刊发报道。二是媒体聚焦冬奥赛事期间气象部门如何应对降雪天气。2月13日，光明网报道：2月12日起，北京冬奥会各赛区开始经历一波大风、降温、降雪天气。为应对降雪天气，开赛前，延庆、张家口两赛区均已经构建了高精度的天气观测网络，预报员提前多年进行实地预报训练，可为赛事提供精准的预报服务。

气象科技服务为赛事提供严密保障备受关注。赛事期间，光明网、《河北日报》、长城网、《科普时报》等诸多媒体，多次在报道中强调冬奥会气象预报能力精准度、及时性上的优势，"三维、秒级、多要素"气象监测网络、实现了"分钟级、百米级"的预报精度等内容被反复提及。《河北日报》报道"如何掌握'风'的一举一动"。

8.5.2 信息工作

按照《河北省气象局北京2022冬奥会和冬残奥会气象服务保障运行方案》，前方工作组信息宣传组负责信息简报制作工作，制定了《冬奥会及冬季体育赛事新闻口径》《2021年冬奥气象宣传科普重点工作计划》《2022年北京冬奥会和冬残奥会张家口赛区气象舆情应对工作方案》《冬奥会张家口赛区气象服务保障新闻采访工作流程》。

2022年1—3月，制发《冬奥河北气象中心暨张家口赛区气象服务保障前方工作组工作简报》，严格执行编制、校对、审定、发布流程，确保信息质量；协调河北省运行保障指挥部综合办公室在每日运行报告中增加“气象保障”板块，确保省、市有关领导及时了解掌握气象服务保障工作亮点和成效。期间，制发《冬奥河北气象中心暨张家口赛区气象服务保障前方工作组工作简报》82期，《北京2022年冬奥会和冬残奥会（张家口赛区）每日运行报告》刊发气象专题71次（图8.13）。

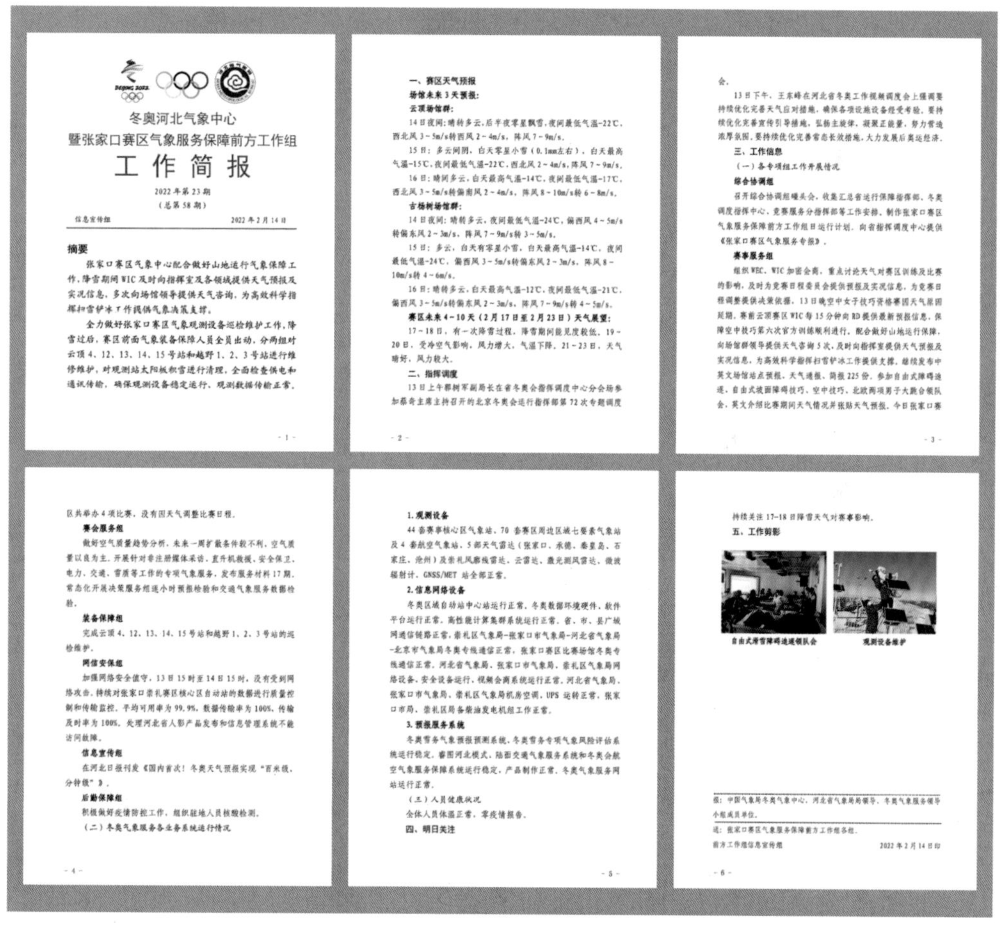

冬奥河北气象中心

暨张家口赛区气象服务保障前方工作组

工 作 简 报

2022年第23期

（总第58期）

信息宣传组　　2022年2月14日

摘要

张家口赛区气象中心配合做好山地运行气象保障工作，降雪期间WIC及时向指挥室及各领域提供天气预报及实况信息，多次向场馆领导提供天气咨询，为高效科学指挥扫雪铲冰工作提供气象决策支撑。

全力做好张家口赛区气象观测设备巡检维护工作，降雪过后，赛区前面气象装备保障人员全员出动，分两组对云顶4、12、13、14、15号站和越野1、2、3号站进行维修维护，对观测站太阳板积雪进行清理，全面检查供电和通讯传输，确保观测设备稳定运行、观测数据传输正常。

- 1 -

一、赛区天气预报

场馆未来3天预报：

云顶场馆群：

14日夜间：晴转多云，后半夜零星飘雪，夜间最低气温-22℃，西北风3~5m/s转西风2~4m/s，阵风7~9m/s。

15日：多云间阴，白天零星小雪（0.1mm左右），白天最高气温-15℃，夜间最低气温-22℃，西北风2~4m/s，阵风7~9m/s。

16日：晴间多云，白天最高气温-14℃，夜间最低气温-17℃，西北风3~5m/s转偏南风2~4m/s，阵风8~10m/s转6~8m/s。

古杨树场馆群：

14日夜间：晴转多云，夜间最低气温-24℃，偏西风4~5m/s转偏东风2~3m/s，阵风7~9m/s转3~5m/s。

15日：多云，白天有零星小雪，白天最高气温-14℃，夜间最低气温-24℃，偏西风3~5m/s转偏东风2~3m/s，阵风8~10m/s转4~6m/s。

16日：晴转多云，白天最高气温-12℃，夜间最低气温-21℃，偏西风3~5m/s转偏东风2~3m/s，阵风7~9m/s转4~5m/s。

赛区未来4~10天（2月17日至2月23日）天气展望：

17~18日，有一次降雪过程，降雪期间能见度较低。19~20日，受冷空气影响，风力增大，气温下降。21~23日，天气晴好，风力较大。

二、指挥调度

13日上午郝树军副局长在省冬奥会指挥调度中心分会场参加蔡奇主席主持召开的北京冬奥会运行指挥部第72次专题调度

- 2 -

会。

13日下午，王东峰在河北省冬奥工作视频调度会上强调要持续优化完善天气应对措施，确保各项设施设备经受考验，要持续优化完善宣传引导措施，弘扬主旋律，凝聚正能量，努力营造浓厚氛围，要持续优化完善常态长效措施，大力发展后奥运经济。

三、工作信息

（一）各专项组工作开展情况

综合协调组

召开综合协调组碰头会，收集汇总省运行保障指挥部、冬奥调度指挥中心、竞赛服务分指挥部等工作安排，制作张家口赛区气象服务保障前方工作组日运行计划，向省指挥调度中心提供《张家口赛区气象服务专报》。

赛事服务组

组织WEC、WIC加密会商，重点讨论天气对赛区训练及比赛的影响，及时为竞赛日程委员会提供预报及实况信息，为竞赛日程调整提供决策依据，13日晚空中女子技巧资格赛因天气原因延期，赛前云顶赛区WIC每15分钟向RD提供最新预报信息，保障空中技巧第六次官方训练顺利进行。配合做好山地运行保障，向场馆群领导提供天气咨询5次，及时向指挥室提供天气预报及实况信息，为高效科学指挥扫雪铲冰工作提供支撑。继续发布中英文场馆站点预报、天气通报、简报225份，参加自由式障碍追逐、自由式坡面障碍技巧、空中技巧、北欧两项男子大跳台领队会，英文介绍比赛期间天气情况并张贴天气预报。今日张家口赛

- 3 -

区共举办4项比赛，没有因天气调整比赛日程。

赛会服务组

做好空气质量趋势分析，未来一周扩散条件较不利，空气质量以良为主。开展针对非注册媒体采访、直升机救援、安全保卫、电力、交通、雪质等工作的专项气象服务，发布服务材料17期，常态化开展决策服务组逐小时预报检验和交通气象服务数据检验。

装备保障组

完成云顶4、12、13、14、15号站和越野1、2、3号站的巡检维护。

网信安保组

加强网络安全值守，13日15时至14日15时，没有受到网络攻击。持续对张家口崇礼赛区核心区自动站的数据进行质量控制和传输监控，平均可用率为99.9%，数据传输率为100%，传输及时率为100%。处理河北省人影产品发布和信息管理系统不能访问故障。

信息宣传组

在河北日报刊发《国内首次！冬奥天气预报实现“百米级、分钟级”》。

后勤保障组

积极做好疫情防控工作，组织驻地人员核酸检测。

（二）冬奥气象服务各业务系统运行情况

- 4 -

1.观测设备

44套赛事核心区气象站、70套赛区周边区域七要素气象站及4套航空气象站、5部天气雷达（张家口、承德、秦皇岛、石家庄、沧州）及崇礼风廓线雷达、云雷达、激光测风雷达、微波辐射计、GNSS/MET站全部正常。

2.信息网络设备

冬奥区域自动站中心站运行正常，冬奥数据环境硬件、软件平台运行正常，高性能计算集群系统运行正常，省、市、县广域网通信链路正常，崇礼区气象局-张家口市气象局-河北省气象局-北京市气象局冬奥专线通信正常，张家口赛区比赛场馆冬奥专线通信正常，河北省气象局、张家口市气象局、崇礼区气象局网络设备、安全设备运行、视频会商系统运行正常，河北省气象局、张家口市气象局、崇礼区气象局机房空调、UPS运转正常，张家口市局、崇礼区局备柴油发电机组工作正常。

3.预报服务系统

冬奥雪务气象预报预测系统、冬奥雪务专项气象风险评估系统运行稳定，睿图河北模式、陆面交通气象服务系统和冬奥会航空气象服务保障系统运行稳定，产品制作正常，冬奥气象服务网站运行正常。

（三）人员健康状况

全体人员体温正常，零疫情报告。

四、明日关注

- 5 -

持续关注17~18日降雪天气对赛事影响。

五、工作剪影

自由式滑雪障碍追逐领队会　　观测设备维护

报：中国气象局冬奥气象中心，河北省气象局局领导，冬奥气象服务领导小组成员单位。

送：张家口赛区气象服务保障前方工作组各组。

前方工作组信息宣传组　　2022年2月14日印

- 6 -

图8.13　冬奥河北气象中心暨张家口赛区气象服务保障前方工作组工作简报（2022年第23期）

8.5.3 科普服务

2022年1—3月，在河北卫视、经视等多档电视天气预报节目中，制作播出冬奥气象科普知识约50期；在“河北天气”微信公众号、新浪微博中开办“冬奥气象小课堂”，介绍张家口赛区承办的15个比赛项目及其受气象条件的影响；制作发布相约冬奥之气象科普系列视频16个，科普天气对赛事的影响，介绍冬奥气象装备、观测展望以及气象科技成果，展示冬奥气象人、气象保障团队风采。经统计，相关科普信息在“河北天气”新浪微博中共发布24次，总阅读量156233人次；在“河北天气”微信公众号共发布15次，总阅读量39481人次。制作“平平安安的天气笔记”冬奥气象科普长图5个（图8.14），结合社会公众疑问点和气象宣传工作重点多角度在新华网、《河北日报》客户端、长城网冀云客户端、省气象局政府网站进行科普宣传。

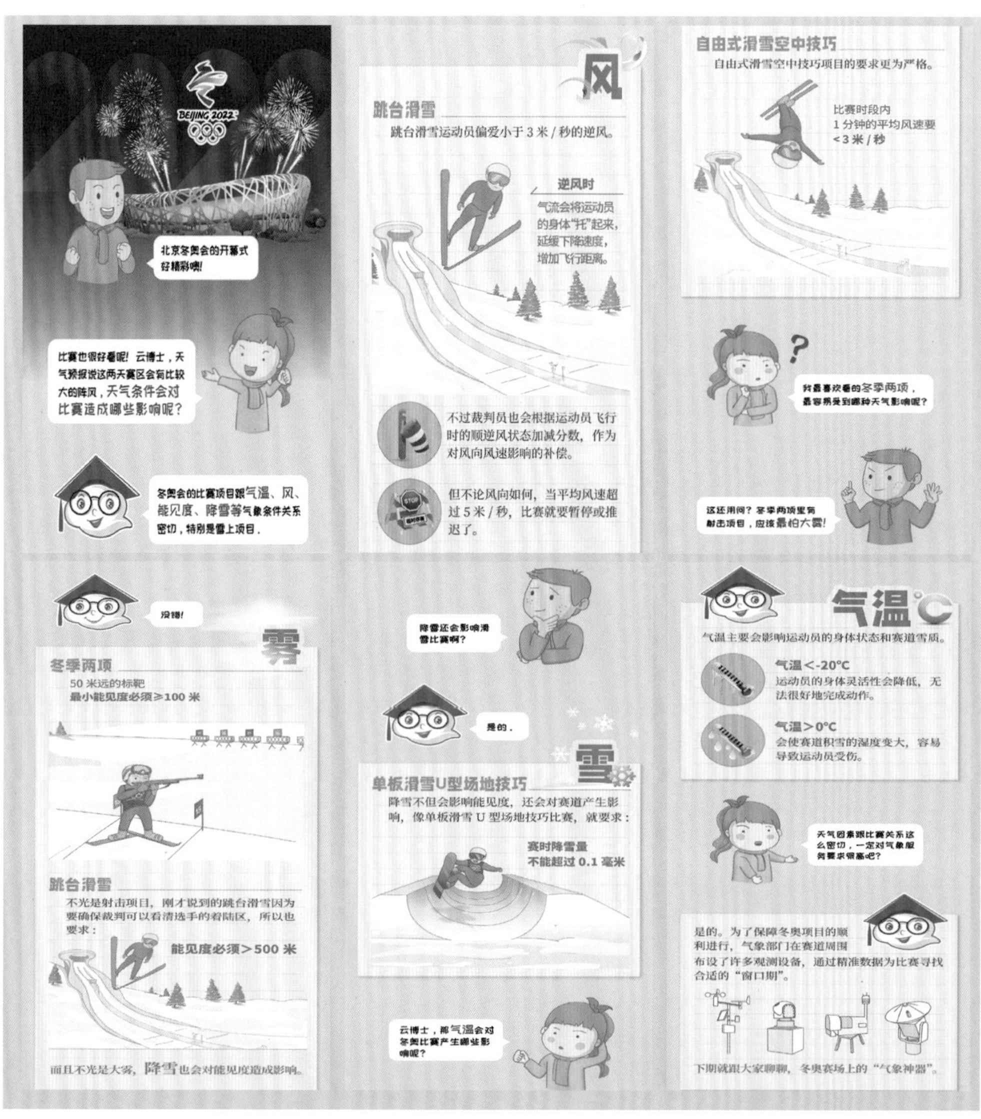

图8.14 “平平安安的天气笔记”冬奥气象科普长图

第9章　后事之师

——气象保障工作的经验和启示

9.1 综合协调经验

北京2022年冬奥会、冬残奥会气象服务保障工作前后共持续8年，历经申办、筹办、举办，作为河北省气象部门承担的最高级别的重大活动气象服务保障任务，全体参保同志秉承着“边学习、边推进，边总结、边优化”的工作方法，在重大工程项目谋划建设、重大活动保障组织协调、重大科研项目组织开展、信息化技术在复杂指挥调度体系下的应用、极高标准下气象装备保障工作的组织开展等领域总结了很多工作经验，为未来河北气象事业的高质量发展提供了充分的实战参考。

9.1.1 思想高度统一、目标高度一致

本届冬奥会气象服务保障过程中，各专项组、各点位全体同志展现了高度的主观能动性和担当意识，这些意识是与多年来持续加强党建力度、加强党员意识教育分不开的。通过中国气象局庄国泰局长、河北省气象局张晶局长多次动员，全体同志切实做到思想高度统一、目标高度一致，实际工作中充分展示了党员干部的精神与担当。

9.1.2 动态台账式工作推进

冬奥会筹办工作时间长、领域广，各级各部门高度关注，中国气象局，河北省委、省政府，张家口市均对相关工作进行安排部署，提出工作要求，气象部门在承担外部各级安排部署的重点工作之外，还有大量建立完善内部工作机制、提升改善保障能力等内部自身工作安排，可以说来源多、任务多、要求多。通过持续多年的摸索和实际运行，建立了由河北省气象局牵头统领各级筹办任务，省、市互通同步，各自对接任务下达单位的工作机制。筹办工作启动以来，从工程建设、重点筹办任务管理、保障运行等各领域均采取台账清单式管理督办机制，全部任务细化分解到具体工作，明确岗位、明确单位、明确人员、明确时间，挂账督办，动态增减，及时销号，随时掌握任务推进落实情况、问题协调解决情况。同时在工作实践中，逐步将数个工作台账融合为1套工作台账，将年度填报逐步更新为每周适时更新台账，使整体任务进展情况全面、清晰、及时，有效提升工作效率。

9.1.3 滚筒递进式工作总结

冬奥会保障期间，各类工作总结与工作汇报是上级指挥部门及时、准确了解张家口赛区气象服务保障工作开展情况，并依此研究做出决策指令的重要方式。为适应总结汇报工作频率高、要求高的特点，总结工作在保障任务开始前就提前谋划安排，制定模块化工作总结结构，确定需要收集整理的相关数据项目，研究确定汇报模板，每日补充更新模板内容，实现一般性工作总结3 h内报送，重要总结汇报1 d内完成，切实提升总结工作效率。

9.2 赛会服务经验

冬奥会是国家大事，世界瞩目全国人民关心。作为张家口赛区气象保障赛会服务组组长参与冬奥气象服务，深感责任重大，使命光荣。为此，赛会服务组全体工作人员以高度的责任心，尽职尽责，扎扎实实高质量完成了冬奥会和冬残奥会城市和赛会运行各项气象保障任务。高强度高标准的气象服务，积累了丰富经验，锻造了一支高素质能打硬仗队伍，为后冬奥时代冰雪气象服务奠定了坚实基础。主要有以下5点经验和启示。

9.2.1 科技支撑是赛会气象服务圆满完成的基础

赛会服务组长时间对格点化数值预报产品针对性释用和检验，熟悉不同数值产品在不同地形条件下预报性能。同时，引进《冬奥气象综合可视化预报系统》《多维度预报业务平台》《冬奥现场气象服务系统》等，对高时空分辨率的预报服务起到一定辅助作用。

9.2.2 人员队伍是赛会气象服务成功保障的关键

冬奥是国家大事，气象服务不容半点差错。从政治素质、业务能力、敬业精神等方面强化培训，通过测试赛、小闭环、大闭环等几个阶段磨炼，人员队伍能力整体素质得到提升，在冬奥会保障期间充分发挥精湛业务技能和连续作战不怕吃苦精神，高质量高标准完成保障任务。

9.2.3 机制流程是赛会气象服务高效运转的保证

机制流程是否科学实用，对于保障任务完成具有重要作用。冬奥会前制定了相应的工作机制和流程，在实际工作中不断调整优化，可操作性越来越强，在冬奥会和冬残奥会复杂天气条件下，气象服务有条不紊，有力保障了各项工作高效顺畅运转（图9.1）。特别是冬奥会火炬传递科学高效流程，为后冬奥时代重大活动提供范例。

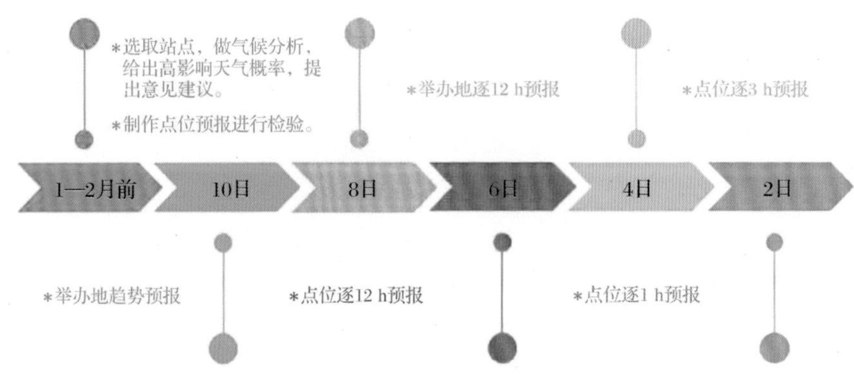

图9.1 重大活动气象服务保障流程

9.2.4 本地经验是赛会气象服务决策的有力补充

本地天气气候特点熟练掌握，关键时候能起到关键作用。例如，冬奥期间2月13日的降雪预报就是很好例证。在13日早晨到上午张家口市出现小到中雪，中午降雪逐渐停止，到15时我们仍然坚持预报下午有中到大雪，有人提出雪已经过去了，是不是该报小雪？根据积累的当地经验指标，当时东南风仍很强劲，系统还应该没有过去。结果18时前后出现对流强降雪，预报效果非常好。

9.2.5 党员先锋是赛会气象服务的旗帜和引领

赛会服务组党员占比达到52%，首席预报员和各位组长均为党员，在气象服务中不计较得失，处处起到先锋模范作用，特别是在2月12—13日强降雪服务中，降雪量级大、时间长，预报和服务难度增大，决策和交通服务材料由每天3次和1次增加到1 h和2 h 1次，多数人员都是12 h以上连续工作，党员干部主动担当冲锋在前，起到模范带动作用。

9.3 装备保障经验

本次保障任务圆满完成主要经验是“主预防，简维修”原则。“主预防”是这次保障工作的最重点任务，从开始调研观测需求到确定各种保障方案，从定制专用工具到科学配备备件，从跑遍每一个站点到制定“一站一策”方案，从现场维护改造到备站建设等，无不是为了做好设备保障的预防工作。一是为了预防（减少）观测设备出现故障；二是为了设备出现故障实现快速简单维修条件。“简维修”是“主预防”的补救措施，当预防出现破防的时候，“简维修”发挥作用，确保故障快速解决，也因为做好了简单维修的预防条件，才能保证“简维修”的实现，两者相辅相成，确保本次装备保障服务的圆满完成。“主预防，简维修”原则适用于重大活动服务气象装备保障过程，能够很好地完成装备保障任务。

9.4 网信安保经验

9.4.1 继承改进经验做法

举一反三，全面梳理主要业务存在的短板弱项，提出改进措施，通过完善管理机制、优化业务流程、补齐系统短板、加强人员培训等方式，凝练项目，建设团队，助推气象信息网络业务发展。

9.4.2 继承发展建设成果

全面梳理科技冬奥项目成果及涉奥业务系统，继续探索5G通信、资料质控、实况业务、综合监视等技术方法在业务中的应用。

9.4.3 传承发扬工作作风

冬奥会和冬残奥会保障期间，信息网络保障人员发挥连续作战精神，以饱满的工作热情、严谨的工作态度、扎实的工作举措，不负重托、不辱使命，圆满完成保障任务，为冬奥气象网信安保工作画下圆满句号。以后将继续发扬勇于担当、尽锐出战、团结协作、攻坚克难的工作作风，为气象信息化高质量发展做出新的贡献。

9.5 人影保障经验

北京冬奥会张家口赛区人影服务保障，责任重大，使命光荣，人影保障组坚持以需求为导向，以最高的标准，全力以赴，圆满完成了保障任务，为推进重大活动保障人影服务体系建设和科技支撑积累了宝贵经验与启示。

9.5.1 深入调研保障需求，优化保障措施

冬奥会和冬残奥会人影保障服务时间跨度长，残奥会期间处于冬春季节转换期，下雨会对赛道产生不利影响；精准度要求高，人工增雪的服务对象仅限于冬奥赛区景观增雪，对人影保障提出了特定目标区的精细化要求；从未在冬季开展过重大活动人影保障工作，缺乏人工消减雪经验。人影保障组组织资深云物理专家对冬春季人影消减雪工作任务献计献策，利用耦合碘化银催化剂的数值模拟开展催化剂扩散传输影响区模拟，制定针对不同保障任务的作业预案，并根据冬季降雪云系不够深厚的特征，提出不同催化方式穿插作业的新思路，为人影保障奠定了基础。

9.5.2 科学布设云降水综合观测设备，为人影决策指挥提供支撑

人影保障组从冬奥会成功申办之日起，就开始筹划建设冬季云降水综合观测试验站，并长期坚持开展云降水过程综合观测，通过分析观测资料，不断优化观测设备布局。利用连续7年观测试验成果，初步建立了人工增雪潜力区识别指标和人工增雪效果评估方法，编写了冬奥会人影保障技术方案，为科学布设人影作业防线、提高作业条件监测识别、作业效果分析的科学水平奠定了基础，同时培养和锻炼了一大批中青年技术人才。

9.5.3 坚持科技创新，重点解决一系列关键科学技术问题和难题，是提高服务水平的根本保证

冬奥会对人工影响天气科学技术的多需求、高标准向人影保障服务业务能力提出了前所未有的挑战。人影保障组围绕冬奥人影服务中亟待解决的一系列关键科学技术问题开展科学技术研究。2017年冬季以来，针对张家口崇礼赛区开展冬季混

合相态云和降水过程宏微观特性的综合观测、微物理过程及降雪形成机制、复杂地形条件下特定目标区（赛区）人工增雪技术、人工增雪效果评估和检验技术等研究工作。同时，依托科研、业务及工程项目，集中攻关，取得大量宝贵的赛区山区降雪综合立体观测试验的一手新资料；获得华北地区冬季云水资源气候特征、降雪过程的特点和降雪云系微物理特征的新认识，揭示降雪云系宏微观特征和降雪形成机制。多年的基础和应用研究积累，提高了对复杂地形条件下冬季降雪云系的认识，取得了一批具有长期应用价值的科研成果，为圆满完成冬奥人影保障任务和今后长期开展冬季增雪工作提供了科技支撑。

9.6 信息宣传经验

信息宣传组围绕冬奥会申办、筹办、举办3个阶段，充分利用多种宣传平台加强策划，全方位展示冬奥气象科研发展的新成就，多视角诠释精彩出彩的气象服务，多方位呈现气象人胸怀大局、自信开放、迎难而上、追求卓越的工作精神，形成了“多渠道”“全方位”“立体式”的冬奥气象服务宣传科普格局。

9.6.1 组建专班，形成整体运行高效有力的宣传系统

由河北省气象局、张家口市气象局、有关专项工作人员组建了北京2022年冬奥会和冬残奥会张家口赛区气象服务保障前方工作组信息宣传组，具体负责组织采访一线工作人员、采集图像影音素材、制发宣传报道稿件与工作信息，协助首席新闻官起草新闻通稿，提供相关新闻宣传技术支持，开展冬奥气象服务舆情管控工作，制发前方工作组工作简报，起草阶段性工作总结、报告等文字材料。同时，明确信息宣传组岗位职责，制定了《信息宣传组岗位设置与任务分工方案》等6项管理制度，制定了信息宣传应急方案，克服因疫情一线记者无法进入场馆采访的不利影响，建立媒体新闻官、各场地媒体联络员与新闻宣传组日常工作协调沟通机制，推进宣传工作顺利进行。

9.6.2 提前部署，形成内外张弛有度的宣传氛围

冬奥会筹备阶段，积极回应社会公众及社会媒体对气象在冬奥会、冬残奥会中作用的关心，针对重要时间节点，开展中央媒体走基层等活动，同时持续做好冬奥

筹办气象服务全过程中的图片、视频、文稿等收集工作。冬奥会开幕后，信息宣传工作转入赛时阶段，工作重心由“强化内外宣传，营造冬奥气象服务浓厚氛围”转向“实时监控舆情，做好内部信息收集上报”。重点联动主流媒体发声，突出迎难而上、不惧挑战的气象工作精神，展现科技冬奥成果；提前谋划打通渠道，提炼工作亮点，提高简报质量，提升信息报送效果，协调省运行保障指挥部综合办，在每日运行报告中增加“气象保障”板块，确保省、市有关领导逐日了解掌握气象服务保障工作亮点，安排专人做好信息收集报送，局领导逢报必审，确保信息质量。

9.6.3 严密程序，毫不懈怠做好舆论引导

严把宣传口径，严格采访流程，严防负面舆情和外媒的负面炒作。为便于记者集中采访，减少记者采访接待量，张家口市气象局组织召开面向非注册媒体新闻发布会，做到统一信息源、统一策划、统一口径、 统一发布，多方位展示气象部门形象。同时，对媒体所有刊发稿件全部要求审稿，切实保证刊发内容符合宣传口径与原则；开展内部演练，对可能出现舆情和突发采访申请的情况进行推演，制定应对措施；联合中国气象局科普宣传中心持续做好冬奥专题舆情监测。

9.6.4 统筹资源，积极推进气象科学普及

集合省市气象科普资源，在崇礼区气象局建设以冰雪气象为主题的冬奥气象科普馆，并建设“VR崇礼·冰雪极限”互动体验展项，将沉浸感、科技感和知识性、互动性有机融合于展馆中。基于AR技术，出版冬奥主题绘本《平平安安的冬奥之旅》，开发高山滑雪、跳台滑雪、越野滑雪、冬季两项和单板滑雪等冬奥项目的科普互动涂色卡片，模拟展示气象因素对比赛的影响，增加科普产品的技术含量和趣味性，全方位、多角度展示冬奥气象科普知识。

9.7 后勤保障经验

后勤保障工作是本次冬奥气象保障服务活动工作的重要组成部分，做好后勤保障工作，对凝聚全体冬奥气象保障人员人心、激发大家工作热情、圆满完成冬奥气象保障服务任务具有十分重要的意义。

9.7.1 充分认识后勤保障工作的重要性

俗话说，兵马未动，粮草先行，后勤保障作为各项工作的“先行官”具有基础性、保障性的重要作用。在战时，后勤的各项工作是否保障到位，往往也决定着某项活动是否能够完胜。冬奥举办之际恰逢新冠疫情，吃喝住行及防疫工作是否保障到位，直接影响员工的身心健康、工作状态和工作效率。河北省局党组未雨绸缪，高度重视后勤保障工作，成立后勤保障专项工作组，全方位负责前方工作组食、住、行和防疫等工作，为前方工作组服务保障人员提供良好的工作、生活环境，解除其后顾之忧。

9.7.2 提前部署，细化方案，不留服务死角

后勤保障组成立之初，提前谋划，超前准备。在前方工作组成立之初就提前联系准备工作地点，实地勘察了解服务现场，全程跟踪督导冬奥气象中心和驻地酒店食堂餐厅装修、置办厨房和餐厅用具。2021年10月12日冬奥服务团队人员入驻驻地酒店前，后勤保障组提前制定车辆保障、食堂管理、住宿管理、驻地及工作场所安全保卫、水电安全管理、防疫安全管理等领域保障工作方案，细化管理措施。与此同时，后勤保障组多次召开会议提前研判梳理风险点，制定了冬奥后勤保障风险隐患及防范清单和应急预案，对照清单定时检查风险隐患点，多次组织现场应急演练，确保风险端口前移。考虑到疫情防控的不稳定性，后勤保障组坚持“宁可备而不用，不可用时无备”，组织酒店食堂服务方超前储备足量粮油、蔬菜、肉类等必需品，以备不时之需。

9.7.3 明确分工，互相配合，压实工作责任

后勤保障工作事多、繁杂、琐碎，同时点多、线长、面广，冬奥气象服务人员分布在张家口市局、崇礼区驻地酒店、张家口赛区气象中心和冬奥比赛两个场馆群。工作人员的分散性，要求后勤保障工作必须用精益求精的工作态度和严谨有序的工作流程，从严、从细、从实地做好各项服务工作，切实做到件件工作有人抓、人人岗位有责任、条条责任有监督。后勤保障组根据实际需要分类配置岗位，细化责任到人，确保每人能够各司其职，保证每项工作都有条不紊、多而不乱。出现问题时能够团结协作共同完成。同时，后勤保障组会定期召开调度会和复盘会，及时总结经验和做法，梳理问题和不足，从具体工作中查漏补缺，完善后勤保障工作中的各个环节。

9.7.4 创新模式，突出重点，优化资源配置

后勤保障工作烦琐复杂，但保障人员精力有限，为了提供精细的服务，后勤保障组创新运行管理模式，采取自主保障和委托外包+管理的模式。大部分保障服务以自主管理为主，对厨房、食堂、安保及住宿卫生保洁实行外包+管理，这样有利于把我们自己的后勤保障人员工作重心放在冬奥气象服务团队队员身上，全身心为他们做好保障工作，而只需对厨房、食堂、住宿卫生保洁和安保工作做好检查管理，极大减轻后勤保障人员工作量。

9.7.5 后勤保障活动启示

一是高效顺畅的上下协调和沟通机制，能够确保发现问题及时妥善安排处理；二是全方位的管理措施和风险应急预案，能够将风险防范关口前移，确保各项隐患发现在早、防范在前；三是完善的应急预案和应急演练，及时复盘修正存在问题，能够确保无事心定、有事不乱；四是充足的物资储备，确保能够平稳度过防疫特殊时期。

附 录

附录1

张家口赛区冬奥人物志

崇礼区·张家口赛区气象中心（崇礼区气象局）·城区

张晶，男，汉族，1969年生人，河北省气象局党组书记、局长，中国气象局冬奥气象中心副主任，省冬奥气象服务领导小组组长，负责全面指挥领导张家口赛区气象服务保障工作。

郭树军，男，汉族，1968年生人，河北省气象局党组成员、副局长，前方工作组组长，负责指挥领导张家口赛区一线气象服务保障相关工作。

卢建立，男，汉族，1972年生人，张家口市气象局党组书记、局长，前方工作组副组长、综合协调组组长，负责协助组长指挥领导前方工作组各项工作，具体联系沟通张家口市各部门，组织张家口市气象局开展相关保障工作。

李兴文，男，汉族，1962年生人，河北省气象局二级巡视员，前方工作组副组长，负责协助组长指挥领导前方工作组各项工作。

李崴，男，汉族，1982年生人，河北省气象局应急与减灾处副处长、河北省气象服务中心副主任，前方工作组综合协调组副组长兼信息宣传组副组长，负责组织协调前方工作组日常工作运行以及与国、省、市、县各级相关部门对接沟通工作，对接联系中国气象局冬奥气象中心，开展日常沟通协调与信息报送工作。

何军，男，汉族，1978年生人，河北省气象局政策法规处副处长，前方工作组综合协调组副组长，负责对接联系省项目和配套设施建设分指挥部，代表省气象局参加省竞赛服务分指挥部值班驻守。

杨雪川，男，汉族，1981年生人，河北省气象局办公室副主任，前方工作组信息宣传组组长，负责组织赛区气象服务保障工作新闻宣传、舆情管控与工作信息制发工作。

安文献，男，汉族，1969年生人，河北省气象局观测与网络处副处长，前方工作组网信安保组组长，负责张家口赛区通信网络、网络安全、信息系统维护及会商会议等保障工作的整体安排、指挥调度和与北京赛区的协调。负责前方工作组、河北省气象信息中心及张家口市气象局的统一协调。

刘剑军，男，汉族，1963年生人，崇礼区气象局局长，前方工作组综合协调组、后勤保障组成员，负责组织安排张家口赛区气象中心（崇礼区气象局）各项后勤保障工作，对接联系崇礼区赛区外围运行保障指挥部，开展日常沟通协调与信息报送工作。

闫峰，男，汉族，1980年生人，河北省气象局应急与减灾处四级调研员，前方工作组综合协调组成员，负责前方工作组日运行计划编发、会议组织、任务安排督办以及与各点位联络协调工作，对接联系省竞赛服务分指挥部、省纪委监委驻省政府办公厅纪检监察组，开展日常沟通协调与信息报送工作。

陈雷，男，满族，1985年生人，吉林省气象服务中心专业服务部部长，前方工作组赛事服务组、信息宣传组成员，负责古杨树场馆群各场馆气象预报制作，收集上报古杨树场馆群气象服务保障新闻素材与工作信息。

赵铭，男，汉族，1986年生人，秦皇岛市气象局海洋台台长，前方工作组信息宣传组成员，负责前方工作组每日工作简报以及各类工作信息汇总编制报送工作。

谢盼，女，汉族，1985年生人，中国气象报社驻河北记者站记者，前方工作组信息宣传组成员，负责赛区气象服务保障新闻宣传素材收集、稿件撰写以及相关新闻采访工作。

关子盛，男，汉族，1989年生人，河北省气象局气象影视工程师，前方工作组信息宣传组成员，负责组织、指导、采集张家口赛区场馆一线与前方工作组相关视频素材，制作冬奥专题视频宣传片。

幺伦韬，男，汉族，1979年生人，河北省气象技术装备中心副主任，前方工作组装备保障组组长，负责张家口核心赛区气象观测设备保障工作的整体安排、指挥和调度，负责张家口赛区周边气象观测设备的维护保障工作，负责应急观测系统的安排、调度工作。

郭小璇，女，汉族，1995年生人，河北省气象技术装备中心助理工程师，前方工作组装备保障组成员，负责冬奥火炬传递、开闭幕式（张家口城区）移动气象应急观测气象服务保障工作，负责崇礼城区观测设备保障工作。

郝瑛，男，汉族，1972年生人，张家口市气象局防御中心主任，前方工作组后勤保障组成员，负责驻地酒店冬奥气象服务团队人员食宿、防疫、供水、供电、供暖、用车及其他保障服务工作。

张佳程，男，汉族，1985年生人，张家口市崇礼区气象局四级主任科员，前方工作组后勤保障组成员，负责张家口赛区气象中心（崇礼区气象局）各项后勤保障工作，开展日常沟通协调与信息报送工作。

耿越，女，汉族，1994年生人，张家口市崇礼区气象局助理工程师，前方工作组后勤保障组成员，负责张家口赛区气象中心（崇礼区气象局）各项后勤保障工作。

高剑，男，汉族，1981年生人，张家口市崇礼区气象局司机，前方工作组后勤保障组成员，负责张家口赛区气象中心（崇礼区气象局）车辆保障及其他后勤保障工作。

田建东，男，汉族，1976年生人，张家口市气象局事务中心工作人员，前方工作组后勤保障组成员，负责驻地酒店冬奥气象服务团队人员食宿、供水、供电、供暖、用车及其他保障服务工作。

聂恩旺，男，汉族，1980年生人，河北省气象信息中心业务管理科科长，前方工作组网信安保组成员，信息宣传员，负责张家口赛区网信安保组每日工作情况汇总、编辑和报送以及每日问题汇总处理工作。

王磊，男，汉族，1978年生人，石家庄市气象探测中心主任，前方工作组网信安保组成员，负责张家口赛区通信机房巡检、信息系统维护保障工作及通信网络、网络安全、视频会商系统应急处置工作。同时兼任前方工作装备保障组后备保障人员工作。

于海磊，男，汉族，1982年生人，衡水市气象探测中心副主任，前方工作组网信安保组成员，负责张家口赛区通信机房巡检、网络设备维护保障工作及网络安全、视频会商系统、信息系统应急处置工作。同时兼任前方工作装备保障组后备保障人员工作。

吴裴裴，男，满族，1983年生人，承德市气象探测中心主任，前方工作组网信安保组成员，负责张家口赛区通信机房巡检、视频会商系统维护保障工作及通信网络、网络安全、信息系统应急处置工作。同时兼任前方工作装备保障组后备保障人员工作。

闫春旺，男，汉族，1990年生人，沧州市气象探测中心副主任，前方工作组网信安保组成员，负责张家口赛区通信机房巡检、网络安全保障工作及通信网络、视频会商系统、信息系统应急处置工作。同时兼任前方工作装备保障组后备保障人员工作。

王宗敏，男，汉族，1970年生人，河北省气象台副台长，冬奥张家口赛区预报服务团队队长，负责张家口赛区气象服务保障工作。

李江波，男，满族，1968年生人，河北省气象台正高级工程师，张家口赛区气象中心总首席，负责张家口赛区各场馆预报的把关，主持赛区天气会商，负责撰写上报冬奥组委主运行中心和中国气象局等的各类预报和服务材料。

董全，男，汉族，1983年生人，中央气象台首席预报员，张家口赛区气象中心总首席，负责张家口赛区各场馆预报的把关，主持赛区天气会商，负责撰写上报冬奥组委主运行中心和中国气象局等的各类预报和服务材料。

马梁臣，男，汉族，1986年生人，吉林省气象台副台长，张家口赛区气象中心总首席，古杨树场馆群预报组小组长，负责赛区预报和服务把关、组织和参加会商、天气复盘总结和新资料分析应用，以及古杨树场馆群预报组的日常业务管理等工作。

朱刚，男，汉族，1986年生人，河北省气象台工程师，张家口赛区古杨树场馆群天气预报中心团队的副组长，配合领导谋划古杨树场馆群天气预报中心的岗位分工和值班流程，作为古杨树场馆群天气预报中心首席预报员负责全场馆、全要素、全时效预报把关以及和其他渠道的预报沟通。

陈子健，男，汉族，1986年生人，河北省气象台高级工程师，张家口赛区古杨树场馆群首席预报员，冬奥新资料研究应用小组组长，负责古杨树场馆群跳台滑雪、越野滑雪、冬季两项和北欧两项各项赛事、赛会预报的商定与制作，以及预报服务保障工作，负责张家口赛区新资料解析和应用工作。

李禧亮，男，汉族，1986年生人，石家庄市人工影响天气中心科员，张家口赛区古杨树场馆群首席预报员，负责古杨树场馆群跳台滑雪、越野滑雪、冬季两项和北欧两项各项赛事、赛会气象服务保障工作。搜集分析古杨树赛区气压、气温、湿度、风等气象数据，保障赛事期间预报服务平台的正常运行。

李彤彤，女，汉族，1995年生人，秦皇岛市气象局业务科技科科员，张家口赛区后方工作组古杨树场馆群预报员，负责古杨树场馆群相关赛事、赛会运行气象服务保障工作。

王永超，男，汉族，1983年生人，黑龙江省齐齐哈尔市气象台副台长，张家口赛区古杨树场馆群预报员，负责古杨树场馆群跳台滑雪、越野滑雪、冬季两项和北欧两项各项赛事、赛会气象服务保障工作。

杨杰，男，汉族，1988年生人，承德市气象台副台长，工程师，云顶滑雪公园场馆预报组负责人，气象服务首席，负责云顶滑雪公园各项赛事预报服务、材料审核，对接现场服务团队、开展日常沟通协调与信息报送工作。

洪潇宇，男，汉族，1992年生人，内蒙古自治区巴林右旗气象局气象台长，张家口赛区云顶场馆群后方预报组副组长，首席预报员，负责云顶场馆群各项赛事预报把关和场馆通报撰写，随时为前方服务人员提供信息支撑。

马洪波，男，汉族，1982年生人，吉林省气象台高级工程师，赛事服务组云顶滑雪公园场馆首席、预报员，负责云顶场馆群预报与服务材料的审核和把关工作。

唐凯，男，汉族，1979年生人，黑龙江省气象台高级工程师，张家口赛区云顶滑雪公园场馆预报员，负责场馆赛道气象预报服务保障。

张宇，男，汉族，1986年生人，黑龙江省气象台高级工程师，张家口赛区冬季两项赛事服务组预报员，负责制作和发布冬季两项赛事的天气预报。

王颖，女，汉族，1991年生人，内蒙古自治区呼伦贝尔市气象台副台长，工程师，云顶滑雪公园场馆预报员，负责云顶滑雪公园各项赛事预报服务保障工作。

晋亮亮，男，汉族，1984年生人，内蒙古自治区赤峰市气象局高级工程师，张家口赛区云顶滑雪公园场馆保障团队成员，赛事服务组云顶滑雪公园场馆预报员，负责云顶滑雪公园场馆预报点位预报产品、场馆公报制作和发布工作。

隋沆锐，女，汉族，1993年生人，内蒙古自治区呼伦贝尔市气象台工程师，张家口赛区后方工作组赛事服务组云顶滑雪公园场馆预报员，负责云顶滑雪公园相关赛事、赛会运行气象预报服务保障工作。

崇礼区·翠云山云瑞酒店·核心区

田志广，男，汉族，1981年生人，河北省气象信息中心副主任，前方工作组综合协调组副组长兼网信安保组副组长，派驻省指挥调度中心，负责联系对接省指挥调度中心，开展日常沟通协调与信息报送工作。

王凤杰，男，汉族，1980年生人，河北省气象行政服务中心高级工程师，前方工作组综合协调组成员，派驻省运行保障指挥部综合办公室，负责联系对接省运行保障指挥部综合办公室，开展日常沟通协调与信息报送工作，承担综合办公室重要任务督察督办工作。

崇礼区·云顶滑雪公园·核心区

李宗涛，男，汉族，1984年生人，河北省气象服务中心副主任，张家口赛区云顶滑雪公园场馆保障团队负责人、气象服务首席、新闻官，前方工作组综合协调组副组长、赛事服务组云顶滑雪公园场馆预报员，负责云顶滑雪公园各项赛事、赛会运行现场服务保障工作，对接联系云顶场馆群运行团队，开展日常沟通协调与信息报送工作。

姬雪帅，男，汉族，1991年生人，张家口市气象台副台长，派驻云顶场馆群闭环外指挥室，前方工作组赛事服务组云顶滑雪公园场馆预报员，负责联系对接云顶场馆群闭环外指挥室，开展日常沟通协调与信息报送工作。

钱倩霞，女，汉族，1989年生人，河北省气象灾害防御与环境气象中心工程师，前方工作组赛事服务组云顶滑雪公园场馆预报员、信息宣传组成员，负责云顶滑雪公园相关赛事、赛会运行现场服务保障工作，收集上报云顶场馆群气象服务保障新闻素材与工作信息。

金龙，男，汉族，1989年生人，河北省气象技术装备中心气象探测技术科副科长，张家口赛区云顶滑雪公园场馆装备保障团队负责人，负责组织开展云顶滑雪公园场馆装

备保障工作，具体承担云顶滑雪公园场馆探测设备巡检维护，收集上报云顶滑雪公园场馆装备保障工作领域新闻素材与工作信息。

何涛，男，汉族，1982年生人，承德市气象探测中心工程师，张家口赛区云顶滑雪公园场馆装备保障团队成员、信息宣传员，负责组织开展云顶滑雪公园场馆装备保障工作，具体承担云顶滑雪公园场馆探测设备巡检维护，收集上报云顶滑雪公园场馆装备保障工作领域新闻素材与工作信息。

郭金河，男，汉族，1980年生人，张家口市气象探测中心工程师，张家口赛区云顶滑雪公园场馆装备保障团队成员，负责组织开展云顶滑雪公园场馆装备保障工作，具体承担云顶滑雪公园场馆探测设备巡检维护，收集上报云顶滑雪公园场馆装备保障工作领域新闻素材与工作信息。

张可嘉，男，汉族，1987年生人，邢台市气象探测中心副主任，张家口赛区云顶滑雪公园场馆装备保障团队成员，负责组织开展云顶滑雪公园场馆装备保障工作，具体承担云顶滑雪公园场馆探测设备巡检维护，收集上报云顶滑雪公园场馆装备保障工作领域新闻素材与工作信息。

杨宜昌，男，汉族，1993年生人，河北省气候中心工程师，张家口赛区云顶滑雪公园场馆赛事服务组团队成员，负责组织开展云顶滑雪公园场馆雪务服务保障工作，具体承担云顶滑雪公园赛区雪质数据采集、雪质风险报告报送、收集上报云顶滑雪公园场馆雪务保障工作领域新闻素材与工作信息工作。

郗云翔，男，汉族，1993年生人，航天新气象科技有限公司售后工程师，张家口赛区云顶滑雪公园场馆装备保障团队成员，负责组织开展云顶滑雪公园场馆装备保障工作，具体承担云顶滑雪公园场馆探测设备巡检维护工作，收集上报云顶滑雪公园场馆装备保障工作领域新闻素材与工作信息。

白万，男，汉族，1983年生人，张家口市业务科技科四级主任科员，张家口赛区云顶滑雪公园场馆装备保障团队成员，负责组织开展云顶滑雪公园场馆装备保障工作，具体承担云顶滑雪公园场馆探测设备巡检维护工作，收集上报云顶滑雪公园场馆装备保障工作领域新闻素材与工作信息。

殷学舟，男，汉族，1992年生人，中环天仪（天津）气象仪器有限公司工程师，张家口赛区云顶滑雪公园场馆装备保障团队成员，负责组织开展云顶滑雪公园场馆装备保障工作，具体承担云顶滑雪公园场馆探测设备巡检维护工作，收集上报云顶滑雪公园场馆装备保障工作领域新闻素材与工作信息。

彭德利，男，汉族，1974年生人，张家口市气象局司机，张家口赛区云顶公园场馆群装备保障团队成员，负责团队人员车辆保障服务。

孔凡超，男，汉族，1981年生人，河北省气象台正高级工程师，赛事服务组云顶滑雪公园场馆预报员，负责张家口赛区云顶场馆群的决策服务材料制作，以及张家口赛区云顶场馆群运行指挥部调度中心的气象服务保障。

石文伯，男，汉族，1994年生人，张家口市气象台工程师，赛事服务组云顶滑雪公园场馆预报员，负责张家口赛区云顶场馆群平行大回转及障碍追逐两项赛事保障，负责云顶场馆群气象团队影像记录。

张曦丹，女，汉族，1995年生人，河北省张家口市气象台工程师，前方工作组赛事服务组云顶滑雪公园场馆预报员，负责张家口赛区云顶场馆群平行大回转及障碍追逐两项赛事保障现场服务保障工作。

刘华悦，女，汉族，1989年生人，河北省气象服务中心工程师，赛事服务组云顶滑雪公园场馆预报员，负责张家口赛区云顶场馆群坡面障碍技巧和U型场地赛事现场服务保障工作。

张晓瑞，女，汉族，1994年生人，河北省人工影响天气中心工程师，前方工作组赛事服务组云顶滑雪公园场馆预报员，负责云顶滑雪公园空中技巧和雪上技巧赛事现场服务保障工作。

崇礼区·国家跳台滑雪中心（雪如意）·核心区

段宇辉，男，汉族，1984年生人，河北省气象台海洋预报科科长，张家口赛区国家跳台滑雪中心场馆保障团队负责人、气象服务首席、新闻官，前方工作组赛事服务组国家跳台滑雪中心场馆预报员、综合协调组成员，负责国家跳台滑雪中心各项赛事、赛会运行现场服务保障工作，对接联系古杨树场馆群以及国家跳台滑雪中心场馆运行团队，开展日常沟通协调与信息报送工作。

蒋涛，男，汉族，1982年生人，河北省气象技术装备中心计量站副站长，张家口赛区古杨树场馆群装备保障团队负责人，前方工作组装备保障组、信息宣传组成员，负责组织开展古杨树场馆群各场馆装备保障，具体承担国家跳台滑雪中心探测设备巡检维护工作，收集上报崇礼城区与赛事核心区装备保障工作领域新闻素材与工作信息。

王彦朝，男，汉族，1997年生人，沧州市气象探测中心助理工程师，张家口赛区国家跳台滑雪中心场馆装备保障团队成员、信息宣传员，负责组织开展国家跳台滑雪中心场馆装备保障工作，具体承担国家跳台滑雪中心场馆探测设备巡检维护工作，收集上报国家跳台滑雪中心场馆装备保障工作领域新闻素材与工作信息。

李哲，男，汉族，1992年生人，天津市中环天仪（天津）气象仪器有限公司工程师，张家口赛区国家跳台滑雪中心场馆装备保障团队成员、信息宣传员，负责组织开展国家跳台滑雪中心场馆装备保障工作，具体承担国家跳台滑雪中心场馆探测设备巡检维护工作，收集上报国家跳台滑雪中心场馆装备保障工作领域新闻素材与工作信息。

范文波，男，汉族，1972年生人，张家口市气象局司机，张家口赛区古杨树场馆群装备保障团队成员，负责团队人员车辆保障服务。

刘昊野，男，汉族，1992年生人，秦皇岛市气象局工程师，前方工作组国家跳台滑雪中心驻场预报员，参与承担国家跳台滑雪中心相关赛事、赛会运行现场服务保障工作，与国家跳台滑雪中心运行团队对接，开展日常沟通协调、信息报送与领队会天气简报工作。

杨玥，女，汉族，1992年生人，石家庄市气象灾害防御中心工程师，前方工作组赛事服务组国家跳台滑雪中心场馆预报员，对接国家跳台滑雪中心外籍运行团队，负责相关赛事、赛会运行现场预报服务和雪务服务保障工作。

李嘉睿，男，汉族，1990年生人，国家气象中心工程师，前方工作组国家跳台滑雪中心驻场预报员，承担国家跳台滑雪中心相关赛事的气象预报服务保障工作，配合古杨树场馆群运行团队，开展日常工作。

崇礼区·国家越野滑雪中心·核心区

徐玥，女，汉族，1982年生人，黑龙江省气象台短临预报科副科长，张家口赛区国家越野滑雪中心场馆保障团队负责人、新闻官，前方工作组赛事服务组国家越野滑雪中心场馆预报员、综合协调组成员，负责国家越野滑雪中心各项赛事、赛会运行现场服务保障工作，对接联系国家越野滑雪中心运行团队，开展日常沟通协调与信息报送工作。

杨斌，男，汉族，1973年生人，张家口市气象探测中心副主任，张家口赛区古杨树场馆群装备保障团队成员，前方工作组装备保障组、信息宣传组成员，负责组织开展国家越野滑雪中心场馆装备保障工作，具体负责国家越野滑雪中心探测设备巡检维护工作，收集上报国家越野滑雪中心场馆装备保障工作领域新闻素材与工作信息。

许康，男，汉族，1995年生人，河北省气候中心助理工程师，张家口赛区古杨树场馆赛事服务组团队成员，负责组织开展古杨树场馆雪务服务保障工作，具体承担越野滑雪中心雪质数据采集、雪质风险报告报送工作。

王旭海，男，汉族，1981年生人，崇礼区气象局副局长，张家口赛区古杨树场馆群装备保障团队成员，前方工作组装备保障组、信息宣传组成员，负责组织开展国家越野滑雪中心场馆装备保障工作，具体负责国家越野滑雪中心探测设备巡检维护工作，收集上报国家越野滑雪中心场馆装备保障工作领域新闻素材与工作信息。

胡赛安，男，汉族，1989年生人，承德市气象台工程师，前方工作组赛事服务组古杨树越野滑雪场馆预报员，负责国家越野滑雪中心相关赛事、赛会运行现场服务保障工作。针对赛事需求向国际雪联、仲裁委员会和竞赛管理办公室提供实况及预报信息。

崇礼区·国家冬季两项中心·核心区

孙云锁，男，汉族，1984年生人，唐山市气象探测中心工程师，张家口赛区国家冬季两项滑雪中心场馆装备保障团队成员、信息宣传员，负责组织开展国家冬季两项滑雪中心场馆装备保障工作，具体承担国家冬季两项滑雪中心场馆探测设备巡检维护工作，收集上报国家冬季两项滑雪中心场馆装备保障工作领域新闻素材与工作信息。

郭宏，男，汉族，1988年生人，张家口市气象台副台长，张家口赛区国家冬季两项中心场馆保障团队负责人、新闻官，前方工作组赛事服务组国家冬季两项中心场馆预报员、综合协调组成员、信息宣传组成员，负责国家冬季两项中心各项赛事、赛会运行现场服务保障工作，收集上报古杨树场馆群气象服务保障新闻素材与工作信息，对接联系古杨树馆群以及国家冬季两项中心场馆运行团队，开展日常沟通协调与信息报送工作。

杨津，男，汉族，1996年生人，航天新气象科技有限公司服务中心现场工程师，张家口赛区国家冬季两项中心场馆装备保障团队成员、信息宣传组成员，负责组织开展国家冬季两项中心场馆装备保障工作，具体负责国家冬季两项中心探测设备巡检维护工作，收集上报国家冬季两项中心场馆装备保障工作领域新闻素材与工作信息。

付晓明，男，汉族，1986年生人，河北省唐山市气象台首席预报员，张家口赛区古杨树场馆群冬季两项场馆驻场预报员，负责北京2022年冬奥会冬季两项比赛及冬残奥会冬季两项、越野滑雪比赛的天气预报与服务，参与领队会发言、预报产品制作与分发、赛事气象风险评估、赛道雪温测量、自动站巡护等具体工作。

张家口市·张家口市气象局·外围

马光，男，汉族，1971年生人，张家口市气象局党组成员、副局长，前方工作组后勤保障组组长，负责后勤保障组全面工作，含冬奥气象服务期间市局、张家口赛区气象中心（崇礼局）、驻地酒店各项工作。

樊武，男，汉族，1967年生人，张家口市气象局四级调研员、办公室主任，前方工

作组综合协调组成员，负责对接联系张家口赛区城市运行和环境建设管理指挥部，开展日常沟通协调与信息报送工作。

黄若男，女，汉族，1992年生人，张家口市气象台预报员，前方工作组赛会服务组、信息宣传组成员，负责城市运行、火炬传递、开闭幕式、颁奖典礼等决策服务，以及收集上报新闻素材与工作信息。

路晓琳，女，汉族，1989年生人，张家口市气象局办公室副主任，前方工作组信息宣传组成员，负责气象服务保障新闻宣传素材收集、稿件撰写和每日工作信息报送及各类信息汇总编制工作。

高悦，女，汉族，1992年生人，张家口市气象局气象探测中心副主任、工程师，前方工作组信息宣传组成员，负责冬奥会气象服务保障工作日进展汇总、争当“冬奥先锋”行动随手拍作品编制汇总报送工作。

崔泽宁，男，汉族，1987年生人，张家口市尚义县气象局副局长，前方工作组信息宣传组成员，负责每日工作监督和信息报送工作。

郝宏业，女，汉族，1991年生人，张家口市气象局生态与农业气象中心工程师，前方工作组信息宣传组成员，负责每日工作信息报送及各类信息汇总编制工作。

张楠，女，汉族，1982年生人，张家口市气象局业务科三级主任科员，前方工作组信息宣传组成员，负责每日工作信息报送及各类信息汇总编制工作。

张俊霞，女，汉族，1991年生人，张家口市气象局生态与农业气象中心工程师，前方工作组信息宣传组成员，负责每日工作信息报送及各类信息汇总编制工作。

焦龙飞，男，汉族，1989年生人，“张家口天气预报”节目主持人，前方工作组信息宣传组成员，负责采集张家口赛区赛会工作组相关照片、视频素材。

林若薇，女，汉族，1999年生人，张家口市气象台预报员，前方工作组赛会服务组、信息宣传组成员，负责城市运行、火炬传递、开闭幕式、颁奖典礼等决策服务，以及每日工作信息报送、各类信息汇总编制工作。

郝日渊，男，汉族，1997年生人，张家口市气象台预报员，前方工作组赛会服务组、信息宣传组成员，负责城市运行、火炬传递、开闭幕式、颁奖典礼等各项决策服务，以及每日工作信息报送、各类信息汇总编制工作。

王璐璐，女，汉族，1999年生人，张家口市气象服务中心助理工程师，前方工作组赛会服务组、信息宣传组成员，负责城市运行、火炬传递、开闭幕式、颁奖典礼等决策服务，以及每日工作信息报送、各类信息汇总编制工作。

吴学军，男，汉族，1967年生人，张家口市气象局事务中心主任，前方工作组后勤保障组成员，负责驻张家口市局冬奥气象服务团队人员食宿、防疫、供水、供电、供暖、用车及其他保障服务工作。

尹燕振，男，汉族，1985年生人，张家口市气象局事务中心科员，前方工作组后勤保障组成员，负责驻张家口市局冬奥气象服务团队人员防疫、供水、供电、供暖及其他保障服务工作。

李时安，男，汉族，1985年生人，张家口市气象局司机，前方工作组后勤保障组成员，负责市局冬奥服务人员车辆保障服务。

李景宇，男，汉族，1978年生人，张家口市气象探测中心主任，前方工作组网信安保组成员，负责张家口市气象局网络通信状态监控，排除涉奥气象信息与通信系统故障，保障各类气象业务数据、产品传输及时准确，通信稳定可靠。

刘杰，女，汉族，1982年生人，张家口市气象局业务科科员，前方工作组网信安保组成员，负责张家口市气象局网络通信状态监控，排除涉奥气象信息与通信系统故障，保障各类气象业务数据、产品传输及时准确，通信稳定可靠。

谢旭生，男，汉族，1990年生人，张家口市气象探测中心网络管理员，前方工作组网信安保组成员，负责张家口市气象局网络通信状态监控以及冬奥气象视频会商会议系统运行保障工作。

刘博，男，汉族，1997年生人，张家口市气象探测中心网络管理员，前方工作组网信安保组成员，负责张家口市气象局网络通信状态监控以及冬奥气象视频会商会议系统运行保障工作。

苗志成，男，汉族，1967年生人，张家口市气象局副局长，赛会服务组组长，负责组织开展赛区及周边地区城市运行决策气象服务和交通、电力、直升机救援等专业专项气象服务。

赵彦厂，男，汉族，1976年生人，石家庄市气象灾害防御中心主任，前方工作组赛会服务组成员，负责城市运行、火炬传递、开闭幕式、颁奖典礼等决策服务。

黄山江，男，汉族，1969年生人，张家口市气象局气象台台长，前方工作组赛会服务组成员，负责城市运行、火炬传递、开闭幕式、颁奖典礼等决策服务。

韩丽娟，女，汉族，1981年生人，张家口市气象局气象台预报员，前方工作组赛会服务组成员，负责城市运行、火炬传递、开闭幕式、颁奖典礼等决策服务。

孟繁华，女，汉族，1987年生人，张家口市气象局气象台预报员，前方工作组赛会

服务组成员，负责城市运行、火炬传递、开闭幕式、颁奖典礼等决策服务。

段雯瑜，女，汉族，1989年生人，张家口市气象局气象台预报员，前方工作组赛会服务组成员，负责城市运行、火炬传递、开闭幕式、颁奖典礼等决策服务。

王新宁，男，汉族，1988年生人，张家口市气象局气象台预报员，前方工作组赛会服务组成员，负责城市运行、火炬传递、开闭幕式、颁奖典礼等决策服务。

杜娟，女，汉族，1982年生人，张家口市气象局气象台预报员，前方工作组赛会服务组成员，负责城市运行、火炬传递、开闭幕式、颁奖典礼等决策服务。

郭旭晖，女，汉族，1996年生人，张家口市气象局气象台预报员，前方工作组赛会服务组成员，负责城市运行、火炬传递、开闭幕式、颁奖典礼等决策服务。

康博思，女，汉族，1998年生人，张家口市气象局气象台预报员，前方工作组赛会服务组成员，负责城市运行、火炬传递、开闭幕式、颁奖典礼等决策服务。

向亮，男，汉族，1981年生人，河北省气候中心气候预测科副科长，前方工作组赛会服务组成员，负责张家口赛区气候预测服务专报和雪情气象服务专报制发工作。

王跃峰，男，汉族，1974年生人，河北省气象服务中心专业气象科科长，前方工作组赛会服务组成员，负责制作、发布交通气象服务专报和直升机救援气象服务专报，以及其他城市运行专报和气象服务材料。

武辉芹，女，汉族，1973年生人，河北省气象服务中心服务拓展科，前方工作组赛会服务组成员，负责制作、发布交通气象服务专报和直升机救援气象服务专报，以及其他城市运行专报和气象服务材料。

胡雪，女，汉族，1982年生人，张家口市气象服务中心主任，前方工作组赛会服务组成员，负责交通、电力、直升机救援气象服务专报及其他城市运行气象服务材料审核。

赵海江，男，汉族，1975年生人，张家口市气象服务中心副主任，前方工作组赛会服务组成员，负责制作、发布交通、电力、直升机救援气象服务专报以及其他城市运行气象服务材料。

刘建勇，男，汉族，1976年生人，张家口市气象服务中心高级工程师，前方工作组赛会服务组成员，负责气象服务产品制作和传输保障相关工作。

孙晓霞，女，汉族，1983年生人，张家口市气象服务中心工程师，前方工作组赛会服务组成员，负责制作、发布交通、电力、直升机救援气象服务专报以及其他城市运行气象服务材料。

李越，女，汉族，1992年生人，张家口市气象服务中心助理工程师，前方工作组赛会服务组成员，负责制作、发布交通、电力、直升机救援气象服务专报以及其他城市运行气象服务材料。

李幸璐，女，汉族，1995年生人，张家口市气象服务中心助理工程师，前方工作组赛会服务组成员，负责制作、发布交通气象服务专报和直升机救援气象服务专报以及其他城市运行气象服务材料。

张家口市·冀西北人工影响天气基地·外围

董晓波，男，汉族，1982年生人，河北省人影中心副主任，前方工作组人影保障组组长，负责人影服务保障统筹协调工作，根据崇礼赛区天气条件和保障需求，及时组织人员制订飞行计划，开展飞机和地面作业。

吕峰，男，汉族，1985年生人，河北省人影中心飞机增雨科科长，前方工作组人影保障组、信息宣传组成员，负责张家口区域飞机增雨（雪）作业组织指挥，收集上报前方工作组人影保障工作领域新闻素材与工作信息。

张健南，男，汉族，1988年生人，河北省人影中心预报评估科科长，前方工作组人影保障组成员，负责人工增雪作业条件预报与会商，确定适宜作业区域、作业方式和时间，组织开展人影作业效果分析，制作并发布冬奥会张家口赛区人影作业效果分析报告。

孙玉稳，女，汉族，1963年生人，河北省人影中心指挥调度科工作人员，前方工作组人影保障组成员，负责指挥人影飞机开展作业，负责人影作业条件实时监测、人工增雪空地联合作业方案制定、飞机作业计划申报、空地作业联合指挥和作业信息上报等工作。

胡向峰，男，汉族，1983年生人，冀西北飞机增雨中心主任，前方工作组人影保障组成员，负责指挥人影飞机开展作业，负责人影作业条件实时监测、人工增雪空地联合作业方案制定、飞机作业计划申报、空地作业联合指挥和作业信息上报等工作。

王姝怡，女，汉族，1992年生人，河北省人影中心指挥调度科工作人员，前方工作组人影保障组成员，负责指挥人影飞机开展作业，负责人影作业条件实时监测、人工增雪空地联合作业方案制定、飞机作业计划申报、空地作业联合指挥和作业信息上报等工作。

李旭岗，男，汉族，1993年生人，河北省人影中心飞机增雨科工作人员，前方工作组人影保障组成员，负责根据人工增雪作业方案，在张家口赛区及其附近区域，进行空中催化作业。

舒志远，男，汉族，1994年生人，河北省人影中心飞机增雨科工作人员，前方工作

组人影保障组成员，负责根据人工增雪作业方案，在张家口赛区及其附近区域，进行空中催化作业。

蒋士龙，男，汉族，1987年生人，冀西北飞机增雨中心工作人员，前方工作组人影保障组成员，负责根据人工增雪作业方案，在张家口赛区及其附近区域，进行空中催化作业。

杨凯杰，男，汉族，1996年生人，冀西北飞机增雨中心工作人员，前方工作组人影保障组成员，负责根据人工增雪作业方案，在张家口赛区及其附近区域，进行空中催化作业。

王淼，男，汉族，1988年生人，张家口市气象局人影办主任，前方工作组人影保障组成员，负责张家口区域地面增雪作业组织指挥，收集上报前方工作组人影作业信息。

刘慧敏，女，汉族，1993年生人，张家口市气象灾害防御中心工作人员，前方工作组人影保障组成员，负责张家口区域地面增雪作业组织指挥，收集上报前方工作组人影作业信息。

张贵梅，女，汉族，1970年生人，赤城县气象局局长，前方工作组人影保障组成员，负责地面增雪作业实施，收集上报前方工作组人影作业信息。

王旭海，男，汉族，1981年生人，崇礼区气象局副局长，前方工作组人影保障组成员，负责地面增雪作业实施，收集上报前方工作组人影作业信息。

任伟军，男，汉族，1981年生人，沽源县气象局局长，前方工作组人影保障组成员，负责地面增雪作业实施，收集上报前方工作组人影作业信息。

於林林，男，汉族，1988年生人，怀安县气象局副局长，前方工作组人影保障组成员，负责地面增雪作业实施，收集上报前方工作组人影作业信息。

杨海杰，男，汉族，1984年生人，怀来县气象局局长，前方工作组人影保障组成员，负责地面增雪作业实施，收集上报前方工作组人影作业信息。

贾振国，男，汉族，1981年生人，康保县气象局副局长，前方工作组人影保障组成员，负责地面增雪作业实施，收集上报前方工作组人影作业信息。

鲁建亮，男，汉族，1978年生人，尚义县气象局局长，前方工作组人影保障组成员，负责地面增雪作业实施，收集上报前方工作组人影作业信息。

王凯，男，汉族，1969年生人，万全区气象局局长，前方工作组人影保障组成员，负责地面增雪作业实施，收集上报前方工作组人影作业信息。

蔺艳斌，男，汉族，1982年生人，蔚县气象局主任科员，前方工作组人影保障组成员，负责地面增雪作业实施，收集上报前方工作组人影作业信息。

王建岐，男，汉族，1963年生人，宣化区气象局工程师，前方工作组人影保障组成员，负责地面增雪作业实施，收集上报前方工作组人影作业信息。

倪伏跃，男，汉族，1988年生人，阳原县气象局副局长，前方工作组人影保障组成员，负责地面增雪作业实施，收集上报前方工作组人影作业信息。

陶勇，男，汉族，1964年生人，张北县气象局办公室主任，前方工作组人影保障组成员，负责地面增雪作业实施，收集上报前方工作组人影作业信息。

李建忠，男，汉族，1977年生人，涿鹿县气象局局长，前方工作组人影保障组成员，负责地面增雪作业实施，收集上报前方工作组人影作业信息。

北京市·中国气象局·后方

范增禄，男，汉族，1975年生人，河北省气象局应急与减灾处副处长，中国气象局冬奥气象中心综合协调办公室副主任，负责统筹组织各领域气象服务保障工作。

北京市·北京冬奥组委·核心区

范俊红，女，汉族，1968年生人，河北省气象服务中心正高级工程师，北京冬奥组委主运行中心首席预报员，在运行指挥部调度中心为场馆运行组织和竞赛指挥组前方指挥部进行气象服务保障。

石家庄市·河北省气象局·后方

张晓亮，男，汉族，1983年生人，河北省气象局办公室一级主任科员，前方工作组后勤保障组成员，协助杨雪川主任工作，负责市（县）局与省局后勤事务沟通协调。

达芹，女，回族，1985年生人，河北省气象局办公室二级主任科员，前方工作组信息宣传组成员，负责赛区气象服务保障舆情管理以及科普工作等。

张艳刚，男，汉族，1976年生人，河北省气象信息中心副主任，负责省气象局冬奥基础设施资源池、冬奥气象数据环境、网络安全、数据质控、会商系统等整体安排、协调等工作。

董保华，男，汉族，1980年生人，河北省气象信息中心数据研发科科长，前方工作组网信安保组成员，负责省气象局冬奥基础设施资源池、冬奥气象数据环境和网络安全保障工作，同时负责张家口冬奥赛区观测数据的传输保障工作。

黄毅，男，汉族，1983年生人，邢台市气象局气象探测中心工程师，前方工作组网信安保组成员，驻省局负责网络安全风险排查、日常值守和网络安全事件应急处置工作。

李婵，女，汉族，1987年生人，河北省气象信息中心数据研发科副科长，负责组织排查整改省局网络安全情况和国家气象信息中心预警通告情况。负责向国家气象信息中心、省委网信办和省公安厅上报重要网络安全信息工作。

谷永利，男，汉族，1971年生人，河北省气象信息中心数据评估科科长，前方工作组网信安保组成员，负责张家口冬奥赛区观测数据传输监控和数据质量控制工作，并统计分析观测数据传输及数据质量情况，编制统计分析报告。

赵瑞金，男，汉族，1968年生人，河北省气象信息中心正高级工程师，冬奥气象中心集成应用研发部基础设施组成员，负责冬奥气象视频会商系统的建设及视频系统使用保障；作为骨干成员参与“冬奥观测数据传输及自动站观测资料质量控制系统”项目研究。

刘焕莉，女，汉族，1985年生人，河北省气象信息中心数据评估科副科长，前方工作组网信安保组成员，负责冬奥系统监控、冬奥数据监控及质控工作。

张进，男，汉族，1984年生人，河北省气象信息中心综合监控科科长，负责省气象局冬奥气象数据环境、大数据云平台、冬奥综合监控等工作。

连志鸾，女，汉族，1967年生人，河北省气象台台长，负责全面组织协调面向省委、省政府以及省领导赴赛区公务活动的相关保障气象服务以及北京2022年冬奥会和冬残奥会气象保障会商。

杨晓亮，男，回族，1982年生人，河北省气象台副台长，负责保障河北智能网格预报产品，组织协调北京2022年冬奥会和冬残奥会气象保障会商。

于长文，男，汉族，1979年生人，河北省气候中心副主任，决策服务组成员，根据前方工作组反馈的需求，组织开展张家口赛区气象条件和气候风险评估专题报告制作，对气候预测服务专报和雪质风险服务专报产品进行把关。

曲晓黎，女，汉族，1982年生人，河北省气象服务中心副主任，前方工作组赛会服务组副组长，负责组织开展赛区及周边地区交通、直升机救援等专业专项气象服务。

张南，女，汉族，1980年生人，河北省气象台中短期预报科科长，负责省气象台冬奥保障工作整体协同，组织参加北京2022年冬奥会和冬残奥会气象保障会商，保障模式业务系统稳定运行。

张江涛，男，汉族，1976年生人，河北省气象台首席预报员，负责关注赛事高影响天气，制作冬奥专项保障气象服务材料，参加北京2022年冬奥会和冬残奥会气象保障会商。

金晓青，女，满族，1981年生人，河北省气象台首席预报员，负责关注赛事高影响天气，制作冬奥专项保障气象服务材料，参加北京2022年冬奥会和冬残奥会气象保障会商。

裴宇杰，女，汉族，1978年生人，河北省气象台短临预报科科长，负责专题会商发言，为前方工作组提供预报意见和服务建议。

曹晓冲，女，汉族，1987年生人，河北省气象台短临预报科副科长，协助首席完成北京2022年冬奥会和冬残奥会开（闭）幕式及赛事期间气象服务保障工作，保障崇礼赛区CALMET风场预报产品。

张珊，女，汉族，1988年生人，河北省气象台技术研发科科员，协助首席完成北京2022年冬奥会和冬残奥会开（闭）幕式及赛事期间重点关注区的重要天气会商，保障崇礼赛区中尺度-大涡模式产品。

王玉虹，女，汉族，1989年生人，河北省气象台技术研发科科员，协助首席完成北京2022年冬奥会和冬残奥会开（闭）幕式及赛事期间重点关注区的重要天气会商，保障崇礼赛区快速更新精细化分析和短临预报系统及产品的正常运行。

张延宾，男，汉族，1979年生人，河北省气象台技术研发科副科长，负责北京2022年冬奥会和冬残奥会期间省气象台数据环境和网络安全保障工作，保障“崇礼精细化气象要素实时分析系统”正常运行，负责提供基于CFD精细化风场预报产品。

陈霞，女，汉族，1981年生人，河北省气候中心气候服务科科长，组织协调前方赛场雪质观测，雪质预报组带队，负责雪质指标确定、监测数据处理以及雪质风险服务专报产品制作。

邵丽芳，女，汉族，1985年生人，河北省气候中心气候评价科副科长，雪质风险预报组成员，负责张家口赛区气象条件和气候风险评估报告的编写，参与雪质风险服务专报制作。

许启慧，女，满族，1985年生人，河北省气候中心评价科科员，雪质风险预报组成员，参与张家口赛区气象条件和气候风险评估报告编写、雪质风险服务专报制作、雪情专报撰写值班工作。

高旭旭，女，汉族，1989年生人，河北省气候中心气候评价科科员，雪质风险预报组成员，参与张家口赛区气象条件和气候风险评估报告的编写、赛程气象条件适宜性评估等工作。

郭蕊，女，汉族，1987年生人，河北省气象服务中心专业气象科副科长，前方工作组赛会服务组成员，负责制作、发布交通气象服务专报和直升机救援气象服务专报，以及其他城市运行专报和气象服务材料。

贾小卫，男，汉族，1992年生人，河北省气象服务中心公众气象科副科长，前方工作组赛会服务组成员，负责制作、发布交通气象服务专报和直升机救援气象服务专报，以及其他城市运行专报和气象服务材料。

张彦恒，男，汉族，1981年生人，河北省气象服务中心技术开发科科长，前方工作组赛会服务组成员，负责气象服务产品制作和传输保障相关工作。

李飞，男，汉族，1981年生人，河北省气象服务中心技术开发科副科长，前方工作组赛会服务组成员，负责气象服务产品制作和传输保障相关工作。

一路走过的领导与同志们

王世恩，男，曾任河北省气象局党组成员、副局长，前方工作组组长。

彭军，男，曾任河北省气象局党组成员、副局长，冬奥气象中心河北气象服务分中心主任。

王欣璞，女，曾任河北省气象局党组成员、副局长，冬奥气象中心综合探测部部长。

赵黎明，男，曾任河北省气象局党组成员、副局长，冬奥气象中心综合探测部部长。

赵国石，男，曾任河北省气象局二级巡视员，前方工作组副组长。

王建平，男，曾任张家口市气象局党组书记、局长。

徐平，男，曾任张家口市气象局党组成员、副局长。

李祥，男，曾任河北省气象局应急与减灾处主任科员，负责张家口赛区各项筹办工作组织协调工作。

王慧敏，女，曾任河北省气象局办公室副主任科员，派驻中国气象冬奥气象中心综合协调办，负责气象部门各领域筹办工作组织协调工作。

田忠臣，男，曾任张家口赛区古杨树场馆群预报员。

附录2

北京2022年冬奥会、冬残奥会张家口赛区赛场分布与赛事安排

根据北京2022年冬奥会、冬残奥会赛事安排，张家口赛区设有2个场馆群，6个竞赛场馆。

古杨树场馆群包括国家跳台滑雪中心、国家越野滑雪中心、国家冬季两项中心3个场馆，承接冬奥会和冬残奥会跳台滑雪、越野滑雪、冬季两项以及北欧两项各项赛事。

云顶场馆群包括云顶滑雪公园场地A、B、C 3个场馆，承接冬奥会和冬残奥会单板和自由式滑雪相关赛事，其中冬奥会单板和自由式滑雪坡面障碍追逐、单板滑雪平行大回转以及冬残奥会单板障碍追逐、平行回转项目在场地A举行；冬奥会单板和自由式滑雪坡面障碍技巧和U型场地技巧项目在场地B举行；冬奥会自由式滑雪空中技巧和雪上技巧项目在场地C举行。

北京冬奥会雪上项目共设4个大项10个分项76个小项，张家口赛区承办单板滑雪、自由式滑雪、越野滑雪、跳台滑雪、北欧两项、冬季两项共2个大项6个分项51个小项的比赛，占全部雪上项目数的近70%，具体赛事最终安排如附表2.1。

附表2.1　北京2022年冬奥会张家口赛区赛事安排表

比赛日期	云顶场馆群			古杨树场馆群		
	场地A	场地B	场地C	跳台中心	越野中心	冬季两项中心
2月3日（开幕前1日）			自由式滑雪女子雪上技巧资格赛 #1 18:00—18:45			
			自由式滑雪男子雪上技巧资格赛 #1 19:45—20:30			
2月4日（开幕日）						

续表

比赛日期	云顶场馆群			古杨树场馆群		
	场地A	场地B	场地C	跳台中心	越野中心	冬季两项中心
2月5日（第1比赛日）		单板滑雪女子坡面障碍技巧资格赛 10:45—12:50	自由式滑雪男子雪上技巧资格赛 #2 18:00—18:30	跳台滑雪男子个人标准台资格赛 14:20—15:30	越野滑雪女子双追逐（7.5+7.5）15:45—16:45	冬季两项混合接力 17:00—18:30
			自由式滑雪男子雪上技巧决赛 19:30—21:10	跳台滑雪女子个人标准台决赛 18:45—20:20		
2月6日（第2比赛日）		单板滑雪女子坡面障碍技巧决赛 09:30—11:00		跳台滑雪男子个人标准台决赛 19:00—20:45	越野滑雪男子双追逐（15+15）15:00—16:45	
		单板滑雪男子坡面障碍技巧资格赛 12:30—14:35				
2月7日（第3比赛日）		单板滑雪男子坡面障碍技巧决赛 12:00—13:30		跳台滑雪混合团体标准台 19:45—21:45		冬季两项女子 15 km个人 17:00—18:50
2月8日（第4比赛日）	单板滑雪女子/男子 平行大回转资格赛 10:40—12:30				越野滑雪男子/女子 个人短距离（自由技术）资格赛 16:00—17:35	冬季两项男子 20 km个人 16:30—18:25
	单板滑雪女子/男子 平行大回转决赛 14:30—16:10				越野滑雪男子/女子 个人短距离（自由技术）决赛 18:30—20:30	
2月9日（第5比赛日）	单板滑雪女子障碍追逐资格赛 11:00—12:25	单板滑雪女子U型场地资格赛 09:30—11:10		北欧两项男子个人标准台 16:00—16:55	北欧两项男子个人越野滑雪 10 km 19:00—19:50	
	单板滑雪男子障碍追逐决赛 14:00—15:40					
2月10日（第6比赛日）	单板滑雪男子障碍追逐资格赛 11:15—12:40	单板滑雪女子U型场地决赛 09:30—11:10	自由式滑雪空中技巧混合团体 19:00—20:30		越野滑雪女子 10 km（传统技术）15:00—16:40	
	单板滑雪男子障碍追逐决赛 14:00—15:40					
2月11日（第7比赛日）		单板滑雪男子U型场地决赛 09:30—11:00		跳台滑雪男子个人大跳台资格赛 19:00—20:10	越野滑雪男子 15 km（传统技术）15:00—16:50	冬季两项女子 7.5 km短距离 17:00—18:20

续表

比赛日期	云顶场馆群			古杨树场馆群		
	场地A	场地B	场地C	跳台中心	越野中心	冬季两项中心
2月12日（第8比赛日）	单板滑雪障碍追逐混合团体 10:00—11:15			跳台滑雪男子个人大跳台决赛 19:00—20:45	越野滑雪女子4×5 km接力（传统技术/自由技术） 15:30—16:55	冬季两项男子10 km短距离 17:00—18:25
2月13日（第9比赛日）					越野滑雪男子4×10 km接力（传统技术/自由技术 15:00—16:55	冬季两项女子10 km追逐 17:00—17:50
						冬季两项男子12.5 km追逐 18:45—19:35
2月14日（第10比赛日）		自由式滑雪女子坡面障碍技巧资格赛* 10:00—12:00	自由式滑雪女子空中技巧资格赛* 15:00—16:30	跳台滑雪男子团体大跳台 19:00—21:00		
			自由式滑雪女子空中技巧决赛 19:00—20:30			
2月15日（第11比赛日）		自由式滑雪女子坡面障碍技巧决赛* 09:30—11:00	自由式滑雪男子空中技巧资格赛 19:00—20:15	北欧两项男子个人大跳台 16:00—16:55	北欧两项男子个人越野滑雪10 km* 18:30—19:05	冬季两项男子4×7.5 km接力* 14:30—16:00
		自由式滑雪男子坡面障碍技巧资格赛* 12:30—14:35				
2月16日（第12比赛日）		自由式滑雪男子坡面障碍技巧决赛* 09:30—11:05	自由式滑雪男子空中技巧决赛 19:00—20:30		越野滑雪女子/男子 团体短距离（传统技术）资格赛* 15:15—16:45	冬季两项女子4x6 km接力 15:45—17:15
					越野滑雪女子/男子 团体短距离（传统技术）决赛* 17:15—18:35	
2月17日（第13比赛日）	自由式滑雪女子障碍追逐资格赛 11:30—12:15	自由式滑雪女子U型场地资格赛 09:30—11:10		北欧两项男子团体大跳台 16:00—16:40	北欧两项男子团体越野滑雪4×5 km接力 19:00—20:10	
	自由式滑雪女子障碍追逐决赛 14:00—15:35	自由式滑雪男子U型场地资格 12:30—14:10				
2月18日（第14比赛日）	自由式滑雪男子障碍追逐资格赛 11:45—12:30	自由式滑雪女子U型场地决赛 09:30—11:00				冬季两项男子15 km集体出发 17:00—17:55
	自由式滑雪男子障碍追逐决赛 14:00—15:35					

续表

比赛日期	云顶场馆群			古杨树场馆群		
	场地A	场地B	场地C	跳台中心	越野中心	冬季两项中心
2月19日（第15比赛日）		自由式滑雪男子U型场地决赛 09:30—11:00			越野滑雪男子50（30）km集体出发*（自由技术）15:00—17:55	冬季两项女子12.5 km集体出发* 15:00—15:45
2月20日（第16比赛日）（闭幕日）					越野滑雪女子30 km集体出发*（自由技术）11:00—13:10	

注：1.标黄色赛事为金牌赛；2.标“*”赛事为因天气原因进行调整的赛事。

北京冬残奥会雪上项目共设4个大项76个小项，张家口赛区承办残奥越野滑雪、残奥冬季两项、残奥单板滑雪共3个大项46个小项的比赛，超过全部雪上项目数的60%，具体赛事最终安排如附表2.2。

附表2.2　北京2022年冬残奥会张家口赛区赛事安排表

比赛日期	云顶场馆群	古杨树场馆群
	场地A	国家冬季两项中心
3月4日（开幕日）		
3月5日（第1比赛日）		残奥冬季两项 女子 6 km /男子 6 km坐姿 10:00—11:15
		残奥冬季两项 女子 6 km /男子 6 km站姿 12:15—13:20
		残奥冬季两项 女子 6 km /男子 6 km视障 14:00—15:05
3月6日（第2比赛日）	残奥单板滑雪 障碍追逐 男子 /女子资格赛 11:00—13:00	残奥越野滑雪 男子 18 km坐姿 10:00—11:35
		残奥越野滑雪 女子 15 km坐姿 11:50—13:00
3月7日（第3比赛日）	残奥单板滑雪 障碍追逐 男子 /女子决赛 11:30—14:30	残奥越野滑雪 男子 20 km（传统技术）站姿 /视障 10:00—12:00
		残奥越野滑雪 女子 15 km（传统技术）站姿 /视障 12:15—14:00

续表

比赛日期	云顶场馆群	古杨树场馆群
	场地A	国家冬季两项中心
3月8日（第4比赛日）		残奥冬季两项 女子 10 km /男子 10 km坐姿 10:00—11:30
		残奥冬季两项 女子 10 km /男子 10 km站姿 12:00—13:25
		残奥冬季两项 女子 10 km /男子 10 km视障 14:00—15:25
3月9日（第5比赛日）		残奥越野滑雪 短距离（自由技术）男子 /女子 资格赛 10:00—11:50
		残奥越野滑雪 短距离（自由技术）男子 /女子 半决赛 /决赛 12:00—15:05
3月10日（第6比赛日）		
3月11日（第7比赛日）	残奥单板滑雪 坡面回转 男子 /女子决赛* 12:00—15:00	残奥冬季两项 女子 12.5 km /男子 12.5 km坐姿 10:00—11:25
		残奥冬季两项 女子 12.5 km /男子 12.5 km站姿 12:20—13:30
		残奥冬季两项 女子 12.5 km /男子 12.5 km视障 14:05—15:20
3月12日（第8比赛日）		残奥越野滑雪 男子 12.5 km（自由技术）视障 /站姿 10:00—11:15
		残奥越野滑雪 女子 10 km（自由技术）视障 /站姿 11:20—12:15
		残奥越野滑雪 女子 7.5 km /男子 10 km坐姿 12:30—13:40
3月13日（第9比赛日）（闭幕日）		残奥越野滑雪 混合级接力 4× 2.5 km 所有组别 10:00—10:40
		残奥越野滑雪 公开级接力 4 × 2.5 km 所有组别 12:00—14:00

注：1.标黄色赛事为金牌赛；2.标“*”赛事为因天气原因进行调整的赛事。

附录3 赛区气象服务保障大事记

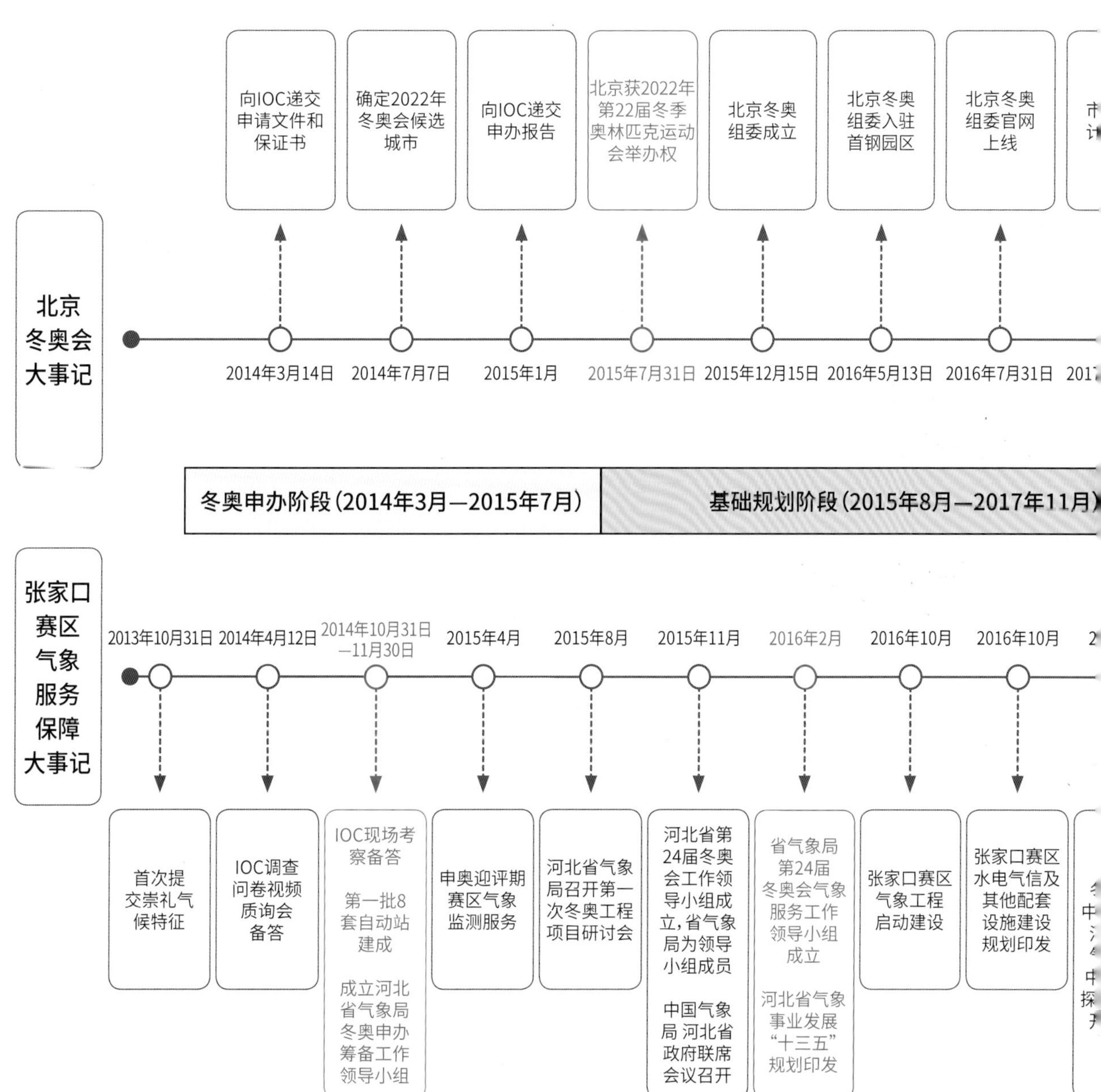
北京
冬奥会
大事记
向IOC递交申请文件和保证书
2014年3月14日
确定2022年冬奥会候选城市
2014年7月7日
向IOC递交申办报告
2015年1月
北京获2022年第22届冬季奥林匹克运动会举办权
2015年7月31日
北京冬奥组委成立
2015年12月15日
北京冬奥组委入驻首钢园区
2016年5月13日
北京冬奥组委官网上线
2016年7月31日
冬奥申办阶段(2014年3月—2015年7月)
基础规划阶段(2015年8月—2017年11月)
张家口
赛区
气象
服务
保障
大事记
2013年10月31日
首次提交崇礼气候特征
2014年4月12日
IOC调查问卷视频质询会备答
2014年10月31日—11月30日
IOC现场考察备答
第一批8套自动站建成
成立河北省气象局冬奥申办筹备工作领导小组
2015年4月
申奥迎评期赛区气象监测服务
2015年8月
河北省气象局召开第一次冬奥工程项目研讨会
2015年11月
河北省第24届冬奥会工作领导小组成立,省气象局为领导小组成员
中国气象局 河北省政府联席会议召开
2016年2月
省气象局第24届冬奥会气象服务工作领导小组成立
河北省气象事业发展“十三五”规划印发
2016年10月
张家口赛区气象工程启动建设
2016年10月
张家口赛区水电气信及其他配套设施建设规划印发

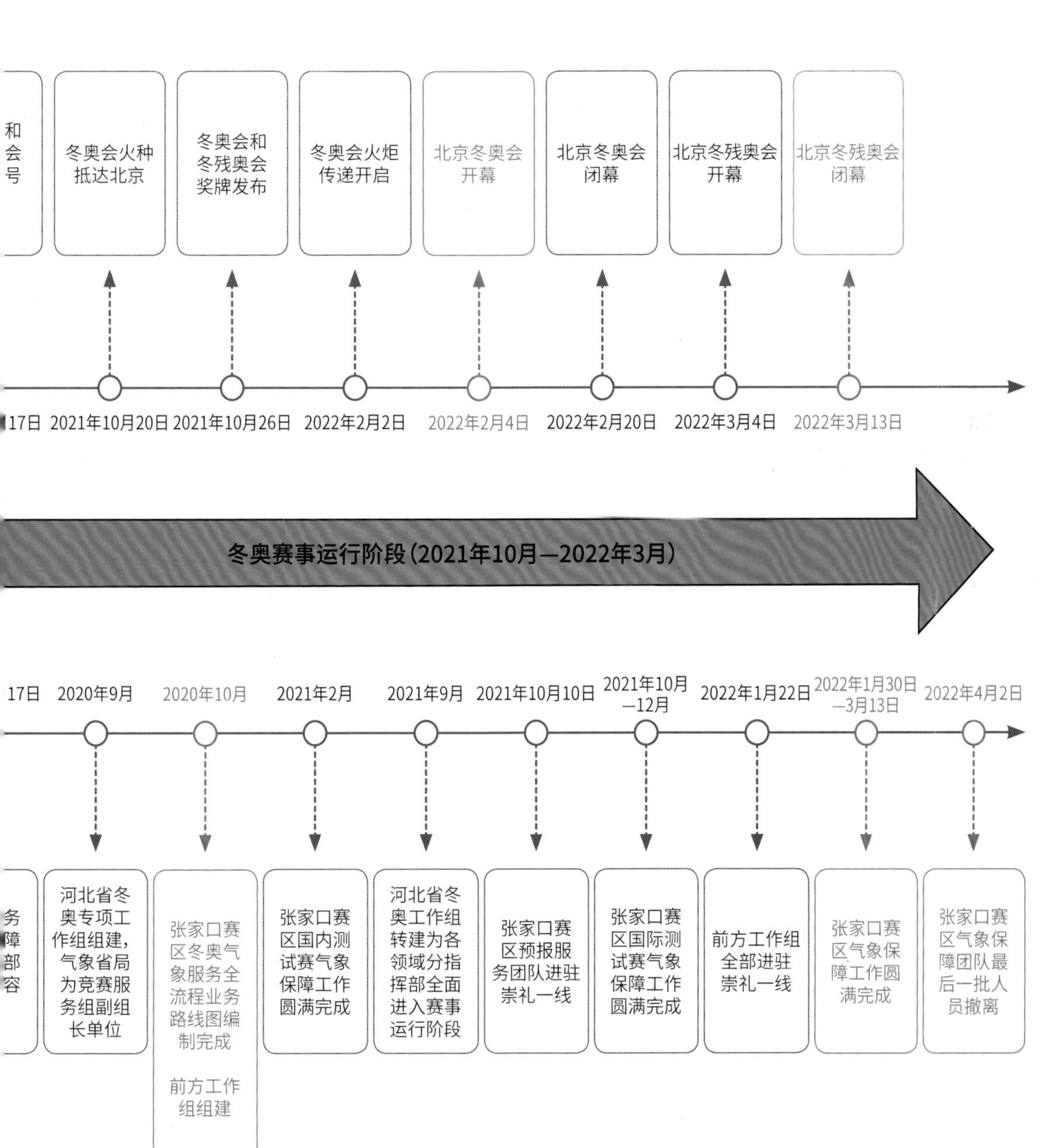
和
会
号
冬奥会火种抵达北京
冬奥会和冬残奥会奖牌发布
冬奥会火炬传递开启
北京冬奥会开幕
北京冬奥会闭幕
北京冬残奥会开幕
北京冬残奥会闭幕
17日
2021年10月20日
2021年10月26日
2022年2月2日
2022年2月4日
2022年2月20日
2022年3月4日
2022年3月13日
冬奥赛事运行阶段（2021年10月—2022年3月）
17日
2020年9月
2020年10月
2021年2月
2021年9月
2021年10月10日
2021年10月—12月
2022年1月22日
2022年1月30日—3月13日
2022年4月2日
务
障
部
容
河北省冬奥专项工作组组建，气象省局为竞赛服务组副组长单位
张家口赛区冬奥气象服务全流程业务路线图编制完成
前方工作组组建
张家口赛区国内测试赛气象保障工作圆满完成
河北省冬奥工作组转建为各领域分指挥部全面进入赛事运行阶段
张家口赛区预报服务团队进驻崇礼一线
张家口赛区国际测试赛气象保障工作圆满完成
前方工作组全部进驻崇礼一线
张家口赛区气象保障工作圆满完成
张家口赛区气象保障团队最后一批人员撤离

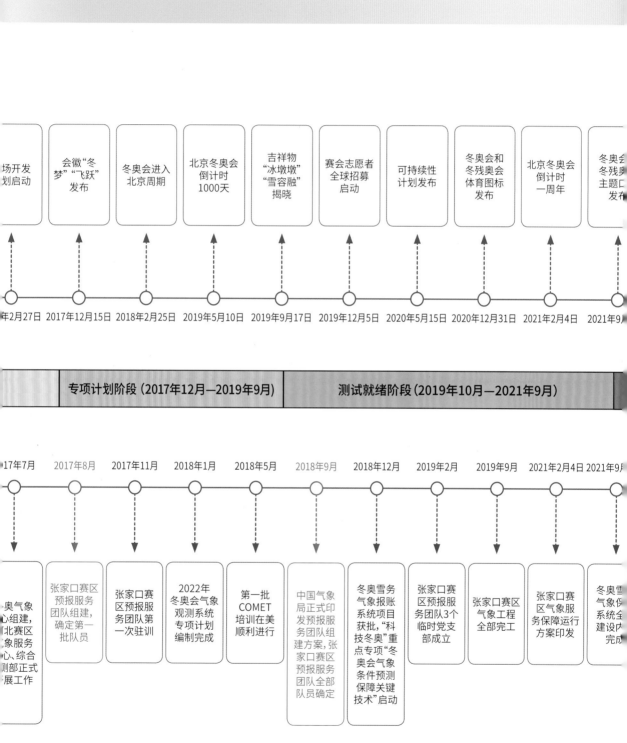

场开发 划启动	会徽"冬梦""飞跃"发布	冬奥会进入北京周期	北京冬奥会倒计时1000天	吉祥物"冰墩墩""雪容融"揭晓	赛会志愿者全球招募启动	可持续性计划发布	冬奥会和冬残奥会体育图标发布	北京冬奥会倒计时一周年	冬奥会 冬残奥 主题口 发布
年2月27日	2017年12月15日	2018年2月25日	2019年5月10日	2019年9月17日	2019年12月5日	2020年5月15日	2020年12月31日	2021年2月4日	2021年9

专项计划阶段（2017年12月—2019年9月）

测试就绪阶段（2019年10月—2021年9月）

17年7月	2017年8月	2017年11月	2018年1月	2018年5月	2018年9月	2018年12月	2019年2月	2019年9月	2021年2月4日	2021年9
奥气象 心组建， 北赛区 象服务 心、综合 测部正式 展工作	张家口赛区预报服务团队组建，确定第一批队员	张家口赛区预报服务团队第一次驻训	2022年冬奥会气象观测系统专项计划编制完成	第一批COMET培训在美顺利进行	中国气象局正式印发预报服务团队组建方案，张家口赛区预报服务团队全部队员确定	冬奥雪务气象报账系统项目获批，"科技冬奥"重点专项"冬奥会气象条件预测保障关键技术"启动	张家口赛区预报服务团队3个临时党支部成立	张家口赛区气象工程全部完工	张家口赛区气象服务保障运行方案印发	冬奥雪 气象保 系统全 建设内 完成

附录4

服务产品图例

云顶滑雪公园气象专报

（障碍技巧4号站）

北京2022年冬奥会和冬残奥会气象中心　　2020年01月06日17:00发布

24小时预报

日期	第1日（06日/星期一）							第2日（07日/星期二）																	
时次	17	18	19	20	21	22	23	00	01	02	03	04	05	06	07	08	09	10	11	12	13	14	15	16	17
天气现象																									
气温/°C	-12	-13	-14	-14	-14	-14	-14	-14	-14	-14	-14	-15	-16	-16	-16	-15	-14	-12	-11	-10	-9	-9	-9	-10	-11
平均风向风速/(m/s)	3	3	4	4	4	4	4	3	3	3	3	3	3	2	2	2	2	3	3	3	3	3	3	4	4
阵风风速/(m/s)	5	6	8	8	8	8	8	6	6	6	6	6	6	4	5	5	5	7	7	7	7	7	6	7	8

气温　湿球温度　降水量

72小时预报

日期	07日		第3日（08日/星期三）								第4日（09日/星期四）						
时次	20	23	02	05	08	11	14	17	20	23	02	05	08	11	14	17	20
天气现象																	
气温/°C	-13	-14	-16	-17	-17	-14	-10	-9	-12	-13	-12	-12	-12	-8	-6	-8	-11
相对湿度/%	65	60	70	70	60	55	50	55	60	60	65	65	70	35	25	35	45
平均风向风速/(m/s)	4	4	5	5	4	3	3	3	2	2	2	2	2	1	2	2	1
阵风风速/(m/s)	8	8	10	10	8	7	8	7	5	5	5	5	5	4	5	5	4
降水量/mm	0	0	0	0	0	0	0	0	0	0	0	0	0	0	0	0	0
累积降水量/mm	0	0	0	0	0	0	0	0	0	0	0	0	0	0	0	0	0
降雪量/mm	0	0	0	0	0	0	0	0	0	0	0	0	0	0	0	0	0
累积降雪量/mm	0	0	0	0	0	0	0	0	0	0	0	0	0	0	0	0	0
积雪深度/cm	0	0	0	0	0	0	0	0	0	0	0	0	0	0	0	0	0
能见度/km	30	30	30	30	30	30	30	30	30	30	30	30	30	30	30	30	30
风寒指数	-20	-21	-24	-25	-24	-20	-15	-14	-16	-17	-16	-16	-16	-9	-9	-11	-12

4-10天预报

日期	09日	10日（星期五）		11日（星期六）		12日（星期日）		13日（星期一）		14日（星期二）		15日（星期三）		16日
白天/夜	夜间	白天	夜间	白天	夜间	白天	夜间	白天	夜间	白天	夜间	白天	夜间	白天
天气现象														
气温/°C	-13	-7	-15	-8	-14	-9	-18	-10	-16	-10	-14	-6	-19	-6

预报员：孔凡超　　下次制作时间：2020-01-06 18:00

云顶滑雪公园

（雪上技巧起点 1923.7 米）

北京 2022 年冬奥会和冬残奥会气象中心　　2021 年 02 月 14 日 11:00 发布

24 小时预报

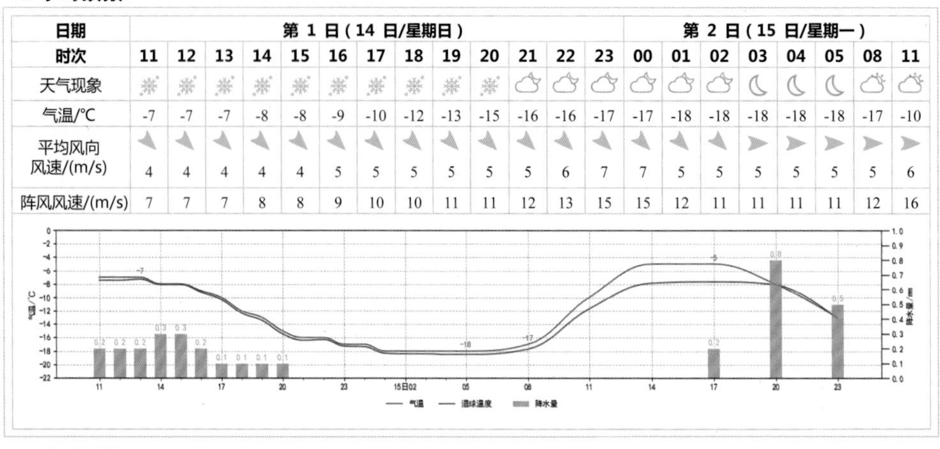

日期	第 1 日（14 日/星期日）													第 2 日（15 日/星期一）									
时次	11	12	13	14	15	16	17	18	19	20	21	22	23	00	01	02	03	04	05	08	11
天气现象																					
气温/℃	-7	-7	-7	-8	-8	-9	-10	-12	-13	-15	-16	-16	-17	-17	-18	-18	-18	-18	-18	-17	-10
平均风向风速/(m/s)	4	4	4	4	4	5	5	5	5	5	5	6	7	7	5	5	5	5	5	5	6
阵风风速/(m/s)	7	7	7	8	8	9	10	10	11	11	12	13	15	15	12	11	11	11	11	12	16

72 小时预报

日期	第 2 日（15 日/ 星期一）						第 3 日（16 日/ 星期二）								17 日		
时次	08	11	14	17	20	23	02	05	08	11	14	17	20	23	02	05	08
天气现象																	
气温/℃	-17	-10	-5	-5	-8	-13	-15	-17	-21	-19	-17	-18	-20	-21	-22	-20	-19
相对湿度/%	45	30	20	25	90	80	65	90	70	40	25	30	40	50	55	45	35
平均风向风速/(m/s)	5	6	7	6	7	6	6	6	7	8	8	8	7	6	4	4	4
阵风风速/(m/s)	12	16	16	14	15	17	14	15	16	18	19	19	17	17	16	17	16
新增雪深/cm	0	0	0	0.2	0.7	0.5	0.2	0.2	0.1	0	0	0	0	0	0	0	0
累积雪深/cm	1.8	1.8	1.8	2	2.7	3.2	3.4	3.6	3.7	3.7	3.7	3.7	3.7	3.7	3.7	3.7	3.7
降水量/mm	0	0	0	0.2	0.8	0.5	0.2	0.2	0.1	0	0	0	0	0	0	0	0
累积降水量/mm	1.8	1.8	1.8	2	2.8	3.3	3.5	3.7	3.8	3.8	3.8	3.8	3.8	3.8	3.8	3.8	3.8
能见度/km	10	10	10	5	2	2	2	2	2	20	20	20	20	30	30	30	30
风寒指数	-26	-18	-12	-12	-16	-22	-24	-27	-33	-31	-28	-30	-32	-32	-31	-29	-28

4-10 天预报

日期	17 日（星期三）		18 日（星期四）		19 日（星期五）		20 日（星期六）		21 日（星期日）		22 日（星期一）		23 日（星期二）	
白天/夜	白天	夜间	白天	夜间	白天	夜间	白天	夜间	白天	夜间	白天	夜间	白天	夜间
天气现象														
气温/℃	-7	-9	0	-4	3	-2	6	-11	0	-9	-2	-9	-3	-11

预报员：隋沆锐　　下次制作时间：2021-02-14 17:00

Zhangjiakou Genting Snow Park
(Slopestyle No.4)

Meteorological Center for the
2022 Olympic and Paralympic Winter Games

updated at 17:00 on Jan. 05, 2020

24 hour forecast

Date	Day 1(05 /Sun.)							Day 2(06 /Mon.)																	
Time	17	18	19	20	21	22	23	00	01	02	03	04	05	06	07	08	09	10	11	12	13	14	15	16	17
Weather																									
Temperature/℃	-6	-7	-7	-7	-7	-7	-7	-7	-7	-7	-8	-8	-9	-9	-9	-8	-8	-7	-7	-7	-6	-6	-7	-7	-8
Wind/(m/s)	2	2	2	2	2	2	2	2	3	3	3	3	3	3	3	3	3	4	4	4	4	4	4	4	4
Wind Gusts/(m/s)	5	5	5	5	5	5	5	5	7	7	7	6	6	6	6	6	6	7	7	7	7	7	7	8	8

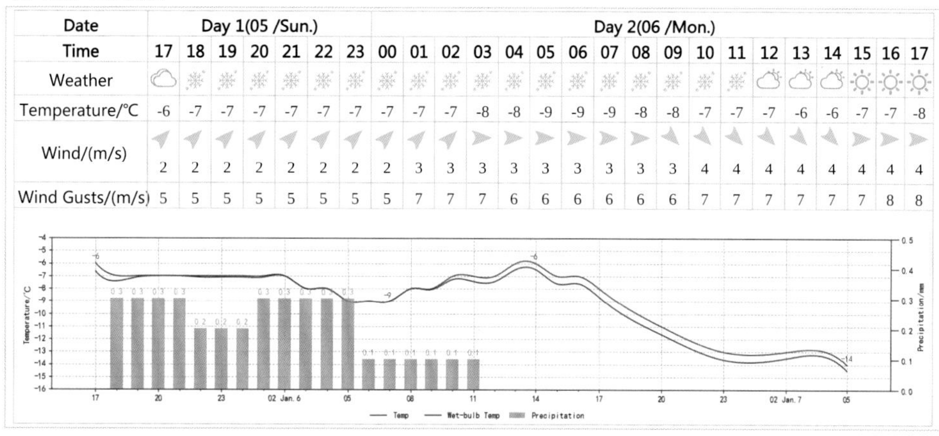

72 hour forecast

Date	06		Day 3(07 / Tue.)								Day 4(08 / Wed.)						
Time	20	23	02	05	08	11	14	17	20	23	02	05	08	11	14	17	20
Weather																	
Temperature/℃	-11	-13	-13	-14	-13	-8	-7	-10	-13	-14	-18	-16	-15	-10	-5	-8	-12
Relative humidity/%	65	60	65	65	65	35	30	40	55	55	55	55	55	45	25	30	40
Wind/(m/s)	4	4	3	3	3	4	4	5	5	5	5	5	5	2	2	2	1
Wind Gusts/(m/s)	8	8	8	8	9	9	9	9	9	9	9	8	8	8	7	7	4
Precipitation/mm	0	0	0	0	0	0	0	0	0	0	0	0	0	0	0	0	0
Accumulated precipitation/mm	3.9	3.9	3.9	3.9	3.9	3.9	3.9	3.9	3.9	3.9	3.9	3.9	3.9	3.9	3.9	3.9	3.9
Snowfall/mm	0	0	0	0	0	0	0	0	0	0	0	0	0	0	0	0	0
Accumulated snowfall/mm	3.9	3.9	3.9	3.9	3.9	3.9	3.9	3.9	3.9	3.9	3.9	3.9	3.9	3.9	3.9	3.9	3.9
Snow depth/cm	0	0	0	0	0	0	0	0	0	0	0	0	0	0	0	0	0
Visibility/km	30	30	30	30	30	30	30	30	30	30	30	30	30	30	30	30	30
Wind-chill index	-17	-20	-18	-20	-18	-13	-12	-17	-20	-22	-27	-24	-23	-13	-8	-11	-14

4-10 day forecast

Date	08	09 (Thu.)		10 (Fri.)		11 (Sat.)		12 (Sun.)		13 (Mon.)		14 (Tue.)		15
Day/Night	Night	Day	Night	Day	Night	Day	Night	Day	Night	Day	Night	Day	Night	Day
Weather														
Temperature/℃	-9	-4	-13	-8	-13	-6	-13	-8	-12	-9	-18	-15	-19	-15

Forecaster:Kong Fanchao

Next production time:2020-01-06 11:00

Zhangjiakou Genting Snow Park
(Slopestyle No.4)

Meteorological Center for the
2022 Olympic and Paralympic Winter Games

updated at 17:00 on Jan. 06,2020

24 hour forecast

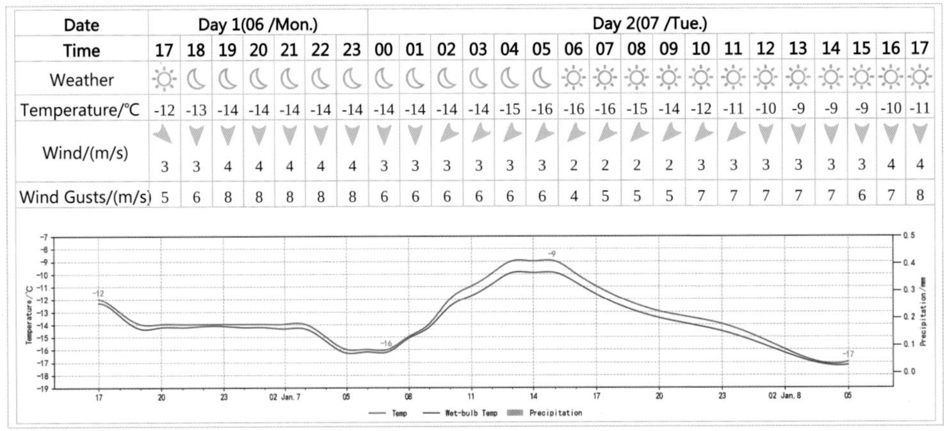

Date	Day 1(06 /Mon.)							Day 2(07 /Tue.)																	
Time	17	18	19	20	21	22	23	00	01	02	03	04	05	06	07	08	09	10	11	12	13	14	15	16	17
Weather	☼	☾	☾	☾	☾	☾	☾	☾	☾	☾	☾	☾	☾	☼	☼	☼	☼	☼	☼	☼	☼	☼	☼	☼	☼
Temperature/℃	-12	-13	-14	-14	-14	-14	-14	-14	-14	-14	-14	-15	-16	-16	-16	-15	-14	-12	-11	-10	-9	-9	-9	-10	-11
Wind/(m/s)	3	3	4	4	4	4	4	3	3	3	3	3	3	2	2	2	2	3	3	3	3	3	3	4	4
Wind Gusts/(m/s)	5	6	8	8	8	8	8	6	6	6	6	6	6	4	5	5	5	7	7	7	7	7	6	7	8

72 hour forecast

Date	07		Day 3(08 / Wed.)								Day 4(09 / Thu.)						
Time	20	23	02	05	08	11	14	17	20	23	02	05	08	11	14	17	20
Weather	☾	☾	☾	☾	☼	☼	☼	☼	☾	☾	☾	☾	☼	☼	☼	☼	☾
Temperature/℃	-13	-14	-16	-17	-17	-14	-10	-9	-12	-13	-12	-12	-12	-8	-6	-8	-11
Relative humidity/%	65	60	70	70	60	55	50	55	60	60	65	65	70	35	25	35	45
Wind/(m/s)	4	4	5	5	4	3	3	3	2	2	2	2	2	1	2	2	1
Wind Gusts/(m/s)	8	8	10	10	8	7	8	7	5	5	5	5	5	4	5	5	4
Precipitation/mm	0	0	0	0	0	0	0	0	0	0	0	0	0	0	0	0	0
Accumulated precipitation/mm	0	0	0	0	0	0	0	0	0	0	0	0	0	0	0	0	0
Snowfall/mm	0	0	0	0	0	0	0	0	0	0	0	0	0	0	0	0	0
Accumulated snowfall/mm	0	0	0	0	0	0	0	0	0	0	0	0	0	0	0	0	0
Snow depth/cm	0	0	0	0	0	0	0	0	0	0	0	0	0	0	0	0	0
Visibility/km	30	30	30	30	30	30	30	30	30	30	30	30	30	30	30	30	30
Wind-chill index	-20	-21	-24	-25	-24	-20	-15	-14	-16	-17	-16	-16	-16	-9	-9	-11	-12

4-10 day forecast

Date	09	10 (Fri.)		11 (Sat.)		12 (Sun.)		13 (Mon.)		14 (Tue.)		15 (Wed.)		16
Day/Night	Night	Day	Night	Day	Night	Day	Night	Day	Night	Day	Night	Day	Night	Day
Weather	☁☾	☁☼	☁☼	☁	☁	☁	☾	☼	☾	☼	☾	☼	☾	☼
Temperature/℃	-13	-7	-15	-8	-14	-9	-18	-10	-16	-10	-14	-6	-19	-6

Forecaster:Kong Fanchao

Next production time:2020-01-06 18:00

国网冀北电力有限公司张家口供电公司
STATE GRID JIBEI ELECTRIC POWER CO.,LTD. ZHANGJIAKOU POWER SUPPLY COMPANY

张家口电力气象服务专报

张家口市气象服务中心　　2022第035期　　2022年2月4日17时发布

一、全市天气形势分析及预报

天气形势：受高空西北气流控制，今天白天全市晴间多云；预计今天夜间到明天白天继续受其控制，全市晴间多云，坝上及崇礼地区多云，有5级左右西北风；6日：晴间多云，坝上及崇礼地区多云转晴；7日：晴间多云。未来三天气温有所回升，请根据天气变化，及时增添衣物，注意预防感冒。

今天夜间

市区：晴间多云　　西北风4～5级　　最低气温-16℃
坝上：多云　　西北风5～6级　　最低气温-26～-23℃
坝下：晴，局部多云　　西北风4～5级　　最低气温-17～-14℃

明天白天

市区：晴间多云　　西北风4～5级　　最高气温-2℃
坝上：多云　　西北风5～6级　　最高气温-10～-7℃
坝下：晴，局部多云　　西北风4～5级　　最高气温-2～1℃

明天夜间

市区：晴间多云　　西北风4～5级　　最低气温-15℃
坝上：多云　　西北风5～6级　　最低气温-25～-22℃
坝下：晴，局部多云　　西北风4～5级　　最低气温-16～-13℃

后天白天

市区：晴间多云　　西北风3～4级　　最高气温0℃
坝上：晴间多云　　西北风4～5级　　最高气温-8～-5℃
坝下：晴间多云　　西北风3～4级　　最高气温0～3℃

二、分县（区）未来24小时天气预报

区县名	天空状况	风力	最低气温/℃	最高气温/℃
张家口	晴间多云	西北风4～5级	-16	-2
康保	多云	西北风5～6级	-26	-9
沽源	多云	西北风5～6级	-25	-10
尚义	多云	西北风5～6级	-25	-7
张北	多云	西北风5～6级	-23	-8
万全	晴间多云	西北风4～5级	-16	-2

续表

区县名	天空状况	风力	最低气温/℃	最高气温/℃
怀安	晴间多云	西北风4～5级	−17	−2
崇礼	多云	西北风4～5级	−23	−7
赤城	晴间多云	西北风4～5级	−20	−5
宣化	晴间多云	西北风4～5级	−17	−1
涿鹿	晴间多云	西北风4～5级	−13	0
怀来	晴间多云	西北风4～5级	−13	−1
阳原	晴间多云	西北风4～5级	−18	−2
蔚县	晴间多云	西北风4～5级	−17	−2

三、未来一周天气提示

预计未来一周影响我市的冷空气活动较频繁。5日前后受高空冷涡后部补充冷空气影响，全市云量增多，气温偏低，有5级左右西北风；9日前后受高空槽影响，全市多云间阴有小雪或零星小雪；11日受弱冷空气和低层弱切变共同影响，全市多云间阴，有零星小雪。本周前期气温低，中后期气温逐渐回升，请根据天气变化，及时增添衣物，注意预防感冒，并注意低温、大风和降水时段对生产生活及出行的不利影响。

具体预报如下：

5—6日：多云转晴，有5级左右西北风；

7日：晴转多云，气温回升；

8日：晴转多云，有零星小雪；

9日：多云间阴有零星小雪；

10日：多云；

11日：多云，有零星小雪。

冬奥高速公路交通气象服务专报

北京2022年冬奥会和冬残奥会气象中心　　第15期　　2022年02月04日17时发布

未来24小时交通气象预报

一、高速公路沿线交通关键点分布

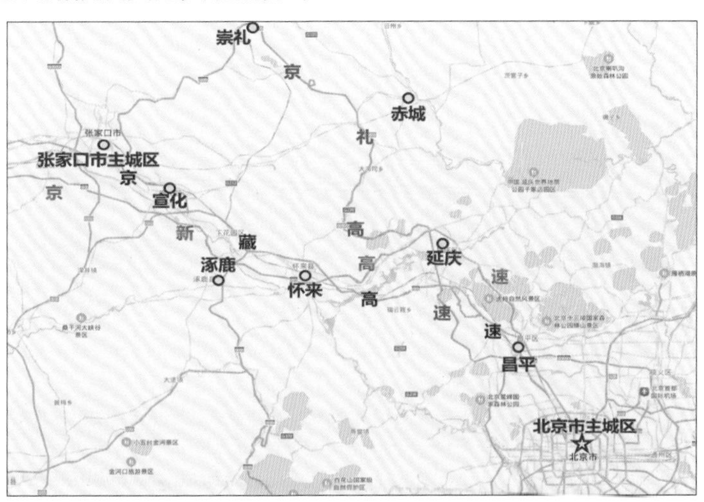

二、京藏、京新、京礼高速公路途经关键点未来24小时天气预报

高速公路途经关键点	时间	天气现象	气温/℃	风向	平均风力/级
昌平	18:00	晴	0	西北	2~3级
	21:00	晴	−4	西北	2~3级
	00:00	晴	−6	西北	2~3级
	03:00	晴	−8	西北	2~3级
	06:00	晴	−9	西北	3~4级
	09:00	晴	−4	西北	3~4级
	12:00	晴	1	西北	3~4级
	15:00	晴	4	西北	3~4级
延庆	18:00	晴	−4	西北	2~3级
	21:00	晴	−8	西北	2~3级
	00:00	晴	−11	西北	2~3级
	03:00	晴	−13	西北	2~3级

续表

高速公路途经关键点	时间	天气现象	气温/℃	风向	平均风力/级
延庆	06:00	晴	−14	西北	3～4级
	09:00	晴	−17	西北	3～4级
	12:00	晴	−1	西北	3～4级
	15:00	晴	2	西北	3～4级
怀来	18:00	晴	−6	西北	3～4级
	21:00	晴	−8	西北	3～4级
	00:00	晴	−11	西北	3～4级
	03:00	晴	−13	西北	3～4级
	06:00	晴	−13	西风	3～4级
	09:00	晴	−10	西风	3～4级
	12:00	晴	−5	西风	4～5级
	15:00	晴	−2	西风	4～5级
涿鹿	18:00	晴	−5	西北	3～4级
	21:00	晴	−7	西北	3～4级
	00:00	晴	−10	西北	3～4级
	03:00	晴	−12	西北	3～4级
	06:00	晴	−13	西风	3～4级
	09:00	晴	−8	西风	3～4级
	12:00	晴	−3	西北	4～5级
	15:00	晴	0	西北	4～5级
宣化	18:00	晴	−8	西北	3～4级
	21:00	晴	−11	西北	2～3级
	00:00	晴	−14	西北	3～4级
	03:00	晴	−16	西北	3～4级
	06:00	晴	−17	西北	3～4级
	09:00	晴	−13	西北	3～4级
	12:00	晴	−4	西北	4～5级
	15:00	晴	−1	西北	4～5级
张家口市区	18:00	多云	−9	西北	3～4级
	21:00	晴	−11	西北	2～3级
	00:00	晴	−13	西北	3～4级
	03:00	晴	−16	西北	3～4级

续表

高速公路途经关键点	时间	天气现象	气温/℃	风向	平均风力/级
张家口市区	06:00	晴	−16	西北	3～4级
	09:00	晴	−13	西北	3～4级
	12:00	晴	−7	西北	4～5级
	15:00	晴	−3	西北	4～5级
赤城	18:00	晴	−10	西北	3～4级
	21:00	晴	−12	西北	2～3级
	00:00	晴	−14	西北	3～4级
	03:00	晴	−17	西北	3～4级
	06:00	晴	−19	西北	3～4级
	09:00	晴	−16	西北	3～4级
	12:00	晴	−8	西北	4～5级
	15:00	晴	−5	西北	4～5级
崇礼	18:00	多云	−14	西北	3～4级
	21:00	多云	−18	西北	3～4级
	00:00	多云	−20	西北	3～4级
	03:00	多云	−22	西北	2～3级
	06:00	多云	−23	西北	2～3级
	09:00	多云	−19	西北	2～3级
	12:00	多云	−10	西北	2～3级
	15:00	多云	−7	西北	3～4级

三、高速沿线高影响天气风险提示

高速路段	气象风险	影响时段
京礼高速·北京段	偏北阵风6～7级	4日18时—5日15时
京藏高速·北京段	偏北阵风6～7级	4日18时—5日15时
京新高速·北京段	偏北阵风6～7级	4日18时—5日15时
京礼高速·张家口段	西北阵风6～7级	4日18时—5日15时
京藏高速·张家口段	西北阵风6～7级	4日18时—5日15时
京新高速·张家口段	西北阵风6～7级	4日18时—5日15时

气象风险预警服务

北京2022年冬奥会和冬残奥会河北气象中心　第3期　　2022年3月4日08时45分发布

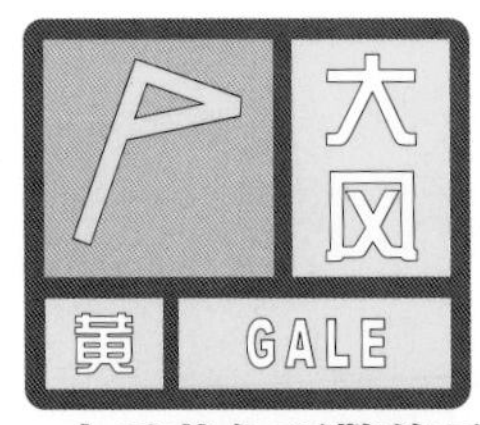

大风黄色预警信号

张家口市气象台2022年3月4日08时45分继续发布大风黄色预警信号：根据最新气象资料综合分析，预计今天白天我市（市辖区，崇礼区）有西北风6～7级，阵风8～9级，局部可达10级，并伴有沙尘天气。请有关单位和人员做好防范准备。

服务建议：

请城市与赛会运行部门做好公用通信设施维护，加强大风影响区域高速公路管理、电力设施检查和电网运营监控以及临时性建筑安全检查，及时排除危险，提前做好故障排查抢修应急准备。机场、高速公路等单位应当采取保障交通安全的措施，有关部门和单位注意森林、草原等防火。

北京冬奥会和冬残奥会张家口赛区

气候预测服务专报

冬奥河北气象中心　　第27期　　2022年2月6日发布

冬奥会张家口赛区近期气候特征及后期天气气候趋势预测

2月6日，国家气候中心、北京市气候中心、河北省气候中心开展了北京冬奥会专题气候趋势预测电话会商，结果如下：

一、1月以来气候特征分析

1月以来（1月1日—2月5日），张家口崇礼地区平均气温 −13.0 ℃，较常年同期偏高 1.2 ℃，最高气温 1.0 ℃（1月7日），最低气温 −26.3 ℃（2月1日）；累计降雪量 4.8 mm，较常年同期偏少 0.3 mm，日最大降雪量 1.8 mm（1月30日）；平均风速 1.3 m/s，较常年同期偏低 0.3 m/s，极大风速 14.5 m/s（2月4日）。期间，崇礼地区降雪日数8天，较常年同期偏少3天；出现1次寒潮过程（1月25—27日），较10年来同期偏少1次；未出现大于17 m/s的大风天气。

二、冬奥会期间天气预报及气候趋势

预计冬奥会期间，未来5天气温以回升为主，但早晚气温仍然较低，体感寒冷，相关部门、户外工作人员和观众需做好防寒保暖工作。

近5天（2月6—10日）云顶场馆群预报： 6日，晴间多云，白天最高气温 −11 ℃，夜间最低气温 −17 ℃，西北风 3 ～ 5 m/s，阵风 6 ～ 8 m/s。7日，晴间多云，白天最高气温 −8 ℃，夜间最低气温 −15 ℃，西北风 2 ～ 4 m/s，阵风 4 ～ 6 m/s。8日，晴间多云，白天最高气温 −6 ℃，夜间最低气温 −13 ℃，西北风 2 ～ 4 m/s，阵风 4 ～ 6 m/s。9日，多云，白天最高气温 −6 ℃，夜间最低气温 −11 ℃，西北风 2 ～ 4 m/s，阵风 4 ～ 6 m/s。10日，多云，白天最高气温 −7 ℃，夜间最低气温 −12 ℃，西北风 2 ～ 4 m/s，阵风 4 ～ 6 m/s。

近5天（2月6—10日）古杨树场馆群预报： 6日，晴间多云，白天最高气温 −9 ℃，夜间最低气温 −22 ℃，偏西风 2 ～ 4 m/s 转偏东风 1 ～ 2 m/s，阵风 7 ～ 9 m/s 转 3 ～ 4 m/s。7日，晴间多云，白天最高气温 −7 ℃，夜间最低气温 −23 ℃，偏

西风 2 ~ 4 m/s 转偏东风 1 ~ 2 m/s，阵风 5 ~ 7 m/s 转 3 ~ 4 m/s。8 日，晴间多云，白天最高气温 –4 ℃，夜间最低气温 –20 ℃，偏西风 2 ~ 4 m/s 转偏东风 1 ~ 2 m/s，阵风 5 ~ 7 m/s 转 3 ~ 4 m/s。9 日，多云，白天最高气温 –4 ℃，夜间最低气温 –11 ℃，偏西风 2 ~ 4 m/s，阵风 4 ~ 6 m/s。10 日，多云，白天最高气温 –5 ℃，夜间最低气温 –10 ℃，偏西风 2 ~ 4 m/s，阵风 4 ~ 6 m/s。

赛区 2 月 11—20 日天气气候趋势：11—13 日，受冷空气影响，赛区有中雪，气温下降 8 ~ 10 ℃，风力不大。14—15 日，以多云天气为主，气温较低。18 日前后，有一次中等强度的降温过程，并伴有小雪天气。赛事期间出现极端连续升温的可能性低，气象条件总体有利于赛事开展，但仍需关注大风、降雪、降温等天气对赛事带来的不利影响。

三、2 月下旬及 3 月气候趋势预测

预计 2 月下旬平均气温为 –7 ℃左右（常年同期为 –8.0 ℃），降水量为 2 mm 左右（常年同期为 1.9 mm）。期间有 2 次较为明显的冷空气过程：23—24 日（弱）、28 日前后（中等）伴有小雪天气。

预计 2022 年 3 月平均气温为 –1 ℃左右，比常年同期（–2.4 ℃）偏高；降水量为 12 ~ 14 mm，比常年同期（12.1 mm）偏多。

受气候预测科学水平的限制，以上预测结论还存在不确定性，我们将密切跟踪天气形势变化，做好滚动加密会商。

北京冬奥会和冬残奥会张家口赛区
雪情气象服务专报

冬奥河北气象中心　　第13期　　2022年2月18日发布

冬奥会张家口赛区雪情气象服务专报

2月17日过程降雪的各阶段情况：

2 月 17 日降雪量过程

	崇礼城区降雪量 /mm		云顶场馆群降雪量 /mm		古杨树场馆群降雪量 /mm		太子城冬奥村和颁奖广场区域降雪量 /mm	
12—20 时	0.6		2.8—3.7		0.7—1.7		1.0—1.3	
20—08 时	0.4		0.9—1.6		0.8—1.2		0.9	
类型	雪量 /mm	雪深 /cm	雪量 /mm	雪深 /cm	雪量 /mm	雪深 /cm	雪量 /mm	雪深 /cm
累计量	1	2	3.7 ～ 5.0	8 ～ 12	1.7 ～ 2.9	4 ～ 8	1.9 ～ 2.2	4 ～ 5

直升机救援气象服务专报

冬奥河北气象中心　　第02期　　2022年02月04日18时发布

未来 24 小时天气预报：

未来 24 小时张家口市天气以多云到晴为主。云顶滑雪场停机坪、古杨树停机坪西北风 4 ～ 5 级，阵风 6 ～ 7 级，张家口保温机库、北京大学第三医院崇礼院区西或西北风 3 ～ 4 级，阵风 5 级。气温方面，云顶滑雪场停机坪 –23 ～ –12 ℃，古杨树停机坪 –21 ～ –10 ℃，张家口保温机库 –23 ～ –10 ℃，北医三院崇礼院区 –23 ～ – 7℃。以上地区能见度在 18 ～ 24 km。

云顶滑雪场停机坪

时间	天气现象	气温 /℃	相对湿度 /%	能见度 /km	风向	平均风速 /(m/s)
19时	多云	−21	67	18	西北	6
20时	多云	−21	69	19	西北	6
21时	晴	−22	71	19	西北	6
22时	晴	−22	71	19	西北	6
23时	晴	−22	71	20	西北	6
00时	晴	−22	71	20	西北	6
01时	晴	−22	71	20	西北	6
02时	晴	−22	70	20	西北	6
03时	晴	−23	68	20	西北	6
04时	晴	−23	66	20	西北	6
05时	晴	−23	64	20	西北	6
06时	晴	−23	64	20	西北	5
07时	晴	−23	63	20	西北	5
08时	晴	−22	62	20	西北	5
09时	晴	−21	58	20	西北	5
10时	晴	−20	54	21	西北	5
11时	晴	−19	49	22	西北	6
12时	晴	−18	45	22	西北	6
13时	晴	−17	42	22	西北	7
14时	晴	−16	41	22	西北	7
15时	晴	−14	42	22	西北	7
16时	晴	−12	44	22	西北	6
17时	晴	−15	47	22	西北	6
18时	晴	−14	50	22	西北	6

古杨树滑雪场停机坪

时间	天气现象	气温 /℃	相对湿度 /%	能见度 /km	风向	平均风速 /(m/s)
19时	多云	−18	64	19	西北	6
20时	多云	−19	66	19	西北	6
21时	多云	−19	68	20	西北	6
22时	多云	−19	70	20	西北	6
23时	多云	−19	72	20	西北	6
00时	多云	−20	72	20	西北	6
01时	多云	−20	72	20	西北	6
02时	晴	−20	72	20	西北	6
03时	晴	−21	72	20	西北	6
04时	晴	−21	73	21	西北	6
05时	晴	−21	73	21	西北	6
06时	晴	−21	74	21	西北	6
07时	晴	−21	73	20	西北	6
08时	晴	−21	69	20	西北	6
09时	晴	−18	62	21	西北	6
10时	晴	−16	54	21	西北	6
11时	晴	−14	47	22	西北	6
12时	晴	−12	43	22	西北	6
13时	晴	−11	42	22	西北	6
14时	晴	−11	41	22	西北	7
15时	晴	−10	41	22	西北	7
16时	晴	−10	42	22	西北	6
17时	晴	−11	44	22	西北	6
18时	晴	−13	46	22	西北	6

张家口保温机库

时间	天气现象	气温 /℃	相对湿度 /%	能见度 /km	风向	平均风速 /(m/s)
19时	晴	−19	65	18	偏西	4
20时	多云	−20	67	19	偏西	4
21时	多云	−20	69	19	偏西	4
22时	多云	−20	71	20	偏西	4
23时	多云	−20	72	20	偏西	4
00时	多云	−21	72	20	偏西	4
01时	多云	−21	72	20	偏西	4

续表

时间	天气现象	气温 /℃	相对湿度 /%	能见度 /km	风向	平均风速 /(m/s)
02时	多云	−21	72	20	偏西	4
03时	多云	−21	71	20	偏西	4
04时	多云	−21	71	21	偏西	4
05时	多云	−22	71	21	偏西	4
06时	多云	−22	71	20	偏西	3
07时	多云	−23	70	20	偏西	3
08时	多云	−22	67	20	偏西	3
09时	多云	−20	61	20	偏西	3
10时	多云	−17	54	21	偏西	3
11时	多云	−15	47	22	偏西	3
12时	多云	−14	43	22	偏西	3
13时	多云	−13	40	22	偏西	3
14时	多云	−12	40	22	偏西	3
15时	多云	−10	41	22	偏西	3
16时	多云	−11	43	22	偏西	3
17时	多云	−13	46	22	偏西	3
18时	多云	−14	48	22	偏西	3

北京大学第三医院崇礼院区

时间	天气现象	气温 /℃	相对湿度 /%	能见度 /km	风向	平均风速 /(m/s)
19时	晴	−17	59	19	西北	6
20时	多云	−18	62	20	西北	6
21时	多云	−19	65	21	西北	6
22时	多云	−19	67	21	西北	5
23时	多云	−19	68	20	西北	5
00时	多云	−19	68	20	西北	5
01时	多云	−20	69	20	西北	5
02时	多云	−20	68	20	西北	5
03时	多云	−21	68	20	西北	5
04时	多云	−21	67	20	西北	4
05时	多云	−21	66	20	西北	4
06时	多云	−22	67	20	西北	3
07时	多云	−23	67	20	西北	3
08时	多云	−22	66	20	西北	3
09时	多云	−20	63	21	西北	3

续表

时间	天气现象	气温 /℃	相对湿度 /%	能见度 /km	风向	平均风速 /(m/s)
10时	多云	−17	57	21	西北	4
11时	多云	−14	51	22	西北	4
12时	多云	−12	45	23	西北	4
13时	多云	−10	41	23	西北	4
14时	多云	−9	38	23	西北	4
15时	多云	−7	37	24	西北	4
16时	多云	−8	39	24	西北	4
17时	多云	−9	42	23	西北	4
18时	多云	−12	46	23	西北	4

气象服务专报

冬奥河北气象中心　　　　第2期　　　　2022年2月4日07时发布

2月4日08时至5日07时天气预报

一、天气趋势预报

昨天夜间全市多云。预计今天白天到夜间全市多云间晴，风力较大。森林草原火险气象等级为三级，中等危险。5日：晴转多云；6日：晴间多云。

未来三天具体预报（白天到夜间）

站点	4日			5日			6日		
	天空状况	风向风速	气温/℃	天空状况	风向风速	气温/℃	天空状况	风向风速	气温/℃
张家口	多云间晴	西北风5～6级	−15～−5	晴转多云	西北风4～5级	−14～−2	晴间多云	西北风2～3级	−13～−1
崇礼	多云间晴	西北风5～6级	−22～−11	晴转多云	西北风4～5级	−21～−9	晴间多云	西北风2～3级	−19～−7
冬奥村	多云间晴	偏西风4～5级	−21～−13	晴转多云	西北风4～5级	−21～−11	晴间多云	西北风2～3级	−18～−10

二、未来24小时逐小时天气预报

张家口市区

日期	4日																5日							
时次	08	09	10	11	12	13	14	15	16	17	18	19	20	21	22	23	00	01	02	03	04	05	06	07
天气现象	多云	多云	多云	晴	晴	晴	晴	晴	晴	晴	晴	晴	多云	多云	多云	多云	多云	多云	多云	多云	多云	多云	多云	多云
气温/℃	−15	−13	−11	−9	−8	−7	−6	−5	−5	−6	−7	−9	−10	−10	−11	−11	−12	−12	−13	−13	−13	−14	−14	−14
风向	西北	西北	西北	西北	西北	西北	西北	西北	西北	西北	西北	西北	西北	西北	西北	西北	西北	西北	西北	西北	西北	西北	西北	西北
最大风速/(m/s)	6	7	9	9	9	9	10	10	11	11	11	10	10	10	10	9	9	9	9	9	9	9	9	9
降水/mm	0	0	0	0	0	0	0	0	0	0	0	0	0	0	0	0	0	0	0	0	0	0	0	0

崇礼城区

日期	4日																5日							
时次	08	09	10	11	12	13	14	15	16	17	18	19	20	21	22	23	00	01	02	03	04	05	06	07
天气现象	多云	多云	多云	多云	晴	晴	晴	晴	晴	晴	晴	晴	多云	多云	多云	多云	多云	多云	多云	多云	多云	多云	多云	多云
气温/℃	−22	−19	−16	−14	−12	−12	−11	−11	−11	−12	−13	−15	−15	−15	−16	−17	−18	−18	−19	−19	−20	−20	−20	−21
风向	西北	西北	西北	西北	西北	西北	西北	西北	西北	西北	西北	西北	西北	西北	西北	西北	西北	西北	西北	西北	西北	西北	西北	西北
最大风速/(m/s)	5	8	8	8	8	8	9	9	10	10	10	9	9	9	9	8	8	7	7	7	6	6	6	6
降水/mm	0	0	0	0	0	0	0	0	0	0	0	0	0	0	0	0	0	0	0	0	0	0	0	0

冬奥村

日期	4日																5日							
时次	08	09	10	11	12	13	14	15	16	17	18	19	20	21	22	23	00	01	02	03	04	05	06	07
天气现象	多云	多云	多云	多云	多云	多云	晴	晴	晴	晴	晴	晴	多云	多云	多云	多云	多云	多云	多云	多云	多云	多云	多云	多云
气温/℃	−20	−19	−18	−16	−15	−14	−14	−13	−13	−14	−15	−16	−16	−17	−17	−18	−18	−19	−19	−20	−20	−20	−21	−21
风向	偏西	偏西	偏西	偏西	偏西	偏西	偏西	偏西	偏西	偏西	偏西	偏西	偏西	偏西	偏西	偏西	偏西	偏西	偏西	偏西	偏西	偏西	偏西	偏西
最大风速/(m/s)	4	6	7	7	7	7	7	7	7	7	6	6	6	6	6	5	5	5	5	4	4	4	4	4
降水/mm	0	0	0	0	0	0	0	0	0	0	0	0	0	0	0	0	0	0	0	0	0	0	0	0

三、服务建议

今天白天到夜间有 5 级左右西北风，气温较低，风寒效应明显，请相关部门做好防风、防寒保暖工作。

北京冬奥会和冬残奥会张家口赛区
雪情气象服务专报

冬奥河北气象中心　　第2期　　2022年2月4日07时发布

张家口赛区冬奥会赛事期间雪质风险预报

一、雪质监测情况

8 日 14 点古杨树雪质监测点实况：雪表温度 −5.5 ℃，雪表密度 0.519 g/cm^3，雪表含水率 0.2%，雪质风险低，适宜比赛。云顶雪表温度自动观测值为 −6.3 ℃。

二、雪质等级预报

根据 2 月 8 日 18 时至 11 日 12 时的预报结果，云顶场馆（障碍追逐结束点）最高气温将升至 −6.0 ℃左右，雪质大部分时段无风险，雪质为干雪、粉雪，对赛事无影响；古杨树场馆（越野滑雪 3.75 km 低点）最高气温将升至 −5.0 ～ −4.0 ℃，受升温天气影响，越野滑雪 3.75 km 低点 10 日的 12—18 时和 11 日的 9—12 时雪质风险可能达到中风险等级，雪表温度可能达到 −0.5 ℃，雪层含水率最大可达到 0.4%，其他时段为低风险和无风险。

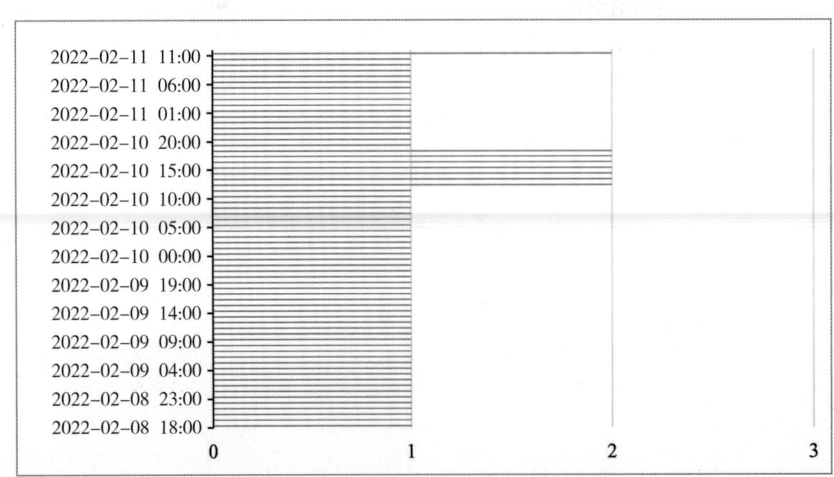

附图4.1　障碍追逐终点雪质等级预报结果

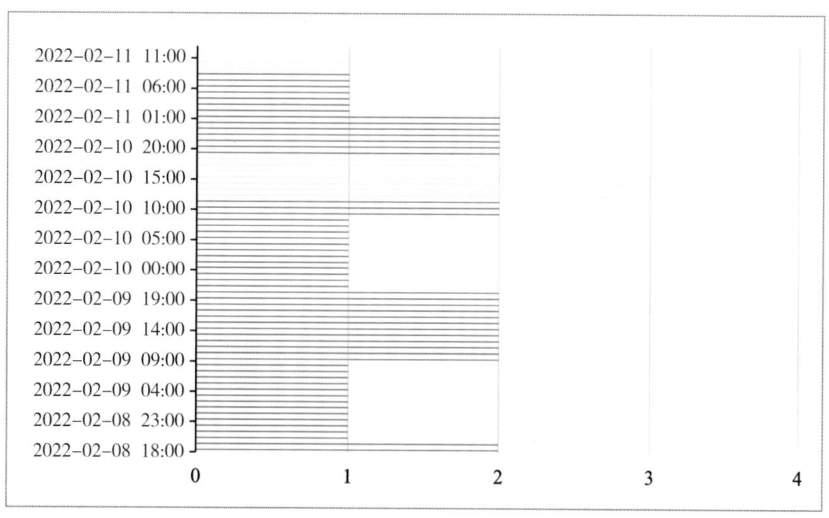

附图4.2 越野低点雪质等级预报结果

附表 4.1 雪质等级判别模型参数及雪质性状对比

风险等级	判别指标	雪质性状
无风险	T_{min} ≤ -7.35 °C 且 P_{24} =0 mm	雪质为干雪，全天任意时刻含水率为0%，雪质松散，挤压雪球时黏性很小
低风险	（T_{min} > -7.35 °C 或 T_{min} ≤ -7.35 °C 且 P_{24} ≠ 0 mm）且（T_{mean} ≤ -4.48 °C）	雪质为微湿雪，日均含水率为0.2%以下，日最大含水率为0.5%以下，雪质松散，挤压雪球时黏性很小
中风险	（T_{min} > -7.35 °C 或 T_{min} ≤ -7.35 °C 且 P_{24} ≠ 0 mm）且（T_{mean} > -4.48 °C）且（T_d < -3.3 °C 且 T_{mean} < 5.0 °C）	雪质为微湿雪，雪温达到-0.5℃以上，日均含水率超过0.4%，日最大含水率超过1%，但是放大10倍可见水，对雪层挤压时不会产生水
高风险	（T_{min} > -7.35 °C 或 T_{min} ≤ -7.35 °C 且 P_{24} ≠ 0 mm）且（T_{mean} > -4.48 °C）且（T_d ≥ -3.3 °C 或 T_{mean} ≥ 5.0 °C）	雪质为湿泥雪，雪温达到0℃，日均含水率超过3%，日最大含水率超过5%，对雪层挤压时会产生水，雪的空隙中有一定量的空气，空气含量小

注：表中P_{24}为过去24小时降水、T_{min}为小时最低气温、T_{mean}为小时平均气温、T_d为露点温度

Weather High Impact Notice

天气高影响提示

云顶场馆群气象服务团队　第3期　　2022 年2月8日12时发布

2 月 12—13 日云顶场馆群将有较强降雪和降温天气

受冷空气影响，预计 12—13 日，云顶场馆群将有一次较 强降雪和降温天气过程。

降雪： 累计降雪量为 4 ～ 10 毫米，新增积雪深度为 6 ～ 12 厘米。强降雪时段主要出现在 12 日后半夜至 13 日上午，最大降雪 强度为 2 毫米 / 小时左右。12 日下午至 13 日午后，受降雪影响，赛场能见度较低，最小能见度降至 500 米以下。

降温： 气温将下降 6 ～ 8 ℃。预计 14 日早晨，最低气温将降 至 –19 ～ –18 ℃。

14 日至 17 日，冷空气活动频繁，云顶场馆群以阴天到多云 天气为主，多降雪过程。

建议： 团队要提前部署，做好交通管理和扫雪铲冰等相关工作， 同时还要防范低能见度天气的影响，驾驶人员要减速慢行，确保道 路通畅和交通安全；竞赛团队要积极做好应对准备工作；运动员、 工作人员、观众要注意防寒保暖，避免冻伤。